前 言

Adobe Photoshop，简称“PS”，是由Adobe公司发行的图像处理软件，本书使用的是Photoshop CS6版本。Photoshop CS6图像处理软件是目前世界上应用最普遍的图像处理集成高端软件包，被广泛地应用于办公、数码影像、广告设计、网站开发等技术领域。了解和掌握Photoshop CS6图像处理技术，是每一名职业技术人员应掌握的基本技能。

本书以Photoshop CS6（中文版）图像处理技术的应用为核心来安排教材内容，通过引用生活中的图像设计项目为实训任务来渗透知识与技能，将理论知识和技能操作分解到设计项目的各个任务环节中，让学习者在任务中学习知识、增长技能、创新思维。

本书将Photoshop CS6（中文版）图像处理技术划分为七个基本技能应用设计项目，每个基本技能应用设计项目后有两个实训项目。每个基本技能应用设计项目既有基本知识技能，又有综合技能应用实践，体现了理论与实践教学一体化的设计理念。同时随书附赠项目设计素材和教学PPT。

本书由长春市公共关系学校鲍春艳、郑成杰担任主编，孙慧霞、卢巍担任副主编，他们共同负责教材的策划、统稿、编审等工作。长春市公共关系学校李萍、战佳楠、赵国志、方东旭参与共同编写，在此一并表示感谢。

由于编者水平有限，本书中难免有不足之处，欢迎读者提出批评意见和建议。

编 者

2021年6月

目录

绪论

图像基础

一、计算机图像的基本概念

在使用 Photoshop CS6 之前，初学者应先了解和认识计算机图像处理的基础知识。这些基础知识是每一名从事平面设计、网页设计、图像处理的工作人员必须牢牢掌握的重要理论基础。

1. 位图与矢量图

（1）位图，又叫作点阵图、栅格图像、像素图，即由像素构成的图，对该图像进行放大会失真。

位图本质上是由二维连续排列的正方形栅格构成的，这些栅格又叫作像素。位图图像在高度和宽度方向上的像素总量称为图像的像素大小，当位图图像放大到一定程度时，图像就会模糊。位图的好处是色彩变化丰富，可以改变任何形状区域的色彩显示效果；相应地，要实现的效果越复杂，需要的像素数就越多，图像文件的大小（长宽）和体积（存储空间）就会越大。

数码相机拍摄的照片、扫描仪扫描的稿件及绝大多数的图片都属于位图图像。下面对一个典型的位图图像进行原图显示及放大 600 倍显示，效果图分别如图 0-1 和图 0-2 所示[①]。

---

① 考虑到纸质图书作为电子课件的辅助材料，故本书以双色呈现。由此可能给读者阅读带来不便，敬请谅解。——编者注

图 0-1　位图原图显示效果图

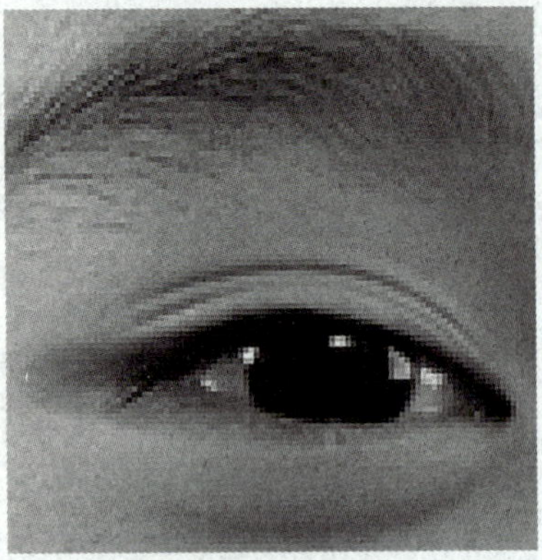

图 0-2　位图放大 600 倍显示效果图

位图的编辑会受到限制，这是因为位图是点（像素）的排列，局部的移动或者改变会影响到其他部位点的属性。

（2）矢量图，又叫作向量图，即进行缩放而不失真的图像。

矢量图的好处是轮廓的形状更容易修改和控制，但是对于单独的对象，色彩变化的实现不如位图方便、直接。

使用一些矢量绘图软件可以绘制出矢量图像，目前常用的矢量绘图软件有 Freehand，CorelDRAW，Illustrator 等。矢量图像放大后，图像的清晰度不变。下面对一个矢量图像进行原图显示及放大 600 倍显示，效果图分别如图 0-3 和图 0-4 所示。

图 0-3　矢量图原图显示效果图

图 0-4　矢量图放大 600 倍显示效果图

矢量图的编辑非常方便。矢量图的基本元素是对象，每个对象都是一个自成一体的实体，某个对象的改变不会影响到没有关联的对象。

2. 像素

像素是组成点阵图像的那些点，是位图图像最小的组成单位，同使用许多马赛克拼成图案一样。当把一幅位图放到足够大时，可以看到许多不同颜色的小正方形，即被放大的像素点，如图 0-5 所示。每个像素只能有一种颜色。

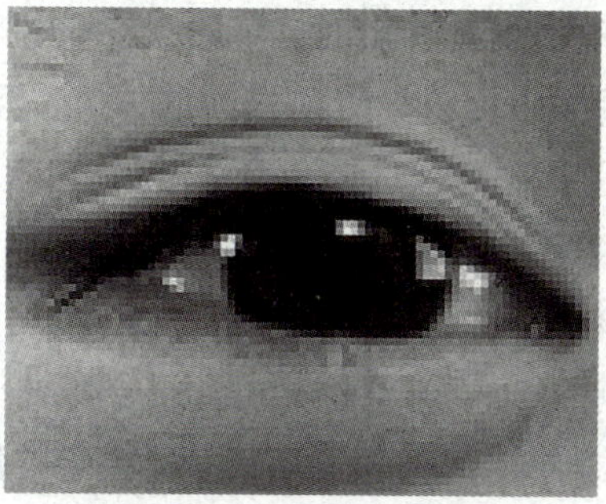

图 0-5　位图的像素点

例如，一幅宽 800 像素、高 600 像素的图像，意味着该图像是由横方向 800 个像素点、竖方向 600 个像素点组成的，其总像素数量为 48 万（800×600＝480000）个。

评价数码相机性能的一个很重要的指标参数就是像素。目前家庭常用的有 1000 万像素、1200 万像素的数码相机，这是指使用该相机拍摄出来的一幅位图图像中的像素总量。随着数码相机制作技术的发展，性能越好的数码相机的像素值越大。

3. 分辨率

分辨率是指图像在一个单位长度内所含的像素个数，其单位为像素/英寸或像素/厘米。分辨率可以表示图像文件的细节和信息量，也可以表示输入、输出或显示设备所产生的清晰度等级。在处理位图时，分辨率会影响最终输出文件的质量和大小。分辨率可分为图像分辨率、显示器分辨率、打印输出分辨率、印刷分辨率和位分分辨率。

（1）图像分辨率。它和图像大小之间有着密切的关系。图像分辨率越高，所包含的像素越多，即图像的信息量越大，因而文件也就越大。通常文件的大小是以兆字节（MB）为单位。一般情况下，一个幅面为 A4 大小的 RGB 模式的图像，若分辨率为 300 ppi，则文件大小约为 20 MB。在 ImageReady 程序中，图像的分辨率始终是 72 ppi，这是因为 ImageReady 应用程序创建的图像专门用于联机介质而非打印介质。

图像的分辨率越高，图像所包含的像素就越多，像素排列得也就越紧凑，细节显示得就越多，这样的图像质量就越清晰。所以，图像分辨率的大小直接决定图像的清晰质量。在图像输出中，设置合适的分辨率是至关重要的。

（2）显示器分辨率。它是指显示器上每单位长度显示的像素或点的数量，通常以 dpi 来表示。显示器分辨率取决于显示器的大小及其像素设置。现在绝大多数新型显示器的分辨率为 96 dpi，而较早的 Mac OS 显示器的分辨率为 72 dpi。在了解显示器分辨率后，就可以理解为什么图像在屏幕上的显示尺寸不同于其打印尺寸了。当图像像素直接转换为显示器像素时，若图像分辨率比显示器分辨率高，那么在屏幕上显示的图像就比其打印尺寸大。例如，在 72 dpi 的显示器上显示 1 英寸×1 英寸的 144 ppi 的图像时，它在屏幕上显示的区域为 2 英寸×2 英寸。这是因为显示器每英寸只能显示 72 个像素，因此需要 2 英寸来显示图像一条边上的 144 个像素。

（3）打印输出分辨率。它主要是指所有的激光打印机（包括照排机）产生的每英寸的油墨点数。图像文件通过输出设备输出时，用 dpi 来描述打印机的输出质量，用 lpi 来描述印刷品质量。通常 ppi 和 dpi 可以设置成相同的数值，且不会影响输出质量。如何设定 ppi 数值呢？需要通过公式：ppi=（1.5~2.0）×lpi。

（4）印刷分辨率。它也叫作挂网精度。挂网精度越高，印刷成品就越精美，但挂网精度还与印刷纸张、油墨等有较大关系。如果在一般的新闻纸（报纸）上印刷挂网精度高的图片，那么，该图片不但不会变得更精美，反而会变得一团黑。所以，输出前，必须先了解是什么类型的印刷品、使用何种印刷用纸，再决定挂网的精度。

（5）位分分辨率。它又叫作位深，用来衡量每个像素存储信息的位数，该分辨率决定了图像中每个像素存放的颜色信息。例如，一个 24 位的 RGB 图像，表示该图像的原色 R，G，B 各用了 8 位，三者共用了 24 位。

二、常用的图像文件格式

图像文件格式是指计算机表示、存储图像信息的格式。不同软件表示图像文件的方法不一样，目前常见的图像格式有几十种。同一幅图像可以用不同的格式来存储，但不同格式之间所包含的图像信息并不完全相同，文件大小也有很大差别。用户在处理图像时，可以根据需要选用适当的图像格式。下面对几种常见的图像格式进行分析比较，便于读者在实际应用中准确地选择所要存储的文件格式。

1. PSD 格式

PSD 格式是 Photoshop 软件的专用文件格式，就是 Photoshop CS6 存储文件时默认使用的文件格式。这种格式可以对图像文件的图层、参考线、通道、路径、文字等信息进行储存，所以这种文件格式储存的信息量大，文件容量也大。

2. JPEG 格式

JPEG（JPG）格式是 24 位的图像文件格式，也是一种高效率的压缩格式。这种格式通过损失极少的分辨率，可以将图像所需存储量减少至原大小的 10%。由于其高效的压缩效率和标准化要求，目前已被广泛地应用于彩色传真、静止图像、电话会议、印刷及新闻图片的传送。

3. BMP 格式

BMP 格式是标准的 Windows 图像文件格式。这种格式支持的颜色模式可为 RGB、索引模式、灰度和位图等，且与设备无关。

4. TIFF 格式

TIFF 格式是一种通用的图像格式，几乎所有的扫描仪和大多数图像软件都支持这一格式。TIFF 格式支持具有 Alpha 通道的 CMYK、RGB、Lab、索引和灰度模式图像，并支持无 Alpha 通道的位图模式图像。Photoshop CS6 可以在 TIFF 文件中存储图层，但是如果在另一个应用程序中打开该文件，则只有拼合图像是可见的。Photoshop CS6 也能够以 TIFF 格式存储注释、透明度和多分辨率金字塔数据。

5. GIF 格式

GIF 格式是输出图像到网页时最常采用的格式，GIF 格式图像中的数据是经过压缩的，最多只储存 256 色的颜色（索引色），所以它的文件大小一般都会比其他格式的图像文档小得多。它支持动态效果，适合网络传输。

6. EPS 格式

EPS 格式即封装的 PostScript 格式，是图像处理工作中最重要的格式，是目前桌面印前系统普遍使用的通用格式。就目前的印刷行业来说，使用这种格式保存的图像文件，拿到哪里都不会出什么问题，大部分专业软件都支持这种格式。

7. PDF 格式

PDF 格式是由 Adobe Systems 创建的一种文件格式，允许在屏幕上查看电子文档。PDF 文件还可以嵌入 Web 的 HTML 文档中。

8. PNG 格式

PNG 格式是一种位图文件存储格式，读成"ping"，用来存储灰度图像时，灰度图像的深度可多达 16 位；用来存储彩色图像时，彩色图像的深度可多达 48 位；并且可存储多达 16 位的 Alpha 通道数据。PNG 格式是 20 世纪 90 年代中期开发的图像文件存储格式，其目的是替代 GIF 和 TIFF 文件格式，同时增加一些 GIF 文件格式所不具备的特性。PNG 格式使用从 LZ77 派生的无损数据压缩算法。

三、常见的图像颜色模式

颜色模式是图像设计的基础知识，它决定了如何描述和重现图像的色彩。

在 Photoshop CS6 中，常用的颜色模式有 RGB、CMYK、Lab、位图模式、灰度模式、索引模式等，下面分别介绍。

1. RGB 模式

RGB 模式是由 Red（红）、Green（绿）、Blue（蓝）三种原色组成的模式。这是一种发光的色彩模式，通过三种颜色为基色进行叠加而模拟出大自然色彩的色彩组合模式。人们日常使用的彩色电脑显示器、彩色电视机等都使用这种模式。

2. CMYK 模式

CMYK 模式是一种印刷模式，其图像颜色由青（C）、洋红（M）、黄（Y）、黑（K）4 种色彩混合而成。C，M，Y，K 的颜色变化用百分比表示，其取值范围为 0 ~ 100%。该颜色模式下图像文件占用的存储空间较大，并且 Photoshop CS6 提供的很多滤镜都无法使用。因此，如果制作的图像需要用于打印或印刷，可在输出前将图像颜色模式转换为 CMYK 模式。

3. Lab 模式

Lab 模式是目前所有模式中包含色彩范围最广的颜色模式。它以一个亮度分量 L 及两个颜色分量 a 与 b 来混合出不同的颜色。其中，L 的取值范围为 0~100，a 分量代表由绿色到红色的光谱变化，而 b 分量代表由蓝色到黄色的光谱变化，且 a 和 b 分量的取值范围均为-128~127。

4. 位图模式

位图模式使用两种颜色值（黑色或白色）之一表示图像中的像素。位图模式只包含黑、白两种颜色。

5. 灰度模式

灰度模式图像只能包含纯白、纯黑及一系列从黑到白的灰色。其不包含任何色彩信息，但能充分表现出图像的明暗信息。

6. 索引模式

索引模式最多使用 256 种颜色，如果原图像中的一种颜色没有在 256 色中，程序会选取最相近的或使用已有颜色模拟该种颜色。该模式多用于制作多媒体动画或网页。

项目一

Photoshop CS6基本操作

项目描述

Photoshop CS6 被广泛地应用于平面设计、图像编辑、广告等诸多领域，它强大的图像处理功能为设计工作带来了极大的便利。本项目主要介绍 Photoshop CS6 的基本功能和基础操作，通过实际操作，初步掌握 Photoshop CS6 的基本操作方法，为以后的学习打下坚实的基础。

项目目标

了解 Photoshop CS6 的应用领域，并熟悉其工作界面的构成。掌握图像文件的新建、打开、关闭操作及文件格式的转换。

〔重点〕

熟悉 Photoshop CS6 的工作界面，掌握 Photoshop CS6 的基本功能和基础操作。

〔难点〕

掌握图像文件的新建、打开、关闭操作及文件格式的转换。

Photoshop CS6 工作界面主要包括菜单栏、工具箱、工具属性栏、状态栏、图像窗口和调板等。启动 Photoshop CS6 并且打开一幅图像后，工作界面如图 1-1 所示。

图 1-1　Photoshop CS6 工作界面

一、菜单栏

Photoshop CS6 将大部分命令分类放在菜单栏的不同菜单中，如“文件”“编辑”“图层”“选择”“滤镜”“视图”“窗口”等菜单。要执行某项功能，首先要单击主菜单名打开一个下拉菜单，然后单击选择某个菜单项。

二、工具箱

Photoshop CS6 的工具箱中包含 70 余种工具，如图 1-2 所示。这些工具大致可分为选区制作工具、绘画工具、修饰工具、颜色设置工具及显示控制工具等几类，通过这些工具可以方便地编辑图像。

一般情况下，要使用某种工具，只需单击该工具图标即可。另外，部分工具图标的右下角带有黑色小三角，表示该工具中隐藏着其他工具。在该工具图标上按住鼠标左键不放，可从弹出的工具列表中选择其他工具，如图 1-3 所示。

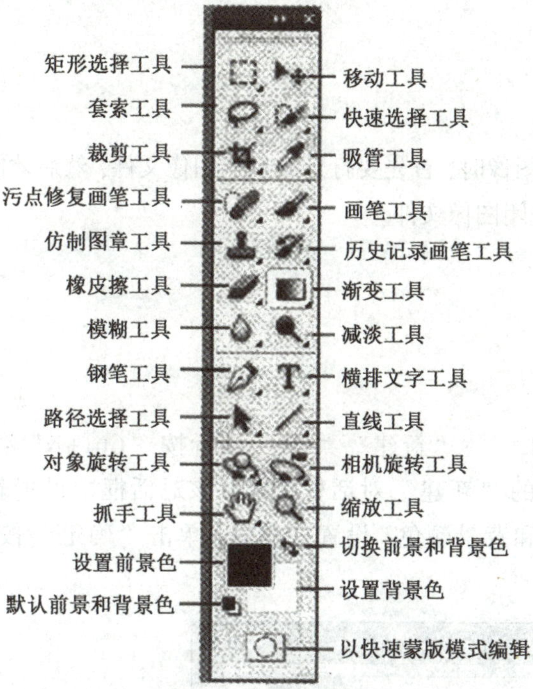

图 1-2 工具箱中的工具

图 1-3 选择隐藏的工具

三、工具属性栏

从工具箱中选择某个工具后，在菜单栏下方的工具属性栏中会显示该工具的属性栏和参数，利用它可设置工具的相关参数。选择的工具不同，属性栏的内容也不相同。

四、图像窗口

图像窗口用来显示和编辑图像文件。Photoshop CS6 使用选项卡的方式来组织打开或新建图像，每个图像都有自己的标签，上面显示了图像名称、显示比例、色彩模式和通道等信息。同时打开多个图像时，单击图像标签可在各图像之间切换，当前图像的标签将显示为灰白色。

五、调板

调板位于图像窗口右侧。Photoshop CS6 为用户提供了很多调板，分别用来观察信息，选择颜色，管理图层、通道、路径和历史记录等。

六、状态栏

状态栏位于图像窗口底部，由两部分组成，分别表示当前图像的显示比例和文档大小/暂存盘大小（指编辑图像时所用的空间大小），可在显示比例编辑框中直接修改数值来改变图像的显示比例。

任务要求

在使用 Photoshop CS6 编辑或创作图像时，首先要打开或创建图像文件，然后才能进行相应的编辑操作，最后需要保存和关闭图像文件。

任务实施

一、新建文件

要创建图像文件，可选择“文件”→“新建”菜单（或者按“Ctrl+N”组合键），此时系统会打开如图 1-4 所示的“新建”对话框，可在该对话框中设置新图像文件的名称、尺寸、分辨率、模式和背景颜色。设置完成后，单击“确定”按钮，即可创建新文件。

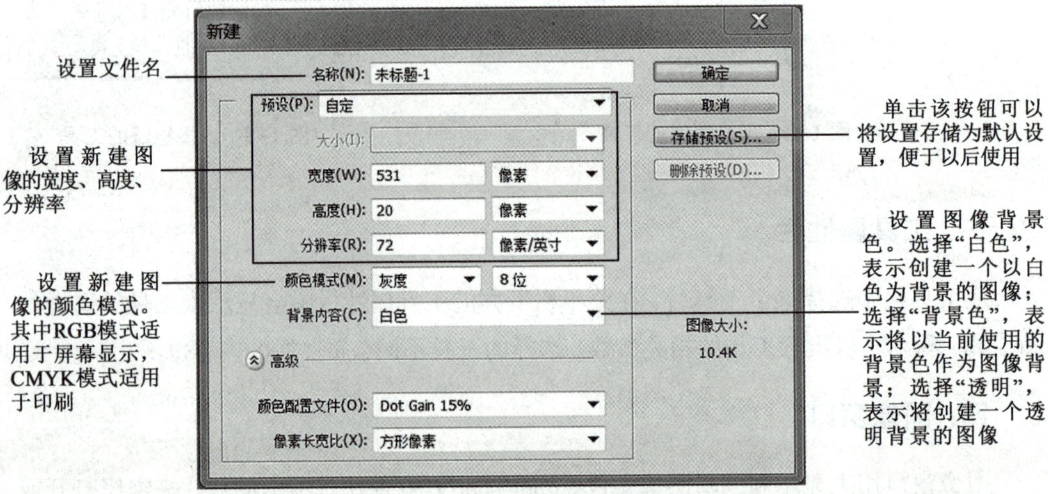

图 1-4 “新建”对话框

二、打开文件

要打开现有的图像文件进行处理，可选择“文件”→“打开”菜单（或者按“Ctrl+O”组合键），此时系统会打开如图 1-5 所示的“打开”对话框。在该对话框的“查找范围”下拉列表中选择文件所在的磁盘，在文件列表找到要打开的文件并单击，然后单击“打开”按钮。

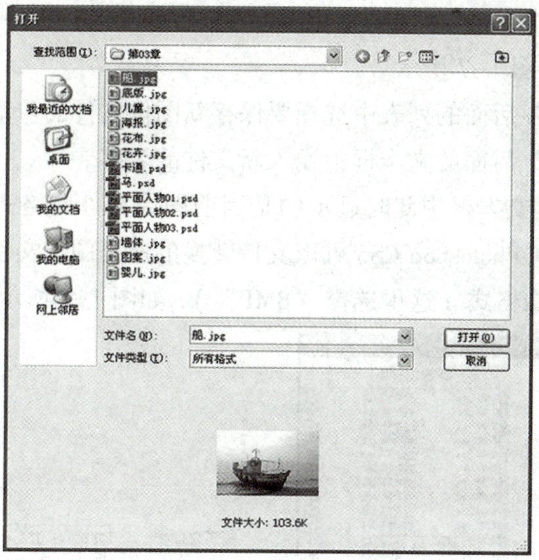

图 1-5 “打开”对话框

三、关闭文件

当不需要编辑某个图像文件时，可以通过以下几种方式将其关闭。

(1) 选择“文件”→“关闭”菜单。

(2) 按“Ctrl+W”或“Ctrl+F4”组合键。

(3) 单击图像窗口右上角的“☒”按钮。

(4) 选择“文件”→“关闭全部”菜单，可关闭所有打开的图像。

四、转换图像文件格式

打开一个图像文件后，使用 Photoshop CS6 的“存储为”功能，并且在存储前选择要存储的文件格式，就可以完成图像文件格式的转换。

(1) 打开一个 JPEG 格式的图像文件，如图 1-6 所示。

图 1-6 打开 JPEG 格式的图像文件

（2）执行“文件”→“存储为”命令（或者按“Ctrl+Shift+S”组合键），弹出“存储为”对话框，如图 1-7 所示。

（3）在“保存在”后面的列表中选择要保存新图像文件的位置。

（4）在“文件名”后面的文本框中输入新文件的名字。

（5）“格式”列的文本框中此时显示的是当前图像文件的格式（JPEG），单击右侧的黑色三角按钮，出现 Photoshop CS6 可以支持转换的所有图像文件格式列表。移动鼠标指针选择要转成的图像格式（这里选择“BMP”），如图 1-8 所示。

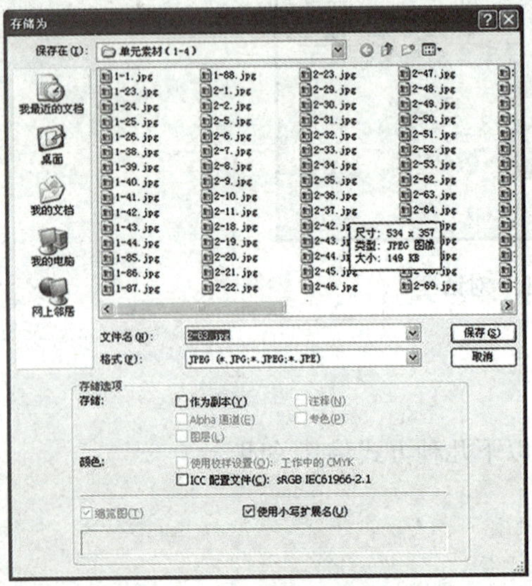

图 1-7 “存储为”对话框

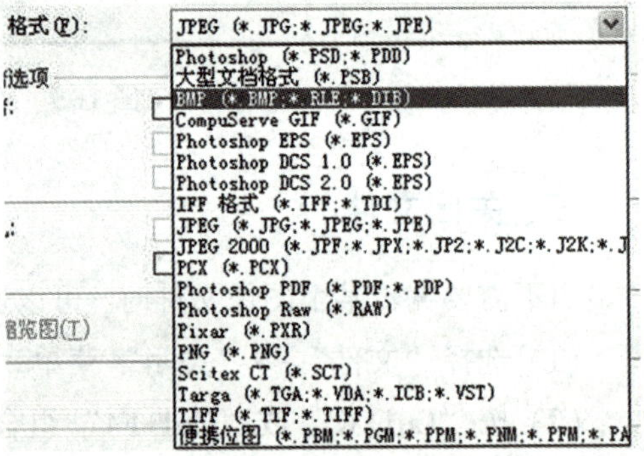

图 1-8 选择图像格式

（6）单击“保存”按钮，完成图像由 JPEG 格式到 BMP 格式的转换。

项目总结

通过学习本项目内容，应该掌握以下知识点。

（1）了解 Photoshop CS6 的工作界面组成及各组成部分的作用。

（2）掌握新建、打开、保存和关闭图像文件的方法。

项目二

创建与编辑选区

项目描述

选区用于分离图像的一个或多个部分，它是 Photoshop CS6 的一项非常重要的功能，Photoshop CS6 的大多数操作都是基于选区进行的。例如，要对图像的局部进行处理，需要先通过各种方法将其选中，也就是创建选区，再进行移动、复制、填充或色彩调整等操作。本项目主要介绍创建与编辑选区的方法和技巧。

项目目标

学会使用 Photoshop CS6 中各种选区工具与命令来创建选区、编辑选区，掌握“矩形选框工具”“魔棒工具”“快速选择工具”“套索工具”“路径工具”的具体应用，并能对创建的选区进行收缩、扩展、羽化、变形处理，完成“设计相册版面”“改变人物裙子颜色”“添加纹身效果”“合成艺术化相片”“制作电视广告”“为宣传海报添加彩带”“制作卡通人物相框”等任务。

〔重点〕

(1) 熟练掌握各种选区工具的使用。

(2) 掌握选区的移动、羽化、扩展、收缩等调整方法。

(3) 能够综合利用各种创建和调整选区的方法处理图像，如制作广告、处理相片等。

〔难点〕

(1) 创建和编辑选区在图像处理中的应用。

(2) 培养图像设计的实操能力。

任务一　设计相册版面

任务要求

本任务是首先使用“移动工具”，再配合使用“矩形选框工具”和“椭圆选框工具”，将一幅图像或一幅图像中选定的区域移动到另一幅图像上，从而达到简单的图像合成效果，最后为图像添加图层样式，效果图如图 2-1 所示。

图 2-1　相册版面效果图

知识技能

学会利用矩形选框工具组进行图像处理，完成简单的图像合成。

在进行选区操作时，可以通过拖拉方式任意画出各种矩形、椭圆形、单像素的单行与单列选区。选定区域是用虚线框表现出来的。选区工具包括矩形选区、圆形选区、单行与单列选区。

一、“矩形选框工具”（⬚）

单击“矩形选框工具”，即可弹出矩形选框工具组，如图 2-2 所示。

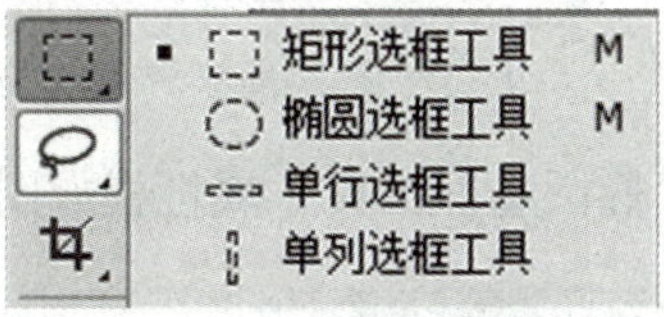

图 2-2　矩形选框工具组

选择“矩形选框工具”，“矩形选框工具”属性栏如图 2-3 所示。

图 2-3　“矩形选框工具”属性栏

（1）选区选项：“矩形选框工具”属性栏最左侧 4 个按钮用来设置选区选项，其种类如表 2-1 所示。

表 2-1　选区编辑种类表

图标	名称	功能
	添加新选区	——在画布上拖动鼠标创建矩形选区
	向选区中添加选区	——在矩形选区右侧拖出另一个矩形选区
	从选区中减去选区	——在矩形选区里面拖出一些小矩形选区
	与其他选区交叉的选区	——用矩形和椭圆形选区交叉而得到的图形

（2）羽化：输入数值可以创建带有羽化的选区，它的范围为 0~250 像素，此值越高，羽化的范围越广。

（3）样式：此选项下拉列表中可以选择选区的创建方法。

（4）消除锯齿：在 Photoshop CS6 中创建圆形、多边形等不规则选区时，其选区边缘会出现锯齿，选择此选项后，可以平滑选区的边缘。

（5）调整边缘：单击此按钮，可以打开“调整边缘”对话框，在此对话框中可以进一步调整选区，或对照不同的背景查看选区，或将选区作为蒙版查看。

二、“椭圆选框工具”（ ）

选择“椭圆选框工具”，“椭圆选框工具”属性栏如图 2-4 所示。

图 2-4　“椭圆选框工具”属性栏

其属性栏中的各参数说明同“矩形选框工具”。

三、“单行选框工具”（ ）和“单列选框工具”（ ）

单击“单行选框工具”或“单列选框工具”可以用来创建一个像素宽度的单行或单列选区。

任务实施

一、打开素材图片

打开素材图片“相册版面”和“照片 01”，使用“移动工具”把“照片 01”图像拖到“相册版面”图像中，如图 2-5 所示。

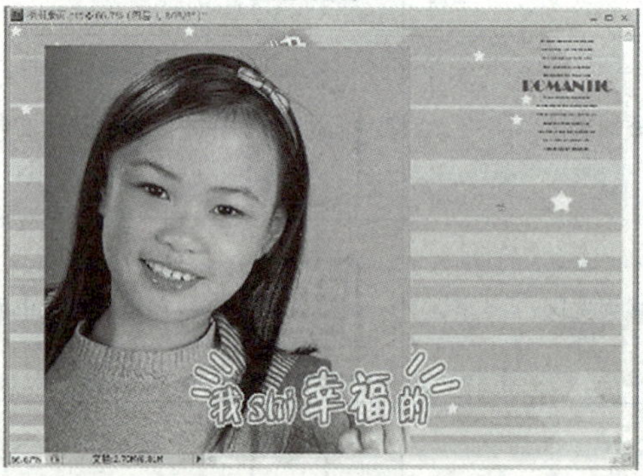

图 2-5　移动素材图片

二、调整图片大小

执行“编辑”→“自由变换”命令（或者按“Ctrl+T”组合键），等比例缩小图片（配合使用键盘上的“Shift”键），如图 2-6 所示。

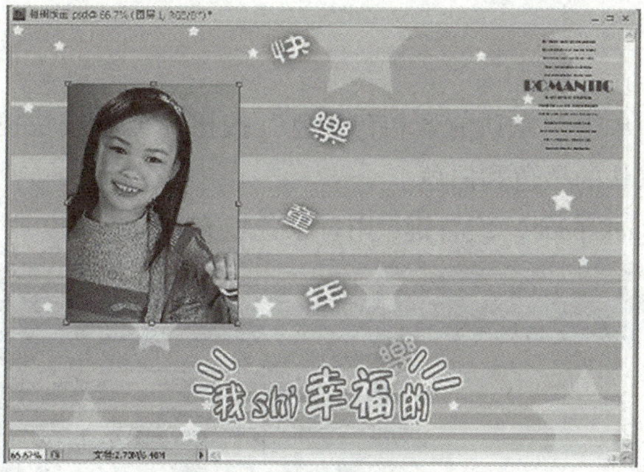

图 2-6　自由变换效果图

三、建立矩形选区

（1）在工具箱中单击“矩形选框工具”（或者按快捷键“M”），在图像上拖动鼠标，绘制一个比图中人物稍大的矩形选区，如图 2-7 所示。

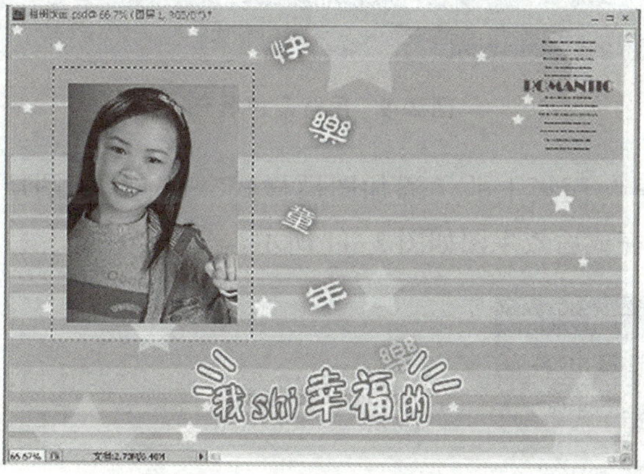

图 2-7　绘制稍大的矩形选区

（2）在“图层”面板中单击“创建新图层”按钮（），创建一个新图层，默认名称为“图层 2”，如图 2-8 所示

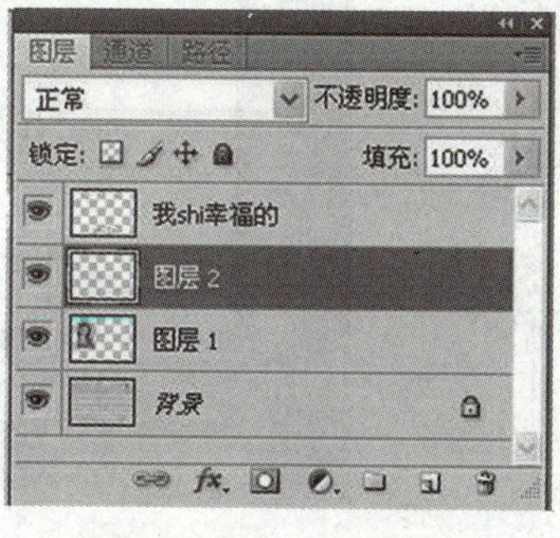

图 2-8　创建“图层 2”

四、填充图层

（1）在工具箱中单击“默认前景和背景色”按扭（或者按快捷键“D”），将前景色和背景色复位为默认的黑色和白色。

（2）按“Ctrl+Backspace”组合键，用背景色填充，如图 2-9 所示。

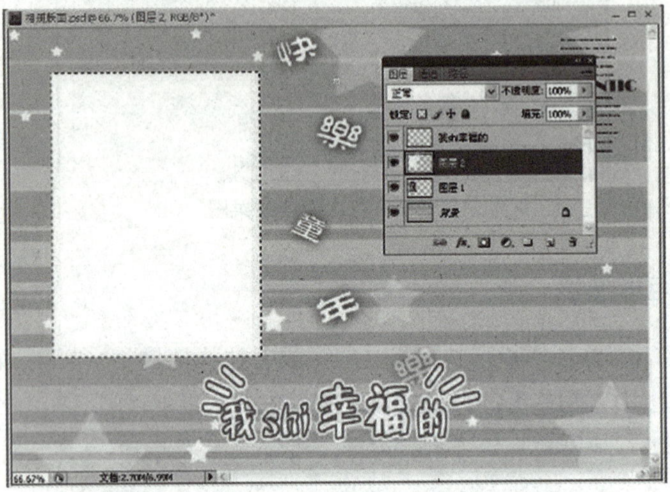

图 2-9　用背景色填充

（3）单击“图层”面板上的“添加图层样式”按钮，为图层添加“投影”样式（如图 2-10 所示），完成后效果图如图 2-11 所示。

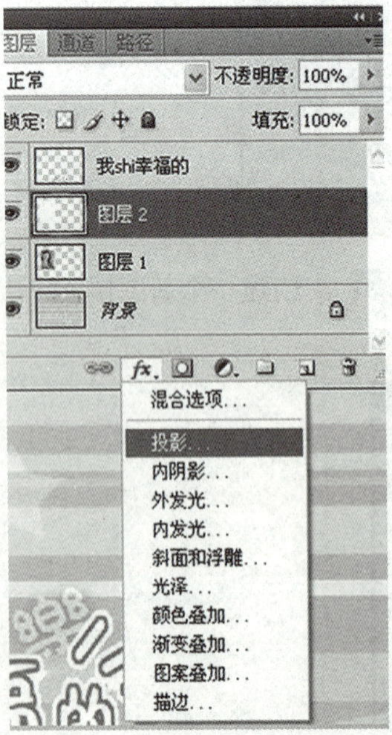

图 2-10　添加“投影”样式

图 2-11　添加“投影”样式后效果图

五、调整并复制图层

（1）调整“图层 1”和“图层 2”的图层顺序，如图 2-12 所示。

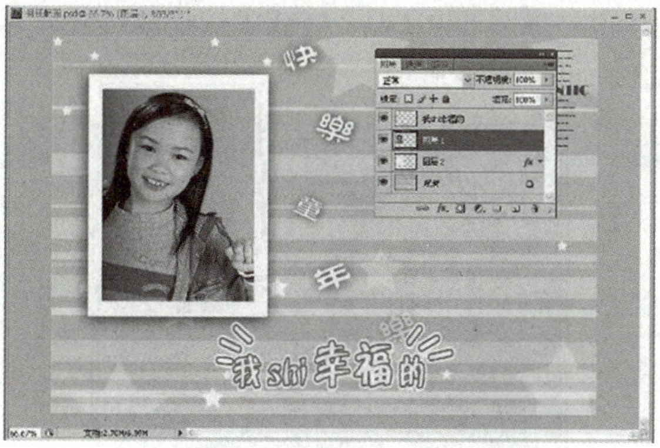

图 2-12 调整图层顺序

（2）确认“图层 2”为当前编辑层，执行“图层”→“复制图层”命令，单击“确定”按钮，复制“图层 2”为“图层 2 副本”，如图 2-13 所示。

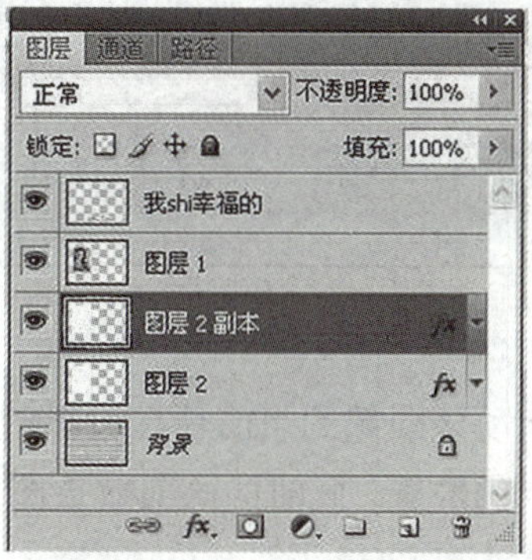

图 2-13 复制“图层 2”

（3）确认“图层 2”为当前编辑层，执行“编辑”→“自由变换”命令，调整该图层的角度，并将“不透明度”设为“38%”，如图 2-14 所示。

图 2-14 调整图层的不透明度

六、建立椭圆选区

(1) 打开素材图片“照片 02”。

(2) 在工具箱中单击“椭圆选框工具”（或者按快捷键“M”），在图像上拖动鼠标，绘制一个椭圆选区，如图 2-15 所示。

图 2-15　绘制椭圆选区

(3) 使用“移动工具”拖动该图像到当前正在编辑的文件中，“图层”面板自动生成“图层 3”，调整“图层 3”的位置，此时的画面效果图如图 2-16 所示。

图 2-16　调整“图层 3”位置后效果图

(4) 为“图层 3”添加“投影”样式，最终效果图如图 2-17 所示。

图 2-17　相册版面最终效果图

任务小结

在创建选区的各类工具中，选区工具是最基础的操作。本任务主要学习利用矩形选框工具组创建选区，并通过对选定区域的填充、调整完成相册版面的设计。

任务练习

单击“单行选框工具”和“单列选框工具”创建选区，并为照片制作“背景抽线效果”，完成效果图如图2-18所示。

图 2-18　背景抽线效果图

一、打开素材图片

打开素材图片“美女”。

二、建立选区

（1）选择“磁性套索工具”，按图 2-19 所示设置参数。

图 2-19　“磁性套索工具”的参数设置

（2）沿人物边缘建立选区，效果图如图 2-20 所示。

图 2-20　建立选区效果图

（3）确认背景层为当前层，选中“单行选框工具“，然后在图像上单击，出现单行选区。

三、复制选区并创建新图层

（1）执行“编辑”→“拷贝”命令（或者按“Ctrl+C”组合键），复制选区内的图像。

（2）执行“编辑”→“粘贴”命令（或者按“Ctrl+V”组合键），粘贴选区内的图像。此时“图层”面板中自动创建了一个名为“图层 1”的新图层，如图 2-21 所示。

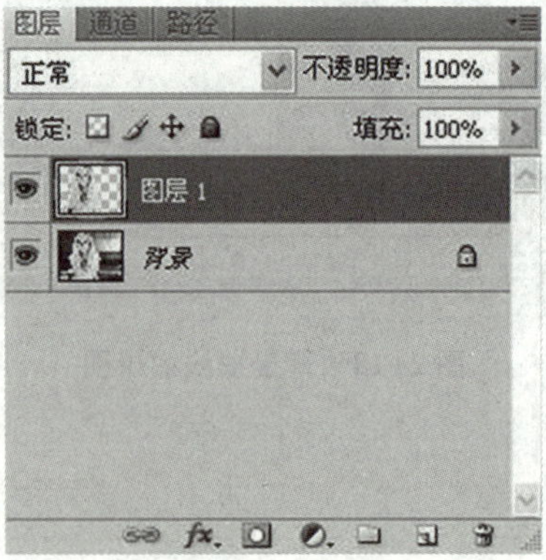

图 2-21　创建“图层 1”（一）

四、创建单行选区

（1）拖动“背景”图层到“创建新图层”按钮上，复制“背景”图层，得到“背景副本”图层。

（2）确认选中“背景副本”图层，选择“单行选框工具”，然后在图像上单击，出现单行选区。

五、创建背景抽线效果

（1）执行“编辑”→“自由变换”命令（或者按“Ctrl+T”组合键），调出“自由变换”对话框，鼠标指针放在中间，出现双向箭头时，按住鼠标左键分别向上下拉动。

（2）按“Enter”键确定，最终效果图如图 2-22 所示。

图 2-22　背景抽线最终效果图

任务二　改变人物裙子颜色

任务要求

本任务是首先使用“快速选择工具”对需要选择的图像中部分区域进行涂抹，从而形成选区，再创建新图层，在选区内填充颜色并改变图层的混合模式，效果图如图2-23所示。

图 2-23　改变人物裙子颜色效果图

知识技能

学会使用“快速选择工具”完成图像的部分区域选择，并进行简单的图像处理。

使用“快速选择工具”选择图像时，非常直观、快捷。“快速选择工具”采用的是拖动式选区创建方式，即鼠标拖动的范围都可以作为创建选区的依据。“快速选择工具”是智能的，不需要在要选取的整个区域中涂画，它会自动调整所涂画的选区大小，并寻找到边缘，使其与选区分离。

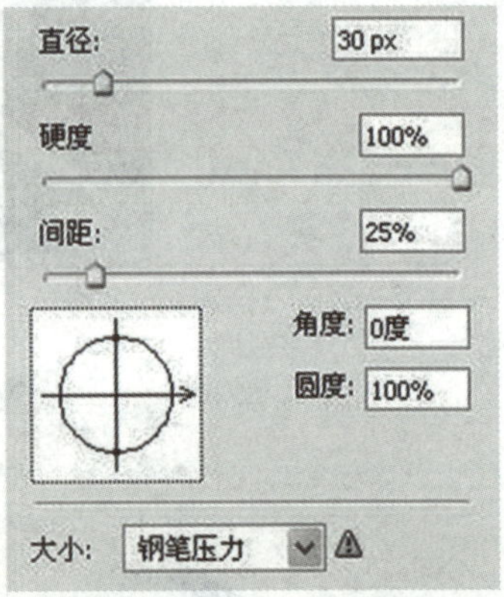

图 2-24　“画笔”参数面板

“快速选择工具”的使用方法是基于画笔模式的。也就是说，在“画”出的所需选区中，如果是选取离边缘比较远的较大区域，就要使用大尺寸的画笔大小；如果是要选取边缘，则换成小尺寸的画笔大小，这样才能尽量避免选取背景像素，从而达到最佳选择效果。

要更改画笔大小，可以通过选项栏中“画笔”一侧的下拉列表进行选择，也可以直接使用“［”或“］”键来增大或减小画笔大小。“画笔”参数面板如图 2-24 所示。

任务实施

一、打开素材图片

图 2-25　选择“快速选择工具”

打开素材图片“人物”，在工具箱中单击“快速选择工具”，如图 2-25 所示。

二、创建选区

在工具箱中单击“缩放工具”（或者按快捷键“Z”），在打开的素材图片中单击鼠标放大显示图片中的裙子部分，如图 2-26 所示。用“快速选择工具”沿着裙子的边缘涂抹进行选择操作，如图 2-27 所示。

图 2-26　放大裙子区域

图 2-27　选择裙子区域

三、创建图层并填充裙子颜色

（1）在“图层”面板中单击“创建新图层”按钮，创建一个新图层，默认名称为“图层 1”，如图 2-28 所示。

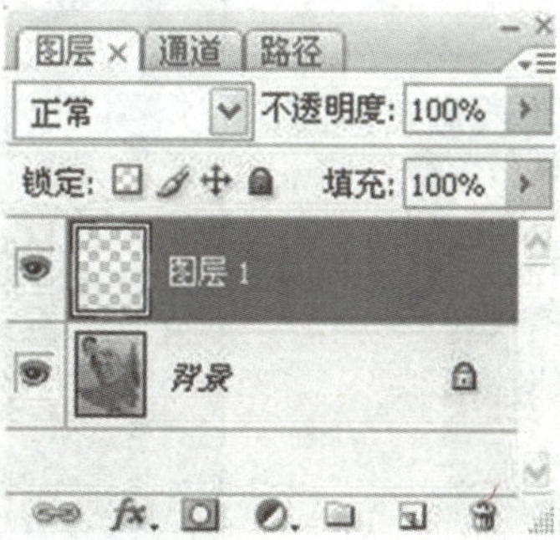

图 2-28　创建新图层“图层 1”

（2）在工具箱中单击“设置前景色”按钮（），打开前景色的“拾色器”对话框，把前景色设置为粉色（# 9861a6）。

（3）依次单击“编辑”→“填充”命令（按“Alt+Backspace”或者“Alt+Delete”组合键直接完成前景色填充）。打开“填充”对话框（如图 2-29 所示），选择使用“前景色”进行填充，填充后图层效果图如图 2-30 所示。

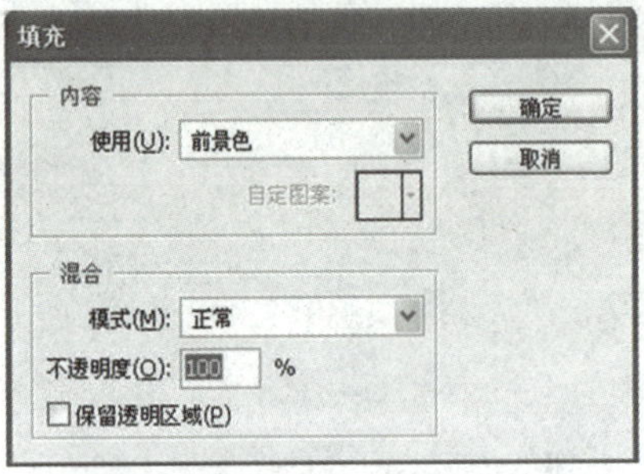

图 2-29　打开“填充”对框话

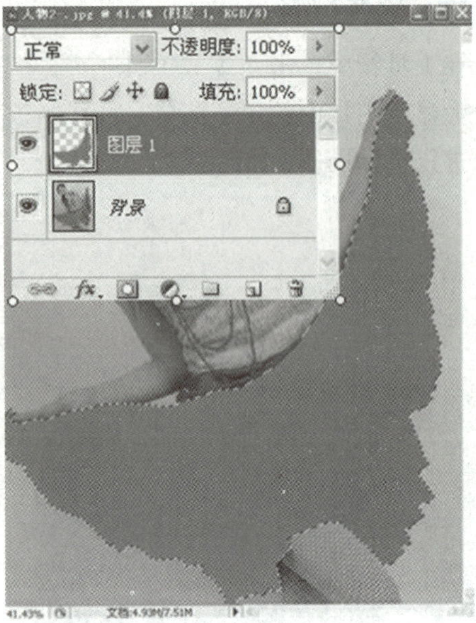

图 2-30　填充后图层效果图

(4) 在“图层”面板中点击选择“图层 1”的“设置图层混合模式”下拉菜单按钮，在其中选择“颜色”模式（如图 2-31 所示），调整后效果图如图 2-32 所示。

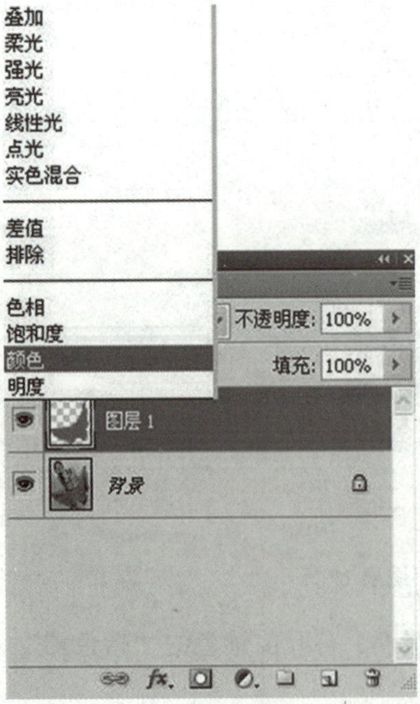

图 2-31　选择“颜色”模式

图 2-32　选择“颜色”模式后效果图

任务小结

“快速选择工具”可以用来快速选择图像中的部分对象并建立选区，或根据画笔大小来创建选区。本任务主要练习使用“快速选择工具”选取图像中的部分对象，对选区进行填充、复制、粘贴等操作，并能够根据不同图像运用最方便的选择工具实现图像处理。

任务练习

利用“快速选择工具”制作“一对小鸟”，效果图如图 2-33 所示。

图 2-33　“一对小鸟”效果图

一、打开素材图片

打开素材图片“一只小鸟”（图 2-34）。

图 2-34　素材图片“一只小鸟”

二、建立选区

（1）选择“快速选择工具”，在其工具选项栏中单击“ ”按钮，并设置画笔大小为“30像素”。

（2）按住鼠标左键，沿着图像边缘拖动，直到建立完整的小鸟选区，如图2-35所示。

图2-35　建立完整的小鸟选区

三、制作另一只小鸟

（1）执行“编辑”→“拷贝”命令（或者按“Ctrl+C”组合键）复制选区内的图像。

（2）执行“编辑”→“粘贴”命令（或者按“Ctrl+V”组合键）粘贴选区内的图像。此时在“图层”面板中自动创建了一个名为“图层1”的新图层，如图2-36所示。

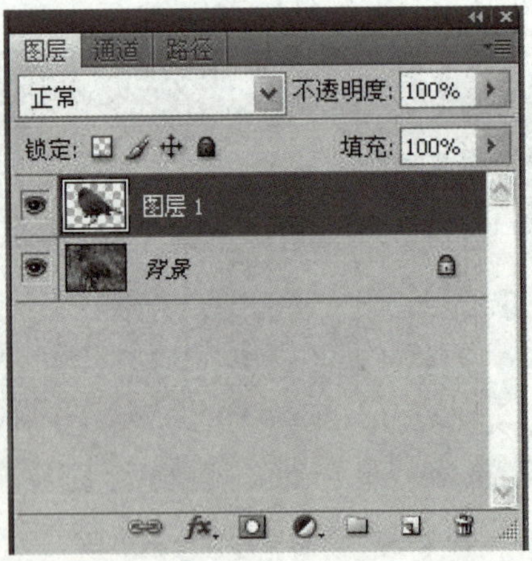

图2-36　创建一个名为“图层1”的新图层

（3）执行“编辑”→“自由变换”命令（或者按“Ctrl+T”组合键），调出“自由变换”对话框，对复制的图像进行变形，调整合适大小及位置后按“Enter”键，最终效果图如图 2-37 所示。

图 2-37　“一对小鸟”最终效果图

任务三　添加纹身效果

任务要求

本任务是练习使用“魔棒工具”( )，通过“魔棒工具”进行相同或相近的像素选择，即选中图案黑色背景并反向选择，然后将其移动到另一幅图片中完成合成。添加纹身效果图如图 2-38 所示。

图 2-38　添加纹身效果图

知识技能

学会“魔棒工具”的使用方法。

“魔棒工具”是对图像中颜色相同或相似的部分进行选取的工具。使用“魔棒工具”选取时，只需在图像中的颜色相近区域单击，即可选取图像中在一定容差值范围内颜色相同或相近的区域。

魔棒工具：“魔棒工具”属性栏如图 2-39 所示。魔棒光标随所选的选项而更改，其中有一些与“矩形选框工具”相同的选项，如创建、增加选区等。

图 2-39　“魔棒工具”属性栏

(1) 容差：取值在 0~255，数值越大，表示可允许的相邻像素间的近似程度越小，选择的范围就越大；反之，范围就越小。不同的容差值选择的效果图分别如图 2-40 和图 2-41所示。

图 2-40　容差值为 32（默认值）效果图

图 2-41　容差值为 64 效果图

(2) 消除锯齿：设置选取范围是否具备消除锯齿的功能。

(3) 连续：在选取时仅选取与单击相邻的、容差范围内的颜色相近区域；否则，会将整幅图像或图层中容差范围内的所有颜色相近的区域选中。在默认情况下，该复选框总是被选中的。

(4) 对所有图层取样：选中此复选框，将在所有可见图层中选取容差范围内的颜色相似区域；否则，仅选取当前图层中容差范围内的颜色相似区域。

任务实施

一、打开素材图片

打开素材图片“图案”（图 2-42）。

图 2-42 素材图片“图案”

二、创建选区

（1）选择“魔棒工具”，在其工具属性栏中单击“ ”按钮，并设置“容差”为“50 像素”，如图 2-43 所示。

图 2-43 “魔棒工具”属性栏设置（一）

（2）在“图案”图像中单击黑色背景，即为黑色区域创建选区，如图 2-44 所示。

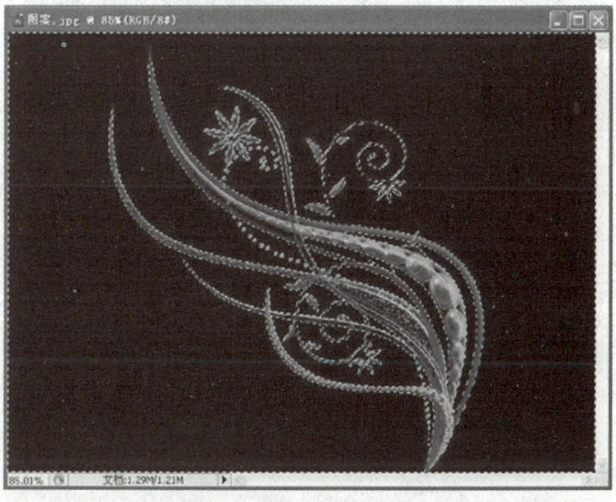

图 2-44 为黑色区域创建选区

(3) 单击“选择”→“反向”命令（或者按“Shift+Ctrl+I”组合键），执行反向选择，即可选择图案部分，效果图如图 2-45 所示。

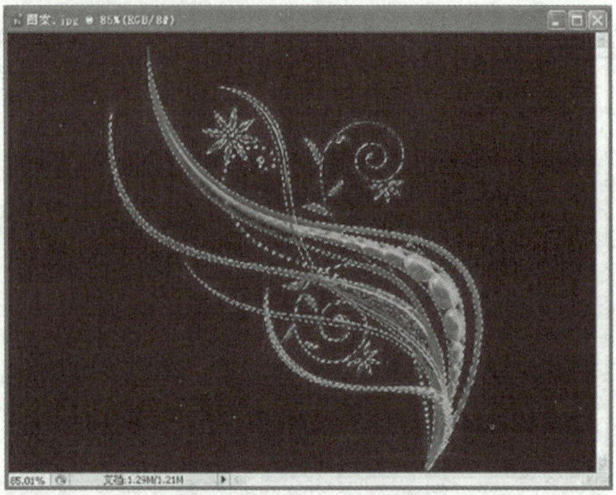

图 2-45　反向选择效果图

三、制作纹身效果

(1) 使用“移动工具”拖动选区内的图像到“美女 3”素材图片中，自动生成“图层 1”，如图 2-46 所示。

(2) 单击“编辑”→“自由变换”命令（或者按“Ctrl+T”组合键），对图案进行变形处理。调整图像到合适的位置、大小，最终效果图如图 2-47 所示。

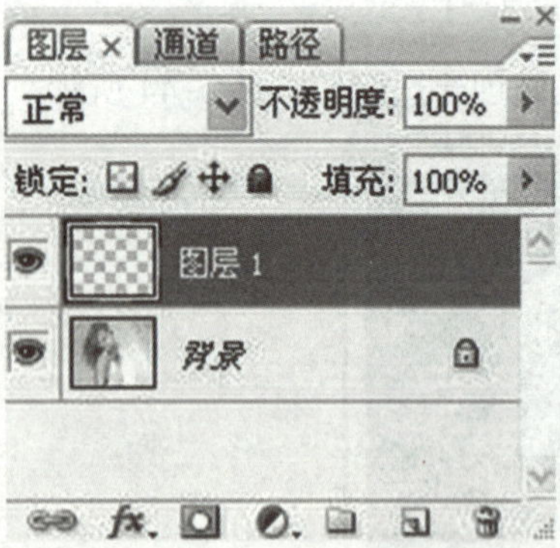

图 2-46　生成“图层 1”

图 2-47　添加纹身最终效果图

任务小结

“魔棒工具”比较适用于颜色对比较为单一的图像，越单一选区的图像越精确。本任务通过学习“魔棒工具”的使用，完成对图像的选取、编辑、修改。

任务练习

利用“魔棒工具”快速合成图像，效果图如图 2-48 所示。

图 2-48　合成图像效果图

一、打开素材图片

打开素材图片“建筑”（图 2-49）。

图 2-49　素材图片“建筑”

二、建立选区

（1）双击“图层”面板中的“背景”图层，将其转换为普通图层后，选择工具箱中的“魔棒工具”，参数设置如图 2-50 所示。单击图像中的天空区域，效果图如图 2-51 所示。

图 2-50　“魔棒工具”属性栏设置（二）

图 2-51　选取天空区域

（2）继续在“魔棒工具”选项栏中启用“添加到选区”按钮，单击左上角的空白区域，将其同时选中，效果图如图 2-52 所示。

图 2-52　选中空白区域效果图

三、删除图像选区中多余的天空部分

（1）选区建立后，按“Delete”键将选区中的图像删除，使其呈现透明状态，如图 2-53所示。

图 2-53　删除选区内图像

（2）执行“选择”→“取消选择”命令（或者按“Ctrl+D”组合键）。

四、合成图像

（1）打开另外一幅素材图片“天空 . tif”，将其拖至当前正在编辑的文档中，如图2-54所示。

图 2-54　将素材图片拖至文档中

（2）调换天空图层与建筑图层，移动其位置，完成图像拼合，如图 2-55 所示。

图 2-55　调换图层顺序

任务四　合成艺术化相片

任务要求

本任务是使用“羽化”命令进行图像合成，使图像达到完美融合的效果。合成艺术化相片效果图如图 2-56 所示。

图 2-56　合成艺术化相片效果图

知识技能

“羽化”的作用是使图像的边缘柔化，形成较为自然的感觉，“羽化”属性栏如图2-57所示。

图 2-57　“羽化”属性栏

(1) 羽化值越大，朦胧范围越大；羽化值越小，朦胧范围越小，如图 2-58 和图 2-59 所示。

图 2-58　没有羽化的效果图

图 2-59　羽化值为 20 像素的效果图

(2) 消除锯齿：只有在使用“椭圆选框工具”时，这个选项才可使用，它决定选区的边缘光滑与否。

(3) 选择样式中有约束长宽比与固定大小两个选项，可使画出的矩形、圆形选区固定其长宽的比例或指定图形的长和宽。

任务实施

一、打开素材图片

打开本任务所需要的三幅素材图片（图 2-60）。

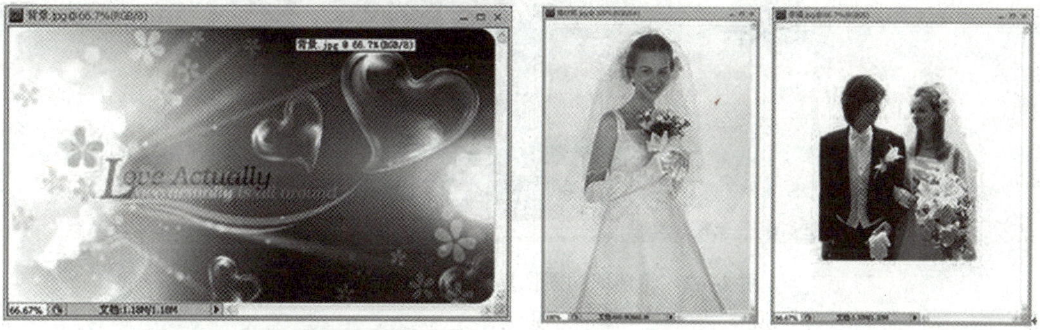

（a）素材图片“背景”　（b）素材图片“婚纱人物”　（c）素材图片“幸福”

图 2-60　所需要的三幅素材图片

二、创建选区

（1）将“婚纱人物”图像置为当前窗口，选择“椭圆选框工具”，在其工具属性栏中设置“羽化”为“50 像素”，然后在主图像窗口绘制椭圆选区，框选人物上半部分图像，如图 2-61 所示。

图 2-61　选取人物上半部分图像

（2）执行“编辑”→“拷贝”命令（或者按“Ctrl+C”组合键），复制选区内的“婚纱人物”图像；然后切换到已经打开的“背景”图像窗口，执行“编辑”→“粘贴”命令（或者按“Ctrl+V”组合键），将“婚纱人物”图像复制到该窗口中，并利用“移动工具”将其放置于合适位置，如图 2-62 所示。

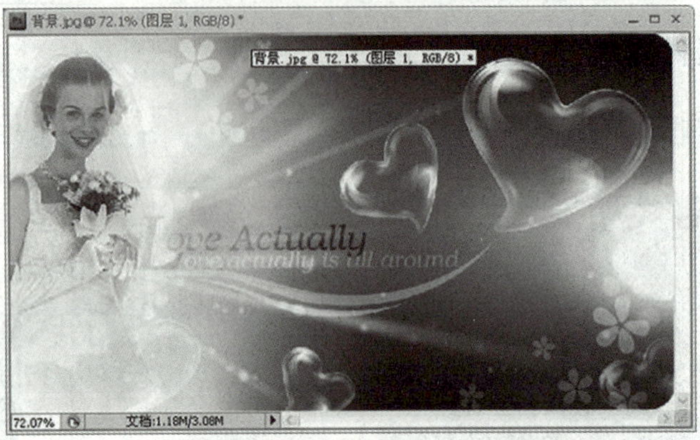

图 2-62　将选取的图像复制到“背景”图像中

（3）将“幸福”图像置为当前窗口，选择“矩形选框工具”，并在图像中绘制一个矩形，如图2-63所示选区。

图 2-63　绘制一个矩形

（4）执行“选择”→“修改”→“羽化”命令（或者按“Shift+F6”组合键），参数设置如图 2-64 所示，单击“确定”按钮关闭对话框。

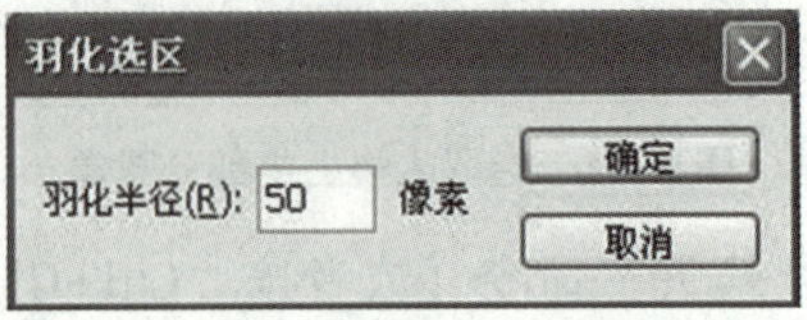

图 2-64　“羽化选区”对话框（一）

（5）执行“编辑”→“拷贝”命令（或者按“Ctrl+C”组合键），复制选区内的“幸福”图像；然后切换到正在编辑“背景”图像窗口，执行“编辑”→“粘贴”命令（或者按“Ctrl+V”组合键），将“幸福”图像复制到该窗口中，并利用“移动工具”将其放置于合适位置，最终效果图如图 2-65 所示。

图 2-65 合成艺术化相片最终效果图

任务小结

“羽化”是使用频率非常高的一个命令。在填充或复制（删除）选区图像前，要先对选区进行“羽化”操作，再进行填充或复制（删除），这样可以得到边缘柔和而淡化的图像效果，从而方便合成图像。

任务练习

利用“羽化”命令合成化妆品广告，效果图如图 2-66 所示。

图 2-66 化妆品广告效果图

一、制作背景

(1) 依次打开素材图片“背景图”及“滴水”，使用“移动工具”拖动“滴水”图像至“背景图”图像中，自动生成“图层 1”，效果图如图 2-67 所示。

图 2-67　移动“滴水”图像至“背景图”图像中

(2) 在“图层”面板中，将“图层 1”的图层混合模式设置为“线性加深”，并设置该图层的“填充”为“60%”，如图 2-68 所示，设置后效果图如图 2-69 所示。

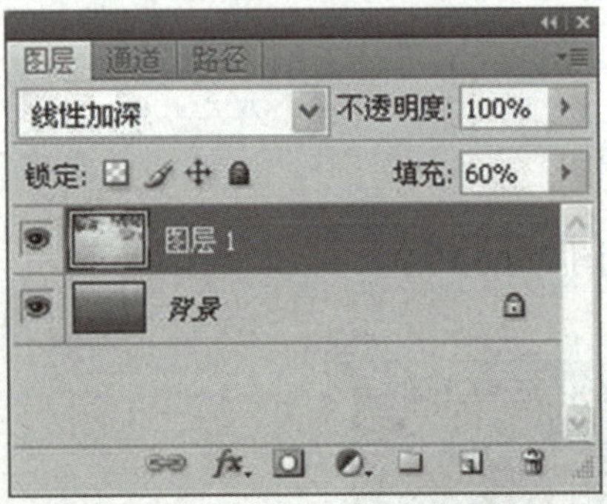

图 2-68　“图层 1”的参数设置对话框

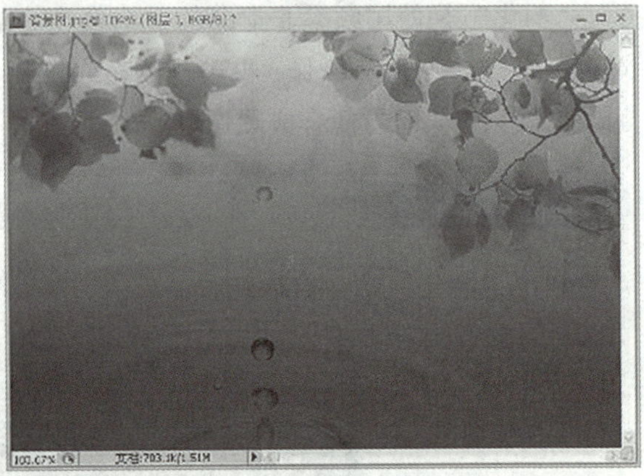

图 2-69　设置后背景效果图

二、选取图像

(1) 打开素材图片“人物”，在工具箱中单击“魔棒工具”，选取“人物”图像的背景，创建选区，如图 2-70 所示。

(2) 单击“选择”→“反向”命令（或者按“Shift+Ctrl+I”组合键），执行反向选择，即可选择“人物”图像，如图 2-71 所示。

图 2-70 选择“人物”图像的背景

图 2-71 反选后效果图

三、合成图像

（1）执行“选择”→“修改”→“羽化”命令（或者按“Shift＋F6”组合键），参数设置如图 2-72 所示，单击“确定”按钮关闭对话框。

图 2-72 “羽化选区”对话框（二）

（2）执行“编辑”→“拷贝”命令（或者按“Ctrl+C”组合键），复制选区内的“人物”图像，然后切换到正在编辑的“背景图”图像窗口，执行“编辑”→“粘贴”命令（或者按“Ctrl+V”组合键），将“人物”图像复制到该窗口中，并利用“移动工具”将其放置于合适位置，如图 2-73 所示。

图 2-73 将选取的“人物”图像复制到“背景”图像中

四、完成化妆品广告的制作

（1）重复上述做法，将素材图片“化妆品”移至“背景”图像中，效果图如图 2-74 所示。

（2）输入文字，最终制作效果图如图 2-75 所示。

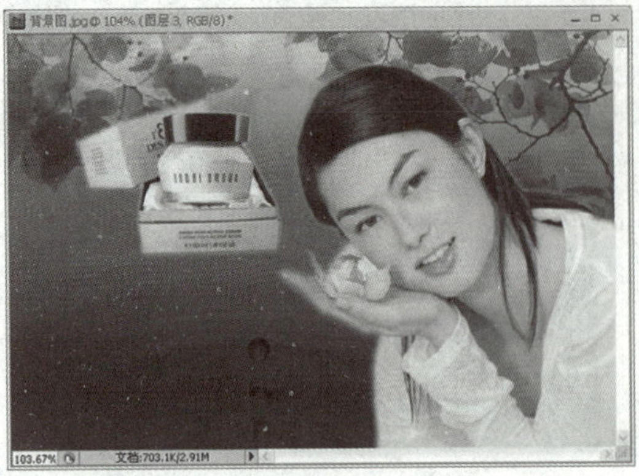

图 2-74　将素材图片“化妆品”移至“背景”图像中

图 2-75　化妆品广告最终效果图

任务五　制作电视广告

任务要求

学习几种不同的套索工具的使用方法，利用其对所需要的图像进行选区的选取操作，然后结合“移动工具”对素材图片进行合成，制作效果图如图 2-76 所示的电视广告。

图 2-76　电视广告效果图

知识技能

掌握套索工具组中内含的 3 种不同套索工具的使用方法。

套索工具组内含 3 个工具，分别是“套索工具”“多边形套索工具”“磁性套索工具”。其中，“套索工具”是最基本的选区工具，在处理图像中起着很重要的作用。在工具箱中选择“套索工具”时，会自动打开其属性栏，如图 2-77 所示。

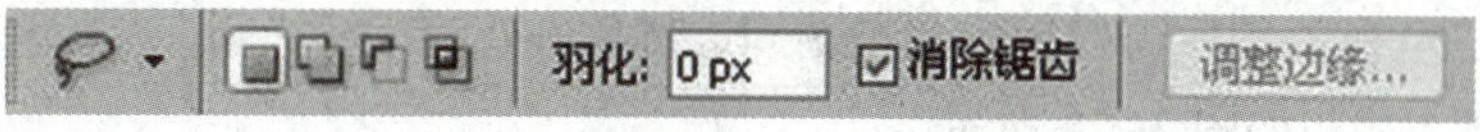

图 2-77 “套索工具”属性栏

一、“套索工具”( )

该工具用于选择不规则形范围。“套索工具”使用时，只需单击不放自由圈选即可。

二、“多边形套索工具”( )

该工具用于选择多边形范围。“多边形套索工具”主要用于多个点之间连接直线，可双击鼠标左键将起点与终点连接。按“Shift”键配合使用时可沿水平、垂直或 45 度角的方向定义直线；按“Alt”键可切换到“套索工具”；按“Delete”键时可取消最近定义的边线。

三、“磁性套索工具”( )

该工具用于选择比较明显的图像轮廓。“磁性套索工具”使用时，也只需单击不放自由圈选即可。

任务实施

一、打开素材图片

依次打开素材图片（图 2-78）。

图 2-78 依次打开素材图片

二、选取“电视”图像

（1）将“电视”图像窗口置为当前窗口，然后在工具箱中单击“魔棒工具”，在其属性栏中设置参数，如图 2-79 所示。

图 2-79　“魔棒工具”属性栏设置（三）

（2）将鼠标光标移至“电视”图像的背景中并单击，以选中背景；然后单击“选择”→“反向”命令（或者按“Shift+Ctrl+I”组合键），执行反向选择，即可选择“电视”图像部分，如图 2-80 所示。

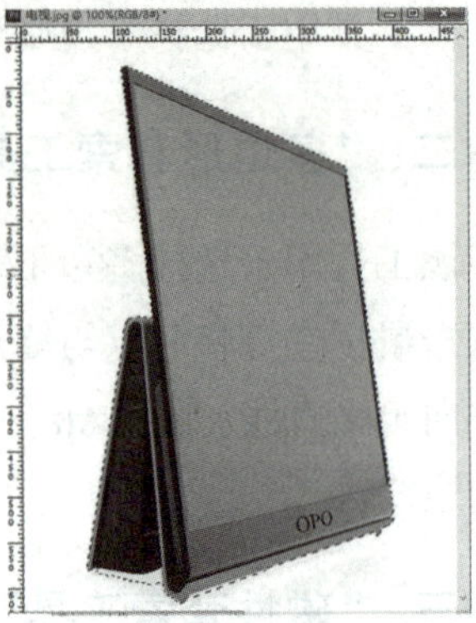

图 2-80　选取“电视”图像

（3）执行“编辑”→“拷贝”命令（或者按“Ctrl+C”组合键），复制选区内的图像；然后切换到已经打开的“背景”图像窗口，执行“编辑”→“粘贴”命令（或者按“Ctrl+V”组合键），将“电视”图像复制到该窗口中，并利用“移动工具”将其放置于合适位置，如图 2-81 所示。

（4）在“背景”图像窗口中，利用“多边形套索工具”将“电视”图像的屏幕部分制作成选区，按“Delete”键将选区中的内容删除，效果图如图 2-82 所示。按“Ctrl+D”组合键取消选区。

图 2-81　复制“电视”图像

图 2-82　创建选区并删除选区图像

三、选取“鸽子”图像

（1）将“鸽子”图像窗口置为当前窗口，利用“套索工具”圈选“鸽子”图像，效果图如图 2-83 所示。

（2）执行“编辑”→“拷贝”命令（或者按“Ctrl+C”组合键），复制选区内的“鸽子”图像；然后切换到正在编辑的“背景”图像窗口，执行“编辑”→“粘贴”命令（或者按“Ctrl+V”组合键），将“鸽子”图像复制到该窗口中，并利用“移动工具”将其放置于合适位置，如图 2-84 所示。

图 2-83　圈选“鸽子”图像

图 2-84　复制并移动“鸽子”图像

四、选取“人物”图像

（1）将“人物”图像窗口置为当前窗口，使用“磁性套索工具”创建“人物”图像选区，如图 2-85 所示。

图 2-85　创建“人物”图像选区

（2）执行“编辑”→“拷贝”命令（或者按“Ctrl+C”组合键），复制选区内的

“人物”图像；然后切换到正在编辑的“背景”图像窗口，执行“编辑”→“粘贴”命令（或者按“Ctrl+V”组合键），将“人物”图像复制到该窗口中，并利用“移动工具”将其放置于合适位置，如图 2-86 所示。

五、添加文字

将“文字”图像窗口置为当前窗口，用“移动工具”将“文字”图像拖到正在编辑的“背景”图像中，调整合适位置，最终效果图如图 2-87 所示。

图 2-86　复制并移动“人物”图像

图 2-87　电视广告最终制作效果图

任务小结

通过本任务的学习，掌握“套索工具”“多边形套索工具”“磁性套索工具”的使用方法，并运用这些基本工具对图像进行编辑和处理。

任务练习

合成“花中仙子”图像，效果图如图 2-88 所示。

图 2-88　“花中仙子”图像效果图

一、打开素材图片

依次打开素材图片（图 2-89）。

（a）素材图片“花朵”　（b）素材图片“蝴蝶”　（c）素材图片“小孩”

图 2-89　依次打开素材图片

二、选取“蝴蝶”图像

（1）将“蝴蝶”图像窗口置为当前窗口，利用“磁性套索工具”创建“蝴蝶”图像的选区，如图 2-90 所示。

（2）执行“编辑”→“拷贝”命令（或者按“Ctrl+C”组合键），复制选区内的“蝴蝶”图像；然后切换到正在编辑的“花朵”图像窗口，执行“编辑”→“粘贴”命令（或者按“Ctrl+V”组合键），将“蝴蝶”图像复制到该窗口中，并利用“移动工具”将其放置于合适位置，如图 2-91 所示。

图 2-90　创建“蝴蝶”选区

图 2-91　复制并移动“蝴蝶”图像

三、选取“小孩”图像

（1）将“小孩”图像窗口置为当前窗口，利用“磁性套索工具”创建图像的选区，如图 2-92 所示。

图 2-92　创建“小孩”图像选区

（2）利用“多边形套索工具”和“魔棒工具”，同时选择属性栏的“从选区减去”按钮（如图 2-93 所示），创建新的“小孩”图像选区，如图 2-94 所示。

图 2-93　“从选区减去”按钮

图 2-94　创建新的“小孩”图像选区

（3）执行“编辑”→“拷贝”命令（或者按“Ctrl+C”组合键），复制选区内的“小孩”图像；然后切换到正在编辑的“花朵”图像窗口，执行“编辑”→“粘贴”命令（或者按“Ctrl+V”组合键），将“小孩”图像复制到该窗口中，并利用“移动工具”将其放置于合适位置，最终效果图如图 2-95 所示。

图 2-95　“花中仙子”图像最终效果图

任务六　为宣传海报添加彩带

任务要求

本任务是学会使用“路径工具”创建路径，然后将路径转换为选区，最后对选区进行调整和颜色填充，从而掌握路径与选区相互转换的方法。宣传海报制作效果图如图2-96所示。

图 2-96　宣传海报效果图

知识技能

学会编辑路径的方法，以及学会路径与选区的转换方法。相关工具功能介绍如下。

一、“矩形工具”（ ）

用于绘制矩形，与“矩形选框工具”的区别在于其绘制的是图形而不是选区。

二、“直接选择工具”（ ）

选择路径的节点，用以调整路径的形状。

三、“将路径作为选区载入”（ ）

创建好路径后，单击“路径”面板下的此图标，即可将路径转换为选区。

四、“从选区生成工作路径”（ ）

创建好选区后，单击“路径”面板下的此图标，即可将选区转换为路径。

任务实施

一、打开素材图片

打开素材图片“海报素材”（图 2-97）。

图 2-97　素材图片“海报素材”

二、绘制“彩带”

（1）在“图层”面板上单击“创建新图层”按钮，在“背景”图层上新建“图层 8”，如图 2-98 所示。

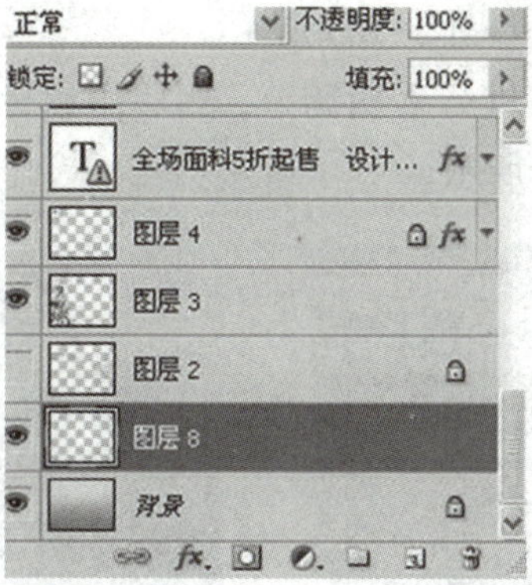

图 2-98 创建“图层 8”

（2）在工具箱中单击“矩形工具”，如图 2-99 所示。使用“矩形工具”在“图层 8”上绘制出一个较长的矩形，如图 2-100 所示。

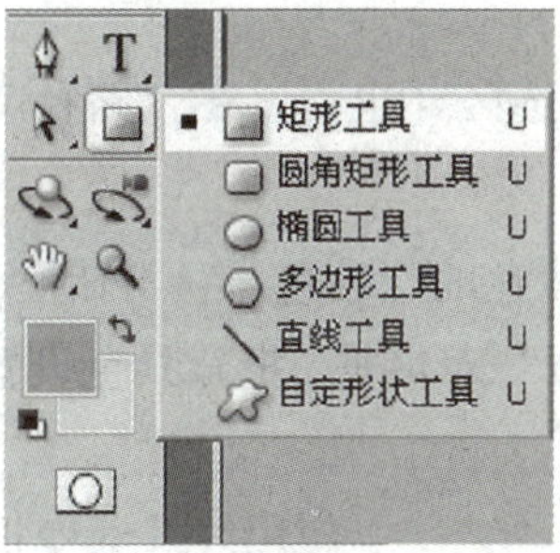

图 2-99 选择“矩形工具”（一）

图 2-100 绘制一个较长的矩形

（3）在工具箱中单击“直接选择工具”（或者按快捷键“A”），如图 2-101 所示。然后单击鼠标右键，选择“添加锚点”命令，如图 2-102 所示。

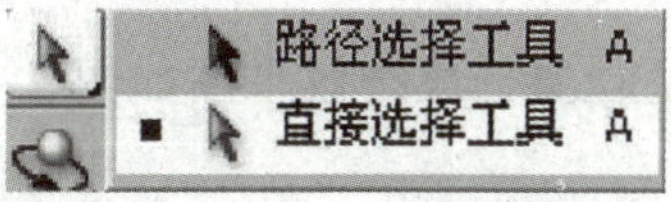

图 2-101 选择“直接选工具”

图 2-102 选择“添加锚点”命令

（4）依次添加 4 个锚点，如图 2-103 所示。

（5）锚点添加后，对锚点进行手柄调节，然后用鼠标对锚点进行弧度和位置的调节，调节后效果图如图 2-104 所示。

图 2-103　添加 4 个锚点

图 2-104　调节锚点后效果图

三、为“彩带”填充颜色

（1）按“Ctrl+Enter”组合键将制作好的路径转换成选区（也可以在“路径”面板下单击“ ”图标），如图 2-105 所示。

（2）在工具箱中单击“设置前景色”按钮，打开前景色的“拾色器”对话框，把前景色设置为浅绿色（# 8cc66d）；打开背景色的“拾色器”对话框，把背景色设置为黄色（# fcf002）。

（3）在工具箱中单击“渐变工具”（或者按快捷键“G”），使用线性渐变把“彩带”选区填充前景色到背景色的渐变，效果图如图 2-106 所示。

图 2-105　将路径转换成选区

图 2-106　填充“彩带”选区效果图

（4）复制“图层 8”为“图层 8 副本”，调整合适位置，最终效果图如图 2-107 所示。

图 2-107　宣传海报最终效果图

任务小结

本任务主要学习利用“钢笔工具”绘制路径，并将创建的路径转换成选区，以选取所需要的对象或创建选区，从而制作一些特殊的图像效果。

任务练习

更换照片背景，效果图如图 2-108 所示。

图 2-108　更换照片背景效果图

一、打开素材图片

依次打开素材图片（图 2-109）。

图 2-109 打开两幅素材图片

二、选取图像

（1）将“球”图像窗口置为当前窗口，利用“钢笔工具”创建图像的路径选区，如图2-110所示。

（2）按“Ctrl+Enter”组合键将制作好的路径转换成选区（也可以在“路径”面板下单击“”图标），如图 2-111 所示。

图 2-110 创建路径选区

图 2-111 将路径转换成选区

（3）执行“编辑”→“拷贝”命令（或者按“Ctrl+C”组合键），复制选区内的“小孩”图像；然后切换到正在编辑的“背景”图像窗口，执行“编辑”→“粘贴”命令（或者按“Ctrl+V”组合键），将“小孩”图像复制到该窗口中，并利用“移动工具”将其放置于合适位置，如图 2-112 所示。

(4) 执行“编辑”→“自由变换”命令（或者按“Ctrl+T”组合键），调整“小孩”图像的大小，最终效果图如图 2-113 所示。

图 2-112　复制“小孩”图像后效果

图 2-113　更换照片背景最终效果图

任务七　制作卡通人物相框

任务要求

本任务是首先使用“矩形选框工具”绘制一个选区，然后对矩形选区进行自由变换操作，通过“收缩”命令得出相框基本形状，最后再利用“多边形套索工具”进行相架的制作，完成效果图如图 2-114 所示。

图 2-114　卡通人物相框效果图

知识技能

掌握对选区进行编辑操作的一些基本方法。

一、选区的扩展与收缩

创建好选区后，执行“选择”→“修改”→“扩展”命令（将选区扩展），弹出“扩展选区”对话框（如图 2-115 所示），输入“扩展量”，就可以将创建好的选区进行扩展，选区扩展后的效果图如图 2-116 所示。执行“收缩”命令（将选区收缩），单击“收缩选区”对话框（如图 2-117 所示），输入“收缩量”，就可以将创建好的选区进行收缩，选区收缩后的效果图如图 2-118 所示。

图 2-115 “扩展选区”对话框（一）

图 2-116 选区扩展后的效果图

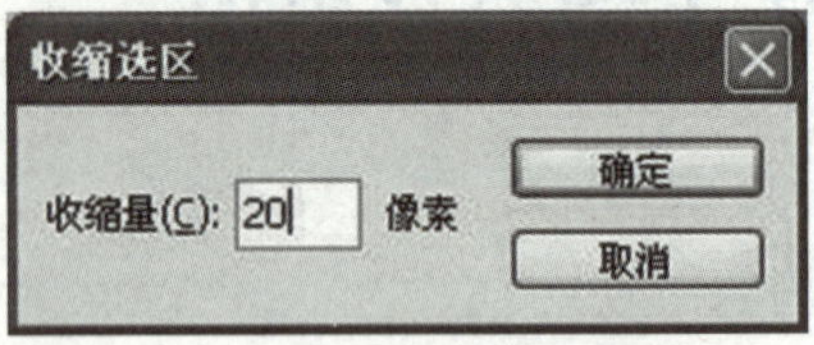

图 2-117 “收缩选区”对话框

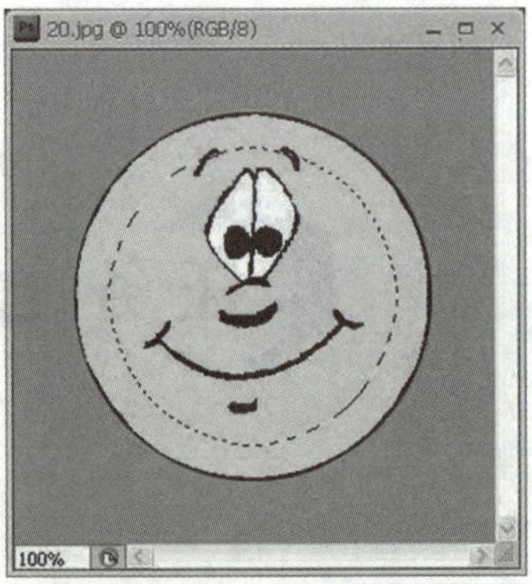

图 2-118 选区收缩后的效果图

二、变换选区

创建一个选区后，单击“选择”→“变换选区”命令，将进入选区的自由变换状态，此时可以任意改变选区的大小、位置和角度。在自由变换状态下，单击鼠标右键，将弹出下拉菜单，可以用来调整选区的尺寸、比例和透视变换，如图 2-119 至图 2-121 所示。其各种命令功能如下。

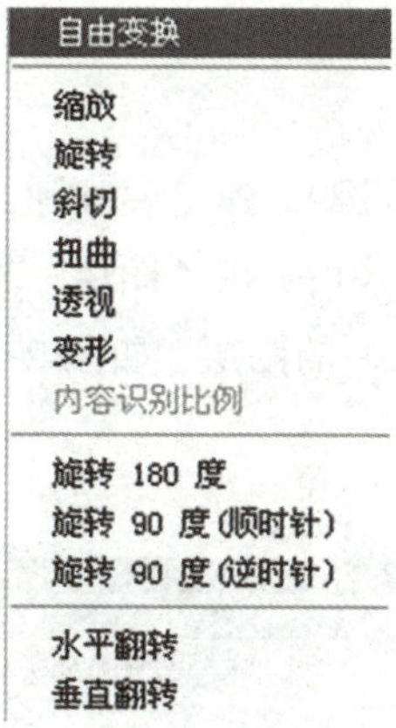

图 2-119　选择“自由变换”

图 2-120　自由变换状态

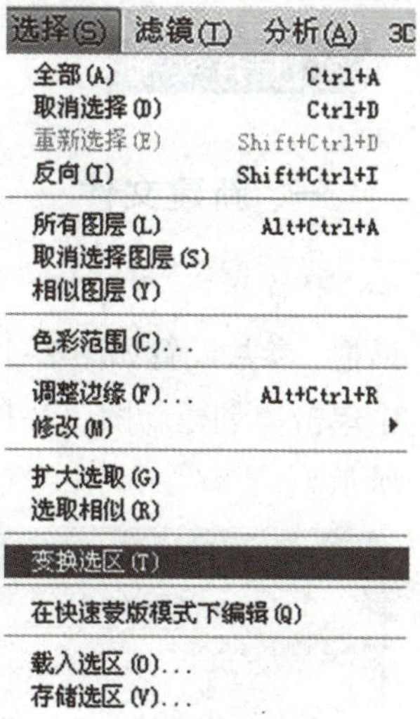

图 2-121　下拉菜单

（1）缩放：选择此命令，可以在边框线仍然保持矩形的情况下调整选区的大小和长宽比例。

（2）旋转：选择此命令，可以自由旋转选区范围。

（3）斜切：选择此命令，可以将选区进行倾斜变形。

（4）透视：选择此命令，可以进行透视变形，拖动角点时框线会变成对称的梯形。

（5）旋转 180 度：将当前选区旋转 180 度。

（6）旋转 90 度（顺时针）：将当前选区顺时针旋转 90 度。

（7）旋转 90 度（逆时针）：将当前选区逆时针旋转 90 度。

（8）水平翻转：将当前选区水平翻转。

（9）垂直翻转：将当前选区垂直翻转。

三、其他编辑选区的命令

（1）全部：单击执行“选择”→“全部”命令（或者按“Ctrl+A”组合键），可以将一幅图像全部选中。

（2）取消选择：单击“选择”→“取消选择”命令（或者按“Ctrl+D”组合键），可以取消已经选取的范围。

（3）重新选择：单击“选择”→“重新选择”命令（或者按“Shift+Ctrl+D”组合键），可以重复上一次的选取。

（4）反向：单击“选择”→“反向”命令（或者按“Shift+Ctrl+I”组合键），可以将当前选区反选，即把选区和非选区调换。

任务实施

一、新建文件

依次单击“文件”→“新建”命令（或者按“Ctrl+N”组合键），弹出“新建”对话框，参数设置如图 2-122 所示。单击“确定”按钮完成任务新建后，在“图层”面板中单击“创建新图层”按钮，在背景层上新建一个名为“图层 1”的图层，如图 2-123 所示。

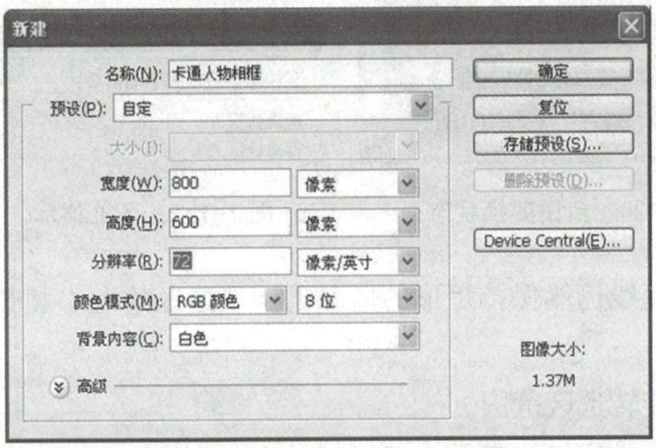

图 2-122 “卡通人物相框”的“新建”对话框

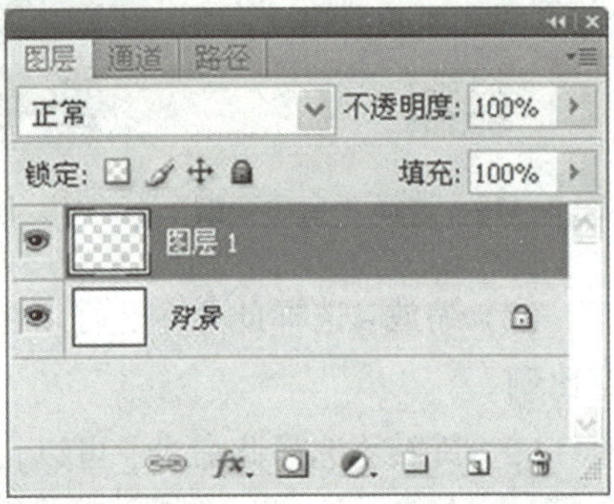

图 2-123 新建“图层 1”（一）

二、创建选区

(1) 在工具箱中单击“矩形选框工具”，如图 2-124 所示；然后在“图层 1”上绘制出一个矩形选区，如图 2-125 所示。

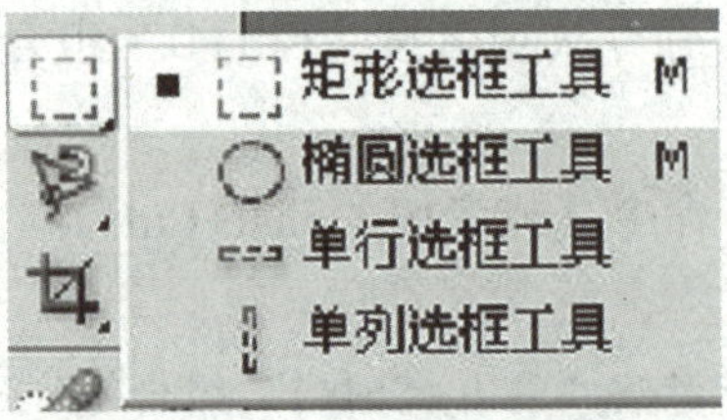

图 2-124 选择“矩形选框工具”（二）

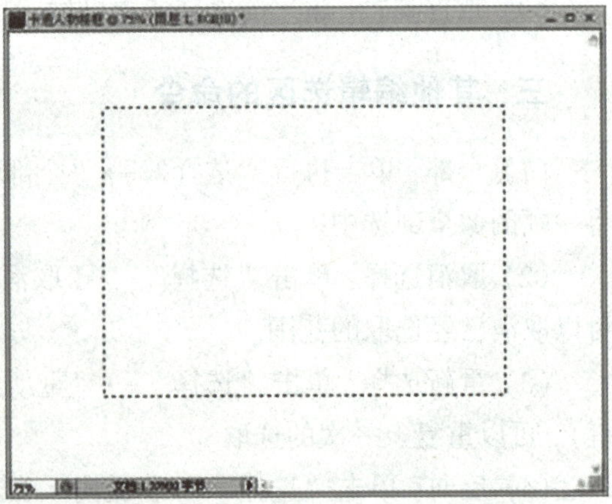

图 2-125 在“图层 1”上绘制矩形选区

(2) 执行“选择”→“变换选区”命令，如图 2-126 所示。在矩形选区中单击鼠标右键，选择执行“斜切”命令，如图 2-127 所示。

图 2-126 执行“变换选区”命令

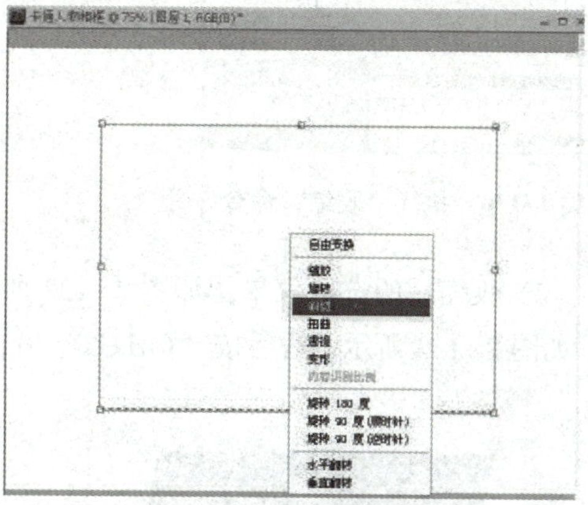

图 2-127 执行“斜切”命令

(3) 对选区进行“斜切”操作，将矩形选区变换成平行四边形选区，效果图如图 2-128所示。在工具箱中单击“设置前景色”按钮，将前景色设置为深红色(# 550000)，然后按“Alt+Backspace”组合键直接进行前景色填充，将选填充成深红色，效果图如图 2-129 所示。

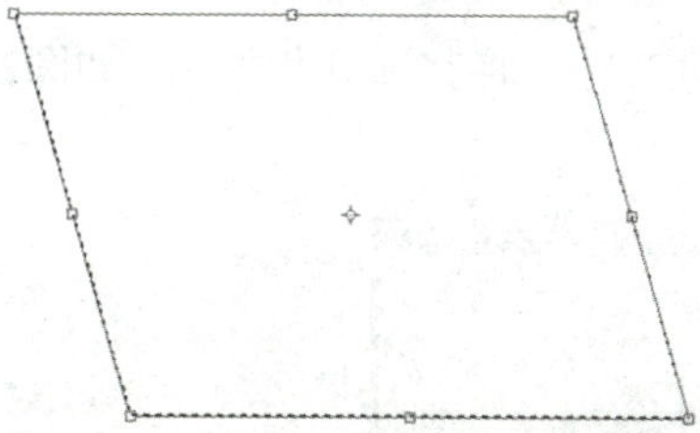

图 2-128 变换平行四边形选区效果图

图 2-129 填充平行四边形选区效果图

三、编辑选区

(1) 执行“选择”→“修改”→“收缩”命令，如图 2-130 所示。在“收缩选区”对话框中输入“收缩量”为“40 像素”，如图 2-131 所示。

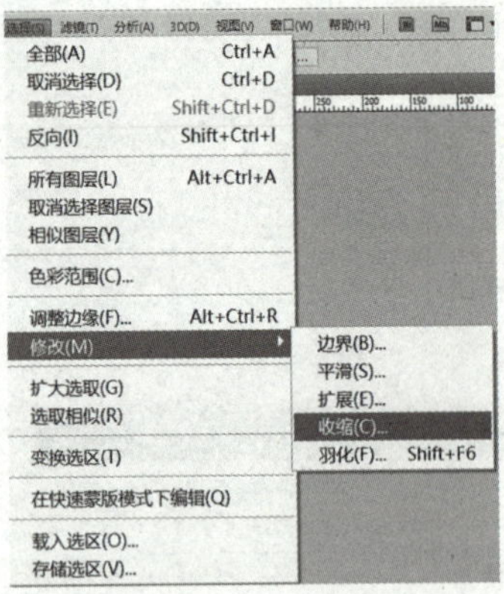

图 2-130　执行“收缩”命令

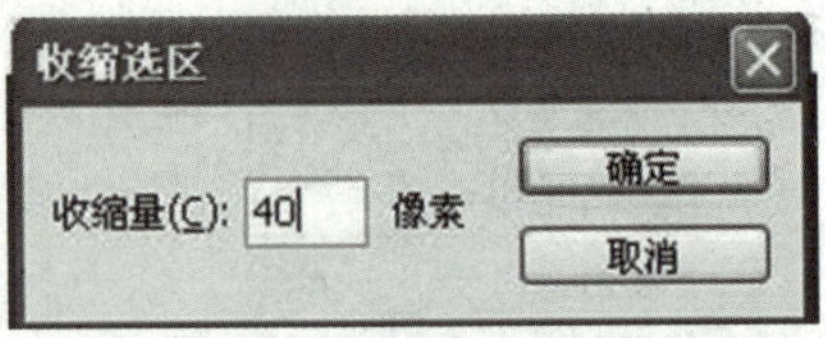

图 2-131　输入“收缩选区”的“收缩量”

（2）收缩后的选区效果图如图 2-132 所示。对收缩后的选区按“Delete”键进行删除，如图 2-133 所示，然后按“Ctrl+D”组合键取消当前选区。

图 2-132　收缩后的选区效果图

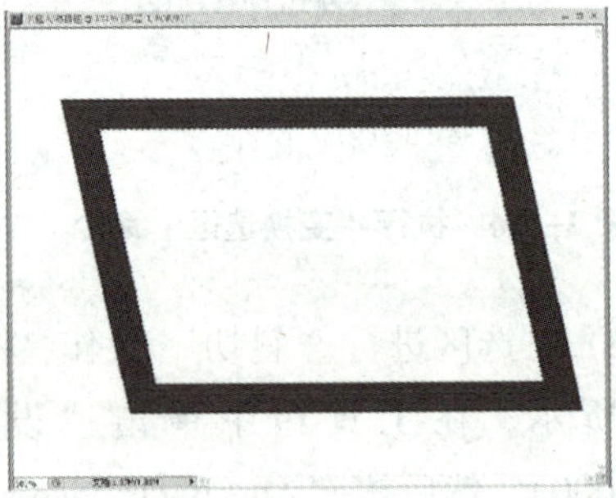

图 2-133　删除选区

四、绘制相框

（1）打开素材图片“卡通人物”，然后用“移动工具”将其拖到相框中，如图2-134 所示。

图 2-134　移动“卡通人物”图像

（2）按“Ctrl+T”组合键对“卡通人物”所在图层执行“自由变换”命令，然后单击鼠标右键选择“斜切”命令将图片进行倾斜调整，在“图层”面板上调整“图层 1”与“图层 2”的顺序，使调整好的图片是可以恰好放进相框里的，效果图如图 2-135 所示。

（3）在“图层”面板中单击“创建新图层”按钮，创建一个“图层 3”，如图2-136 所示。

图 2-135　调整顺序后效果图

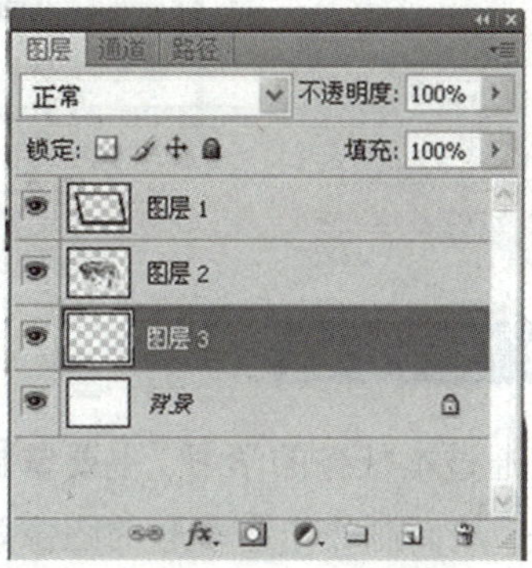

图 2-136　创建一个“图层 3”

（4）在工具箱中单击“多边形套索工具”，在“图层 3”中使用“多边形套索工具”绘制一个三角形相框架形状，如图 2-137 所示。

（5）在工具箱中单击“设置前景色”按钮，将前景色设置为深灰色（#a0a0a0），按“Alt+Backspace”组合键对其进行前景色填充，效果图如图 2-138 所示。

图 2-137　绘制三角形相框

图 2-138　填充相架颜色效果图

（6）用同样的方法绘制里面的支架，并将其填充为浅灰色（#d8d8d8），最终效果图如图 2-139 所示。

图 2-139　卡通人物相框最终效果图

任务小结

通过本任务的学习，主要掌握对创建好的选区进行移动、缩放、旋转、变形等操作方法，从而制作丰富多彩的图像效果。

任务练习

制作斜切效果的艺术字，效果图如图 2-140 所示。

图 2-140　斜切效果的艺术字效果图

一、打开素材图片

打开素材图片“背景”，在“图层”面板中单击“创建新图层”按钮，创建一个“图层 1”，如图 2-141 所示。

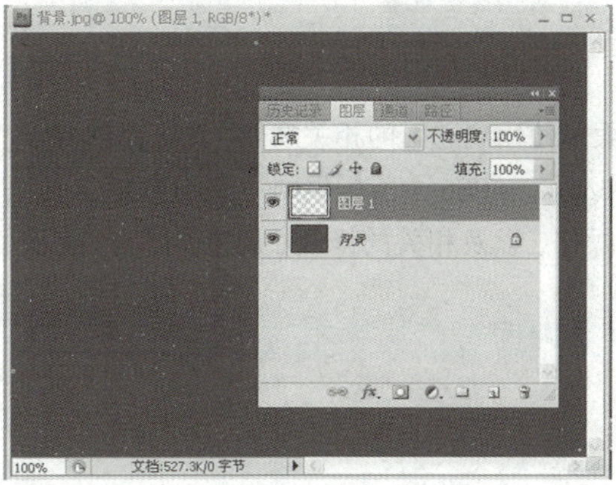

图 2-141 创建“图层 1”（二）

图 2-142 输入文字，调整大小、行距

二、输入文字

单击工具箱中的“横排文字蒙版工具”（ ），输入文字，调整大小、行距，如图 2-142所示。

三、执行“斜切”命令

执行“选择”→“变换选区”命令，在矩形选区中单击鼠标右键，选择“斜切”命令，调整后效果图如图 2-143 所示。

四、合成图像

将前景色设置为白色，背景色设置为红色（#b51717）。按“Ctrl+Delete”组合键，使用红色填充文字选区，执行“编辑”→“描边”命令，打开“描边”对话框，在其中设置“宽度”为“3 像素”，“位置”为“居外”，其他选项保持默认。单击“确定”按钮，在文字选区外沿描边，最终效果图如图 2-144 所示。

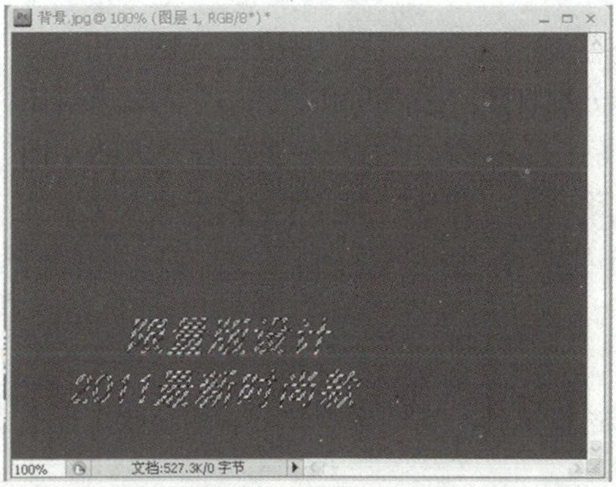

图 2-143 执行“斜切”后效果图

图 2-144 斜切效果的艺术字最终效果图

项目总结

使用 Photoshop CS6 进行平面设计时，会大量使用到选区的相关技能，选区是图像设计的一个重点。通过本项目的学习，应掌握 Photoshop CS6 中所提供的“矩形选框工具”“套索工具”“魔棒工具”等选区工具的基本操作，以及相关的修改、调整、载入、存储选区等处理技术。

项目实训

实训一　制作手表广告

通过制作如图 2-145 所示的手表广告，练习创建与编辑选区的方法。

图 2-145　手表广告效果图

一、制作思路

首先打开素材图片，使用“矩形选框工具”绘制选区；然后“羽化”选区并用背景色填充选区，制作广告背景的发光效果；接着分别打开“手表”和“人物”两幅素材图片，使用“快速选择工具”和“魔棒工具”等工具将素材中的“手表”和“人物”图像选出来并进行“羽化”，然后将选取的图像移动到“背景”图像中；最后载入文字选区，进行斜切变换操作，并对其进行填充与描边。

二、制作步骤

(1) 打开素材图片“背景”，利用“矩形选框工具”在图像窗口的右侧绘制矩形选区，如图 2-146 所示。

图 2-146　在右侧绘制矩形选区

（2）执行“选择”→“修改”→“羽化”命令（或者按“Shift+F6”组合键），参数设置如图 2-147 所示。单击“确定”按钮关闭对话框。

（3）在工具箱中单击“默认前景和背景色”按扭（或者按快捷键“D”），将前景色和背景色复位为默认的黑色和白色。

（4）按两次“Ctrl+Delete”组合键，用白色填充选区，效果图如图 2-148 所示。按“Ctrl+D”组合键取消选区。

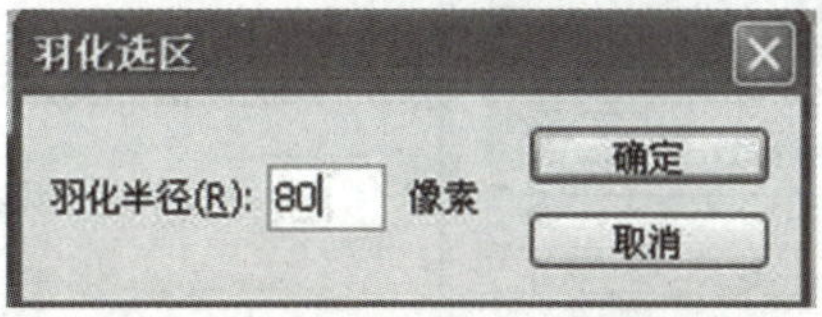

图 2-147　“羽化选区”对话框（三）

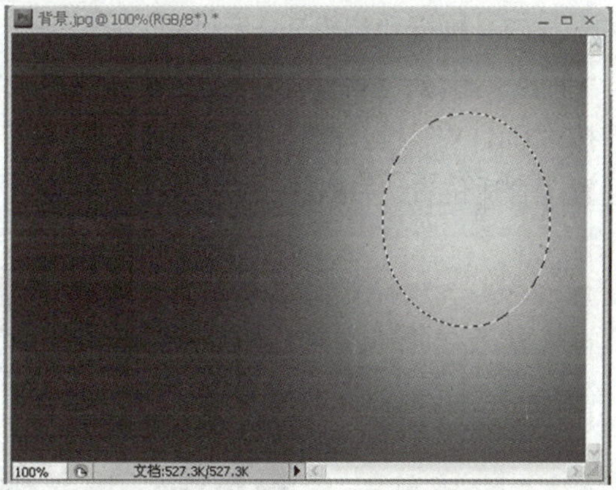

图 2-148　羽化选区并填充颜色效果图

（5）打开素材图片“手表”，使用“快速选择工具”，在“手表”图像四周单击并拖动鼠标绘制选区，参数设置如图 2-149 所示，效果图如图 2-150 所示。

图 2-149　“快速选择工具”属性栏设置

图 2-150　选取“手表”图像

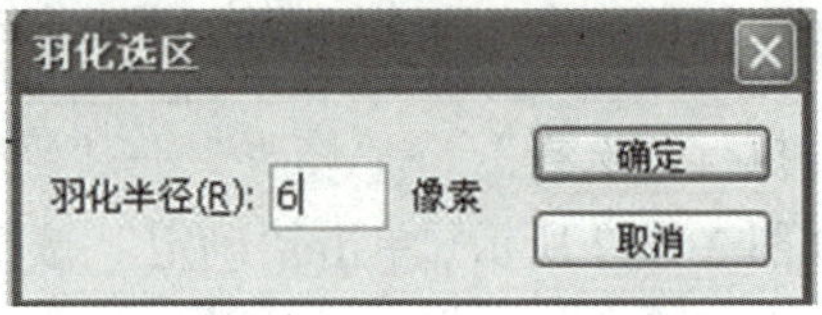

图 2-151　“羽化选区”对话框（四）

（6）执行“选择”→“修改”→“羽化”命令（或者按“Shift+F6”组合键），参数设置如图 2-151 所示，单击“确定”按钮关闭对话框。

（7）执行“编辑”→“拷贝”命令（或者按“Ctrl+C”组合键），复制选区内的“手表”图像，然后切换到正在编辑的图像窗口，执行“编辑”→“粘贴”命令（或者按“Ctrl+V”组合键），将“手表”图像复制到该窗口中，并利用“移动工具”将其放置于合适位置，如图2-152所示。

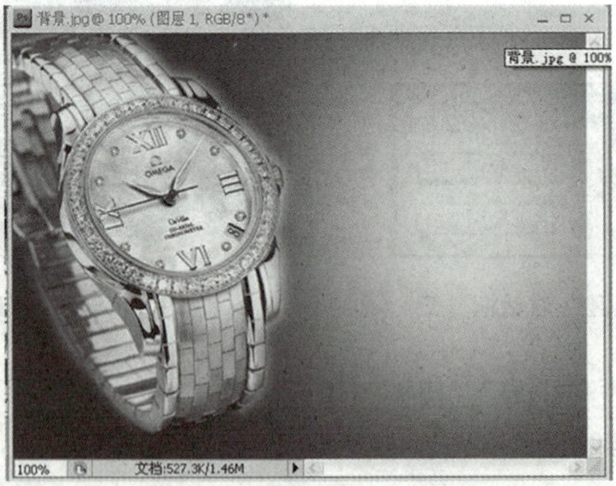

图 2-152　复制“手表”图像

（8）打开素材图片“人物”，选择“魔棒工具”，在工具属性栏中单击“添加到选区”按钮，其他选项保持默认，然后在“人物”图像的背景上单击，选取背景图像，再按“Shift+Ctrl+I”组合键反向选区，以选中“人物”图像，效果图如图 2-153 所示。

图 2-153 选中“人物”图像

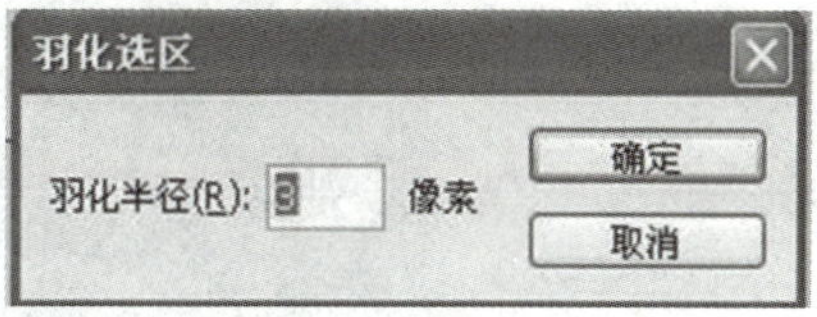

图 2-154 “羽化选区”对话框（五）

(9) 执行“选择”→“修改”→“羽化”命令（或者按“Shift+F6”组合键），参数设置如图 2-154 所示，单击“确定”按钮关闭对话框。

(10) 执行“编辑”→“拷贝”命令（或者按“Ctrl+C”组合键），复制选区内的“人物”图像，然后切换到正在编辑的图像窗口，执行“编辑”→“粘贴”命令（或者按“Ctrl+V”组合键），将“人物”图像复制到该窗口中，并利用“移动工具”将其放置于合适位置，如图2-155所示。

(11) 参照“斜切效果的艺术字”的制作步骤添加文字，最终效果图如图 2-156 所示。

图 2-155 复制并移动“人物”图像

图 2-156 手表广告最终效果图

实训二　制作化妆品广告

练习制作化妆品广告，效果图如图 2-157 所示。注意：整个画面以蓝色为主色，主体图像也以蓝色为主，广告内容应充分体现化妆品水润的感觉。

图 2-157　化妆品广告效果图

一、制作思路

在具体制作过程中，首先依次使用“魔棒工具”“套索工具”“快速选择工具”选取图像，然后制作“化妆品”的倒影图像，最后添加文字和装饰图像，完成整个广告的制作。

二、制作步骤

（1）执行“文件”→“新建”命令（或者按“Ctrl+N”组合键），弹出“新建”对话框，参数设置如图 2-158 所示。

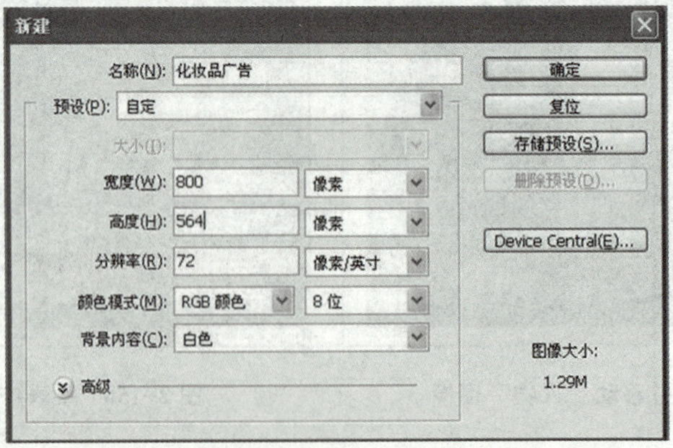

图 2-158　“化妆品广告”的“新建”对话框

（2）执行“文件”→“打开”命令（或者按“Ctrl+O”组合键），打开“背景”素材图片。使用“移动工具”拖动“背景”图像到当前正在编辑的文档中，并按图2-159所示调整图像位置。

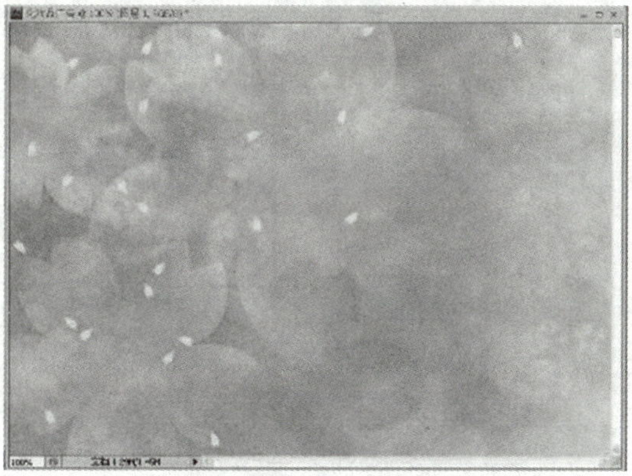

图 2-159　添加广告背景

（3）继续执行“文件”→“打开”命令（或者按“Ctrl+O”组合键），打开素材图片“化妆品”，如图 2-160 所示。

图 2-160　素材图片“化妆品”

（4）在工具箱中单击“魔棒工具”，按图 2-161 所示在属性栏中进行设置，在图像上连续单击，将部分背景图像选取，如图 2-162 所示。

图 2-161　“魔棒工具”属性栏设置（四）

图 2-162　选取背景图像

（5）在工具箱中单击“套索工具”，加选选区中未被选中的细节图像，如图 2-163 所示。

（6）执行“选择”→“反向”命令（或者按快捷键“Shift+Ctrl+I”），反向选区，创建“化妆品瓶身”选区，如图 2-164 所示。

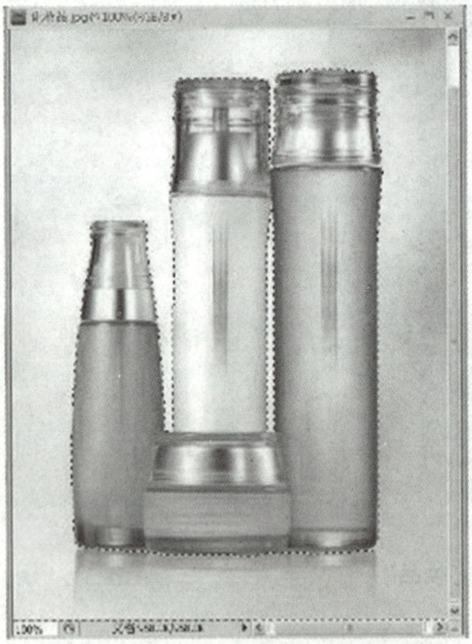

图 2-163　加选细节图像

图 2-164　反选后创建“化妆品瓶身”选区

（7）在工具箱中单击“移动工具”，拖动选区内的图像到当前正在编辑的文件中，再通过选择“自由变换”命令，调整图像的大小和位置，如图 2-165 所示。

（8）拖动“图层 2”到“图层”面板底部的“创建新图层”按钮上，复制“图层 2”，此时“图层”面板参数如图 2-166 所示。

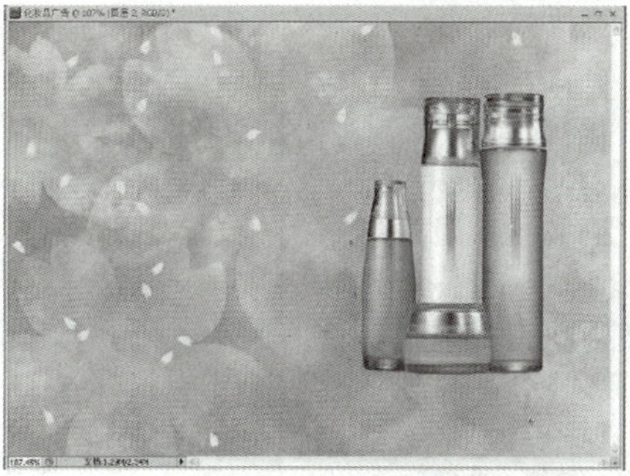

图 2-165 调整“化妆品”位置后整体效果图

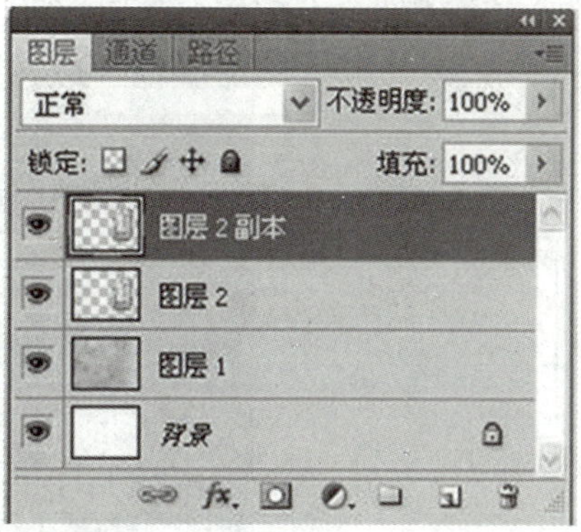

图 2-166 创建“图层 2 副本”

(9) 执行“编辑”→“变换”→“垂直翻转”命令，使副本图像垂直翻转，然后使用“移动工具”调整副本图像的位置，效果图如图 2-167 所示。

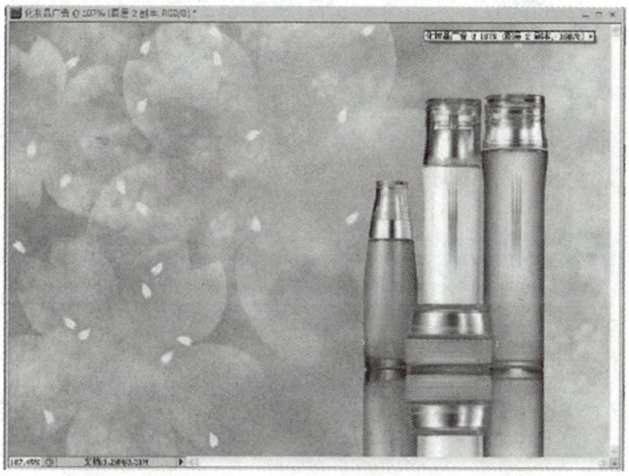

图 2-167 副本图像垂直翻转后效果图

(10) 单击“图层”面板底部的“添加图层蒙版”按钮，为“图层 2 副本”图层添加图层蒙版。在工具箱中单击“画笔工具”，在倒影图像上进行涂抹，以达到虚化图像的效果，如图 2-168 所示。

图 2-168 虚化倒影

（11）添加文字，最终效果图如图 2-169 所示。

图 2-169　化妆品广告最终效果图

项目三

图像编辑

项目描述

Photoshop CS6 的图像编辑方法包括使用“前景色/背景色”“描边”“自由变换”“变形”等命令。其中，绝大部分图像编辑命令都只对当前选区（或当前图层）有效果。本项目主要学习编辑图像的方法。

项目目标

通过本项目的学习，能够使用“前景色/背景色”工具快速填充某些图层或选区，能够熟练使用“描边”“自由变换”“变形”等命令，完成“制作‘蜜蜂公主’插画”“制作时尚手机广告”“修正倾斜的草原”等任务。

〔重点〕

（1）掌握“前景色/背景色”“填充”“描边”“自由变换”“变形”“裁剪”等命令的操作方法。

（2）通过本项目的学习能够将以上所学的知识应用到实际操作中。

〔难点〕

（1）能够根据实际需要，熟练掌握图像编辑知识及操作技能。

（2）能够对图像中的某些图层或选区进行灵活多变的编辑处理，使自己的创意得到实现。

任务一　制作“蜜蜂公主”插画

任务要求

本任务是利用“魔棒工具”制作相应选区，再使用工具箱中的“前景色/背景色”工具，通过快速填充的方法，制作“蜜蜂公主”插画，效果图如图 3-1 所示。

图 3-1　“蜜蜂公主”插画效果图

知识技能

在 Photoshop CS6 中，选择颜色是指选择前景色和背景色，通常使用前景色绘画、填充和描边选区，使用背景色生成渐变填充和在图像的涂抹区域中填充。

一、前景色和背景色的设置

选择前景色和背景色主要通过工具箱中的“前景色/背景色”工具来完成，如图 3-2所示。默认情况下，前景色为黑色，背景色为白色，可以使用“吸管工具”、“颜色”调板、“色板”调板或“拾色器”指定新的前景色和背景色。选择后的颜色将分别显示在这两个显示框中。

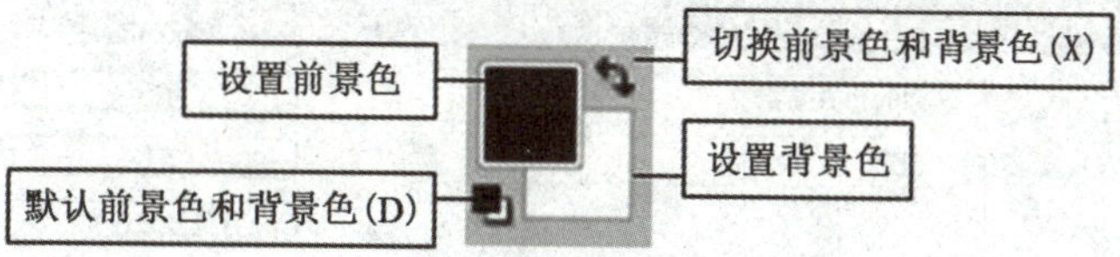

图 3-2　“前景色/背景色”工具

单击“默认前景色和背景色”按钮可以恢复默认的前景色和背景色，即黑色和白色；单击“切换前景色和背景色”按钮可以将前景色与背景色互相切换；单击“设置前景色”按钮、“设置背景色”按钮，可以打开“拾色器”对话框进行颜色的选取。“拾色器（前景色）”对话框如图 3-3 所示。

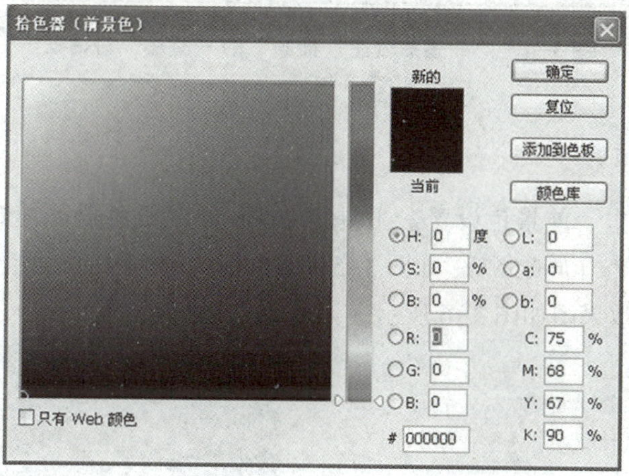

图 3-3　“拾色器（前景色）”对话框（一）

二、快速填充

可以使用快捷键来完成填充颜色的操作，按“Alt+Delete”组合键可以填充前景色，按“Ctrl+Delete”组合键可以填充背景色。

任务实施

一、新建文件

执行“文件”→“新建”命令（或者按“Ctrl+N”组合键），弹出“新建”对话框，如图3-4所示。

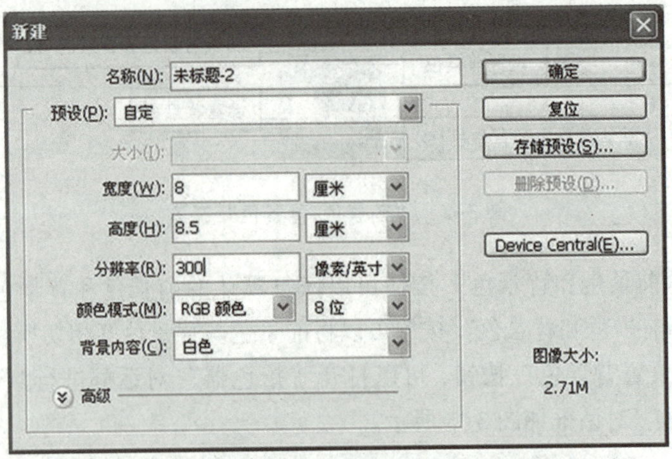

图 3-4 “‘蜜蜂公主’插画”的“新建”对话框

二、设置前景色

在工具箱中单击“前景色设置”工具，在打开的“拾色器（前景色）”对话框中设置前景色为湖蓝色（#6fc5c7），如图 3-5 所示。按“Alt+Delete”组合键为文档背景填充前景色，执行后效果图如图 3-6 所示。

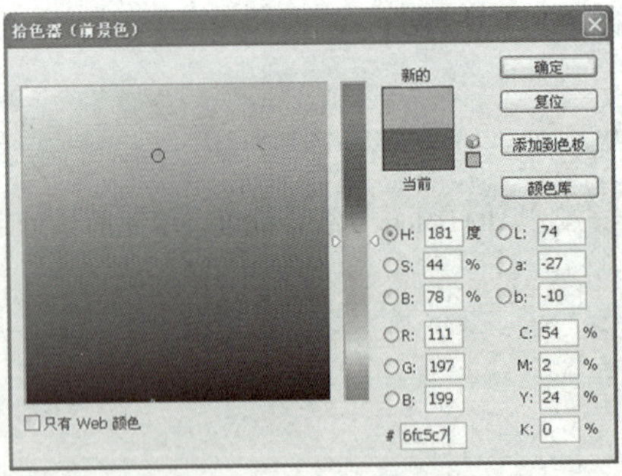

图 3-5 “拾色器（前景色）”对话框（二）

图 3-6 使用“前景色”填充效果图

三、打开素材图片

执行“文件”→“打开”命令（或者按“Ctrl+O”组合键），弹出“打开”对话框，打开素材图片“蜜蜂公主.psd”（图 3-7）。

图 3-7　素材图片“蜜蜂公主.psd”

四、快速填充

（1）单击“移动工具”，将“蜜蜂公主”图像移动到新文档中，效果图如图 3-8 所示。

图 3-8　移动“蜜蜂公主”图像

（2）打开“颜色”调板，将前景色设置为深红色（#982b2a），背景色设置为浅蓝色(#c3ebe9)。

（3）在工具箱中单击“魔棒工具”，将鼠标移动到“蜜蜂公主”的头发上，并单击鼠标左键，建立选区如图 3-9 所示。按“Alt+Delete”组合键为该选区填充前景色，如图 3-10 所示。

图 3-9　建立选区（一）

图 3-10　为“蜜蜂公主”的头发上色

（4）在工具箱中单击“魔棒工具”，将鼠标移动到“蜜蜂公主”的左侧“翅膀”上并单击，按住“Shift”键，同时再单击右侧“翅膀”，建立选区如图 3-11 所示。按“Ctrl+Delete”组合键为该选区填充背景色，如图 3-12 所示。

图 3-11　建立选区（二）

图 3-12　为“翅膀”填充背景色

（5）使用同样的方法为图像其他部分填充颜色，最终效果图如图 3-13 所示。

图 3-13 “蜜蜂公主”插画最终效果图

任务小结

本任务主要练习前景色和背景色的使用。通过为“蜜蜂公主”上色，掌握设置前景色和背景色的方法，以及快速填充前景色和背景色的方法。

任务练习

制作美容店 VIP 卡，效果图如图 3-14 所示。

图 3-14 美容店 VIP 卡效果图

一、制作 VIP 卡背景

打开素材图片“美容”（图 3-15）。新建图层，使用“矩形选框工具”绘制选区，按“Ctrl+Delete”组合键为选区填充背景色，设置该层“不透明度”为“50%”，如图 3-16所示。

图 3-15　素材图片“美容”

图 3-16　为选区填充背景色

二、绘制圆角矩形

在工具箱中单击“圆角矩形工具”，设置“半径”为“50”，绘制路径如图 3-17 所示。按“Ctrl+Enter”组合键，转换路径为选区，如图 3-18 所示。

图 3-17　绘制路径

图 3-18　路径转换为选区

三、反向并填充

按“Ctrl+Shift+I”组合键，反向选区，如图 3-19 所示。新建图层，按“Alt+Delete”组合键为选区填充前景色，如图 3-20 所示。

图 3-19　反向选区

图 3-20　为选区填充前景色

四、输入文字

打开素材图片“美容店LOGO”（图3-21），拖动到当前文档中。在工具箱中单击“横排文字工具”，依次输入文字，最终效果图如图3-22所示。

图3-21 素材图片“美容店LOGO”

图3-22 美容店VIP卡最终效果图

任务二 制作时尚手机广告

任务要求

本任务是学会使用“填充”命令完善图像背景，再使用“自由变换”命令制作变形文字特效，最后使用“描边”命令制作外边框效果。时尚手机广告完成效果图如图3-23所示。

图3-23 时尚手机广告效果图

知识技能

一、“填充”命令

“填充”命令用于在指定的区域内填入指定的颜色，可以用前景色、背景色或是图案等进行填充。执行“编辑”→“填充”命令，打开“填充”对话框，如图3-24所示。对话框里的“内容”用于选择要填充的部分，默认状态时，使用工具箱中的前景色进行填充。另外，还可以选择背景色、图案等进行填充，若选择“图案”方式，则“自定图案”将被激活，从中可以选择定义的图案，如图3-25所示。要注意的是，默认的图案数量很少，可以通过“编辑”→“定义图案”命令自行创建图案，或是使用“自定图案”选项对话框右上角的“⊙”按钮，在弹出的菜单中预设图案。“混合”用来设置不透明度和色彩混合模式。“保留透明区域”只对透明图层有效，用于填充操作时保留图层中的透明部分使其不被填充。

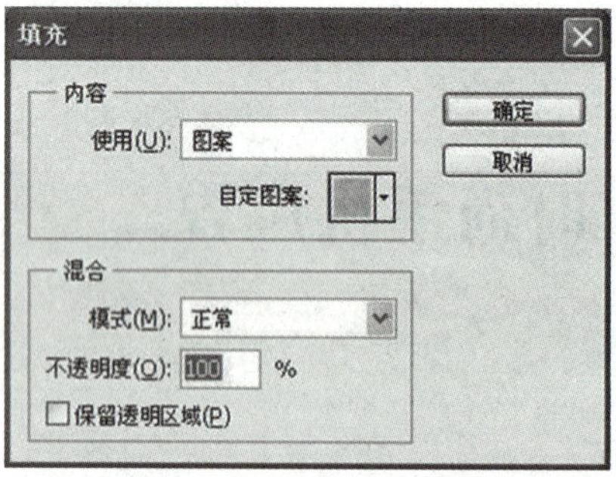

图3-24 “填充”对话框（一）

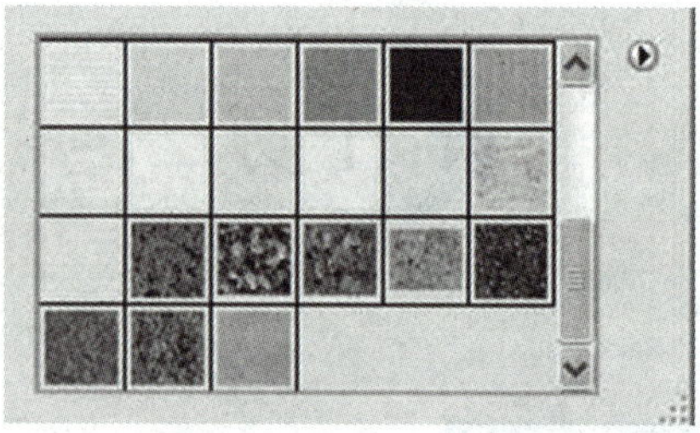

图3-25 “自定图案”选项对话框

二、“描边”命令

“描边”命令主要用于在选区、图层或路径周围绘制彩色边框，如图3-26所示。

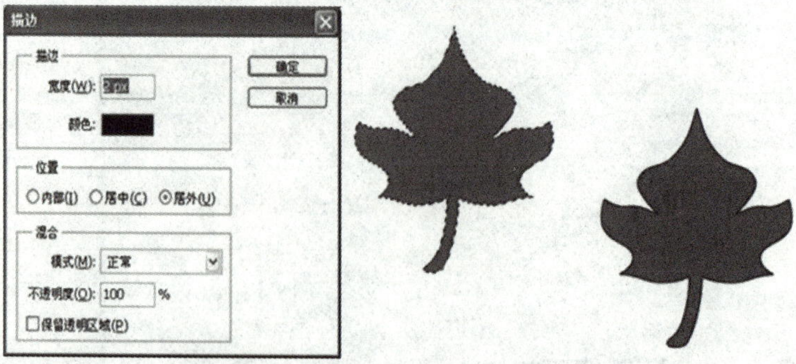

（a）“描边”对话框　　（b）效果图

图3-26 “描边”对话框及效果图

该对话框里的“描边”可以用来设置描边的“宽度”和“颜色”，“宽度”的范围为1~250。“位置”用来设置描边的位置。“混合”用来设置描边的不透明度和色彩混合模式。“保留透明区域”的功能与“填充”对话框中的相同。

三、“变换”命令和“自由变换”命令

对图像的变换操作与变换选区操作相似，可以对选取的图像或图层进行缩放、旋转、斜切、扭曲、透视和变形等变换操作，效果图如图3-27所示。

图3-27　图像变换操作

图形的变换操作通过“编辑”→“变换”子菜单中的命令或“编辑”→“自由变换”命令（或者按“Ctrl+T”组合键）完成，如图3-28所示。

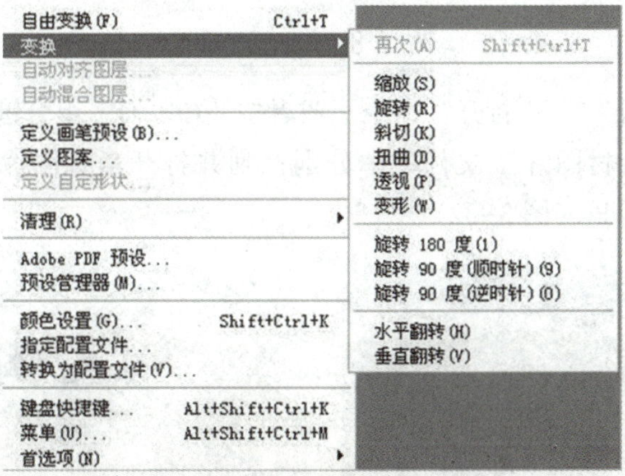

图3-28　“变换”命令和“自由变换”命令

选择相应命令后，在选区的边界将出现带有8个控制点的矩形框，使用鼠标拖曳控制点可以对选取的图像进行缩放和变形操作。同样，也可以通过在属性栏中输入数值进行精确控制，如图3-29所示。

图3-29　“变换”命令的属性栏

执行“编辑”→“自由变换”命令时，将进入图像的自由变换状态，拖动控制边框上的控制点可以缩放选区，在边框以外拖动鼠标可以对选区进行旋转，同时单击鼠标右键会弹出菜单，以选择其他的变形操作命令，如图 3-30 所示。

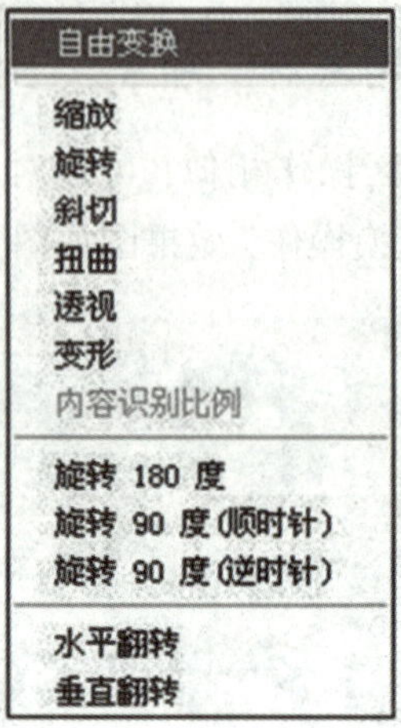

图 3-30　右键快捷菜单

不论是“变换”命令还是“自由变换”命令，在执行完成后，都要按“Enter”键（或是选项栏中的“确定”和“取消”按钮）来确认操作并退出“变换”的状态。

任务实施

一、打开文件

(1) 执行“文件”→“打开”命令（或者按“Ctrl+O”组合键），弹出“打开”对话框，从相应的“素材图片”文件夹中分别找到并打开素材图片“背景 . psd”（图 3-31）和“人物 . psd”（图 3-32）。

图 3-31　素材图片“背景”

图 3-32　素材图片“人物”

(2) 使用“移动工具”把“人物”图像拖到“背景”图像中，如图 3-33 所示。

图 3-33 移动“人物”图像

(3) 打开素材图片“形状.psd”，使用“移动工具”把“形状”图像拖到“背景”图像中，如图 3-34 所示。

图 3-34 移动“形状”素材

(4) 在工具箱中单击“魔棒工具”，选择“形状”图像中的白色区域，创建选区，如图 3-35 所示。

图 3-35 在白色区域创建选区

(5) 执行“编辑”→“填充”命令（或者按“Shift+F5”组合键），弹出“填充”

对话框，在“内容”选项中选择“图案”，如图 3-36 所示。在“自定图案”选项中选择一个图案，单击“确定”按钮填充选区内画面，效果图如图 3-37 所示。（此时的图案是使用“自定图案”选项对话框中的“黄格纸”图案。）

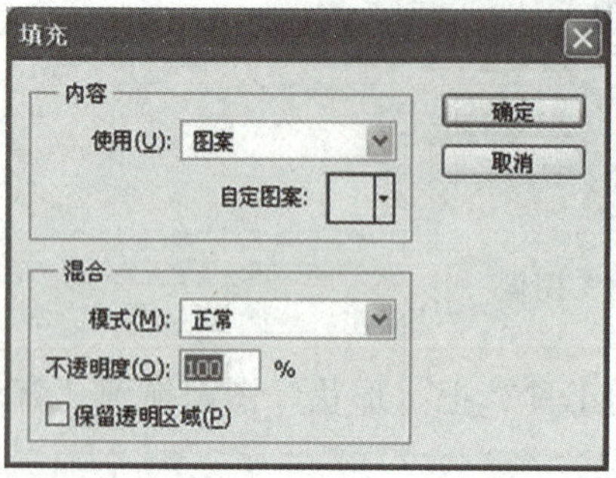

图 3-36 “填充”对话框（二）

图 3-37 填充后效果图

（6）依次打开素材图片“手机 . psd”和“图标 . psd”，并移动到当前文档中，如图 3-38 所示。

图 3-38 移动到“背景”中的效果图

图 3-39 文字效果图

二、设置文字

（1）在工具箱上单击“文字工具”（或者按快捷键“T”），输入文字“音乐随你自由移动”，设置“字体”为“方正综艺简体”，“大小”为“36”，“颜色”为“黑色”，执行后效果图如图3-39所示。

（2）此时，在“图层”面板中增加了一个文字图层，如图 3-40 所示。右键单击文字图层图标右侧的“音乐随你自由移动”文字部分，在弹出的快捷菜单中选择“栅格化文字”选项，执行后效果图如图 3-41 所示。

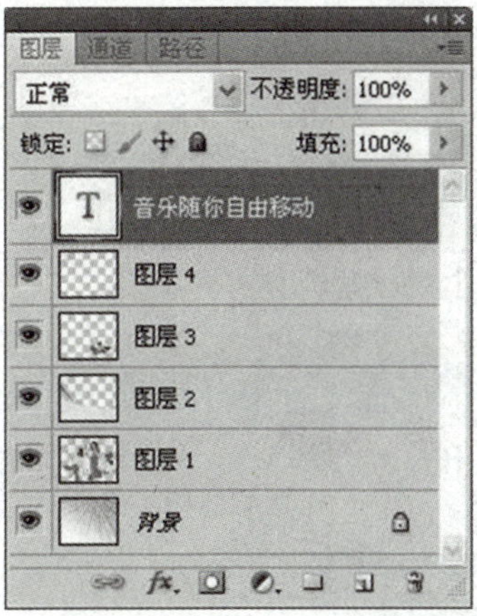

图 3-40　文字图层

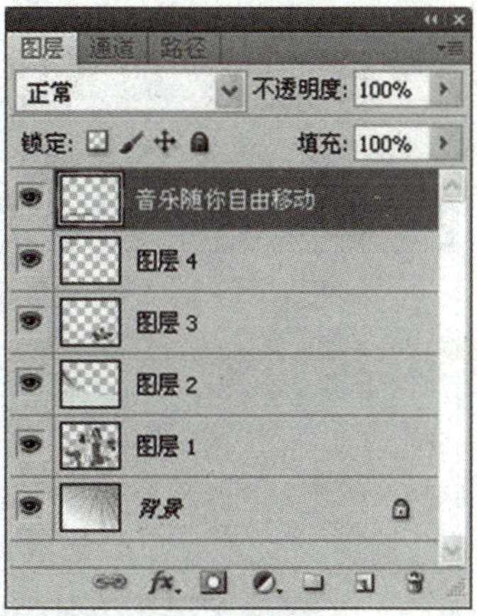

图 3-41　选择“栅格化文字”后的图层

(3) 执行“编辑”→“变换”→“透视”命令（或者按“Ctrl+T”组合键），对文字进行透视操作，如图 3-42 所示。

图 3-42　对文字进行透视操作

(4) 按“Enter”键退出“变换”状态。执行“编辑”→“描边”命令，设置“宽度”为“3 像素”，“颜色”为“白色”，如图 3-43 所示。

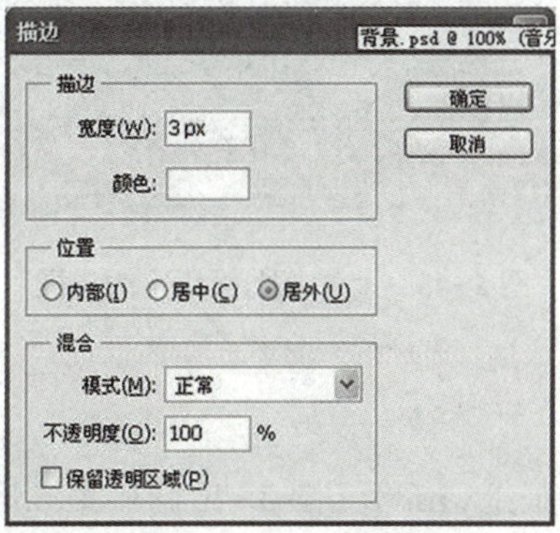

图 3-43　“描边”对话框（一）

（5）为文字图层添加“投影”样式，最终效果图如图 3-44 所示。

图 3-44　时尚手机广告最终效果图

任务小结

通过本任务的学习，掌握“填充”“自由变换”“描边”命令的使用，完成时尚手机广告的制作。

任务练习

制作“燃烧的报纸”，效果图如图 3-45 所示。

图 3-45　“燃烧的报纸”效果图

一、打开素材图片

打开素材图片“燃烧的报纸 . psd”（图 3-46）和“火焰 . tif”（图 3-47）。

图 3-46　素材图片“燃烧的报纸”

图 3-47　素材图片“火焰”

二、合成素材

使用“移动工具”拖曳“火焰”图像到“燃烧的报纸”图像中，修改图层混合模式为“滤色”（如图 3-48 所示），修改后效果图如图 3-49 所示。

图 3-48　选择“滤色”

图 3-49　合成素材并添加“滤色”后效果图

三、变形火焰

按“Ctrl+T”组合键，使用“变形”命令调整“火焰”图像，如图 3-50 所示。使用“橡皮工具”擦除“火焰”周围的图像，最终效果图如图 3-51 所示。

图 3-50　使用“变形”命令调整“火焰”图像

图 3-51　“燃烧的报纸”最终效果图

任务三　修正倾斜的草原

任务要求

本任务是利用“标尺工具”和“裁剪工具”对数码相机拍摄的照片进行裁剪，使照片得到美化。修正倾斜的草原效果图如图 3-52 所示。

图 3-52　修正倾斜的草原效果图

知识技能

一、照片的冲印尺寸

在日常生活中，数码相机拍摄的照片一般是 4∶3 的比例（与电脑显示器的比例一致），而扩印照片的比例一般是 3∶2 左右（与胶卷负片的长宽比例一致），所以数码相机的照片扩印出来一般要把照片的比例剪裁成 3∶2 左右，这样扩印出来的照片才是正好充满整张相纸。

常见的照片冲印尺寸有 3.5×5，4×6，5×7，6×8 等。国内外关于照片尺寸的说法是不同的，国内的叫法是 5 吋、6 吋、7 吋……，数值取的是照片较长的那一边；国际的叫法是 3R，4R，5R……，数值取的是照片较短的那一边。这里的“吋”指的是“英寸”，1 英寸等于 2.54 厘米，如 5 英寸就是 12.7 厘米。

常见照片规格尺寸及长宽比例参见表3-1。

表3-1 常见照片规格尺寸及长宽比例

照片名称	照片规格/英寸	照片尺寸/厘米	长宽比
5吋（3R）	3.5×5	8.89×12.7	10：7
5吋全景（3D）	3.75×5	9.52×12.7	10：7.5
6吋（4R）	4×6	10.16×15.24	3：2
6吋全景（4D）	4.5×6	11.43×15.24	4：3
7吋（5R）	5×7	12.7×17.78	7：5
8吋（6R）	6×8	15.24×20.32	4：3
10吋（8R）	8×10	20.32×25.4	5：4

二、“裁剪工具”（ ）

“裁剪工具”用于对图像进行裁剪操作，它可以将图像中不需要的边缘部分裁剪掉。使用该工具不仅可以自由控制裁剪区域的大小和位置，而且可以在裁剪图像的同时进行旋转图像、改变图像的分辨率等操作。“裁剪工具”属性栏如图3-53所示。

图3-53 “裁剪工具”属性栏

在“宽度”“高度”“分辨率”框中可以输入宽度、高度和分辨率值，在裁剪过程中对图像进行重新取样；如果要裁剪图像而不重新取样，请确保选项中的所有文本框为空，同时，在“高度”和“宽度”框中输入相应值后，可以在框中单击右键，在弹出的快捷菜单中设置值的单位，如图3-54所示；单击“前面的图像”按钮，可以显示当前图像的实际高度、宽度及分辨率；单击“清除”按钮可以快速清除所有文本框；按“Enter”键或将鼠标光标置于裁剪框内，双击鼠标左键完成裁剪操作。

图3-54 单位设置

要想将一张数码照片扩印成5吋，是不能直接进行操作的。执行“图像”→“图像大小”命令，打开“图像大小”对话框，如图3-55所示。通过观察“图像大小”对话框，会发现其宽度和高度都不是5吋的倍数，如果强行进行拉伸或是缩放，会使得图像变形，所以只能进行裁剪操作。

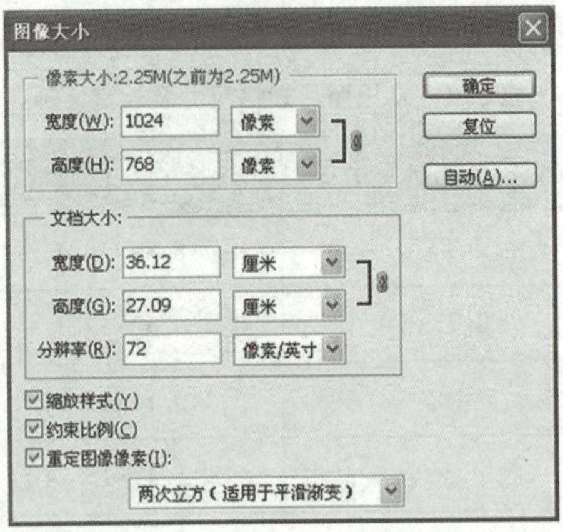

图 3-55 “图像大小”对话框

任务实施

一、打开素材图片

执行“文件”→“打开”命令（或者按“Ctrl+O”组合键），弹出“打开”对话框，打开素材图片“草原.tif”（图 3-56）。

图 3-56 素材图片“草原.tif”

二、调整图像

（1）按“Ctrl+J”组合键复制“背景”图层，如图 3-57 所示。

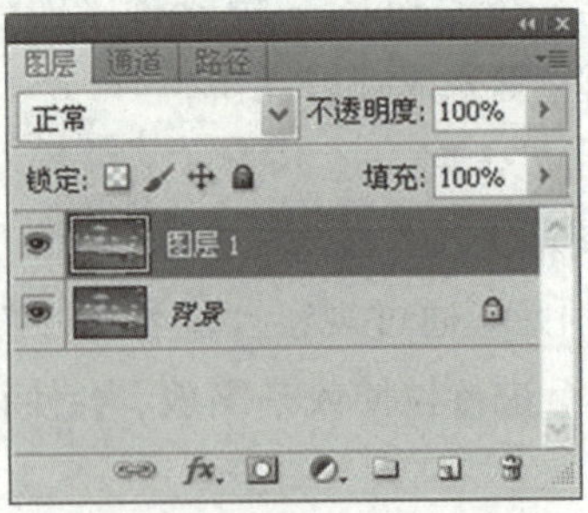

图 3-57 复制“背景”图层

(2) 在工具箱中单击“标尺工具”( )，在图像中绘制直线，如图 3-58 所示。

(3) 执行“图像”→“旋转画布”→“任意角度”命令，弹出的“旋转画布”对话框，其中的参数为默认参数，单击“确定”按钮，旋转画布后的效果图如图 3-59 所示。

图 3-58　用标尺绘制直线

图 3-59　旋转画布后的效果图

三、裁减图像

在工具箱中单击“裁剪工具”，在图像中绘制裁剪区域，如图 3-60 所示。按“Enter”键确认裁剪，最终效果图如图 3-61 所示。

图 3-60　绘制裁剪区域

图 3-61　修正倾斜草原最终效果图

任务小结

使用“标尺工具”结合“旋转画布”命令，再配合使用“裁剪工具”，来调整倾斜的照片，可以使图像的透视更加准确。

任务练习

完成按固定尺寸裁剪照片任务练习，效果图如图 3-62 所示。

图 3-62　裁剪照片效果图

一、绘制裁剪区域

打开素材图片“生活照”（图 3-63）。选择“裁剪工具”，设置属性栏“宽度”为“3.5 厘米”，“高度”为“4.5 厘米”，“分辨率”为“300 像素/英寸”。在文件窗口中拖移绘制裁切区域，如图 3-65 所示。

图 3-63　素材图片“生活照”

图 3-64　确定裁剪区域

二、更换背景颜色

按“Enter”键确认裁剪，裁剪后图像如图 3-65 所示。使用“魔棒工具”选取蓝色区域，效果图如图3-66所示。为该选区填充红色，效果图如图 3-67 所示。

图 3-65　裁剪后图像

图 3-66　选取蓝色区域

图 3-67　填充红色

项目总结

本项目主要介绍了图像编辑的方法。通过本项目的学习，掌握“前景色/背景色”“填充”“描边”“自由变换”“变形”等命令在图像编辑中的应用，从而增强图像的表现力。

实训一　制作拼贴效果

利用“矩形选框工具”绘制选区，使用“描边”命令和“自由变换”命令制作拼贴效果，如图 3-68 所示。

图 3-68　拼贴效果图

一、制作思路

首先在素材图片上绘制矩形选区，并为选区描边，然后利用“自由变换”命令调整角度。

二、制作步骤

(1) 执行“文件”→“打开”命令（或者按“Ctrl+O”组合键），打开素材图片

“静物 . psd”（图 3-69）。

（2）确认“风景”层为当前层，利用“矩形选框工具”在图像中绘制选区，如图 3-70所示。

图 3-69　素材图片“静物 . psd”

图 3-70　在“风景”层绘制选区

（3）执行“编辑”→“描边”命令，参数设置如图 3-71 所示。保持选区存在，执行“编辑”→“自由变换”命令（或者按“Ctrl+T”组合键），对图像进行旋转调整，如图 3-72 所示。

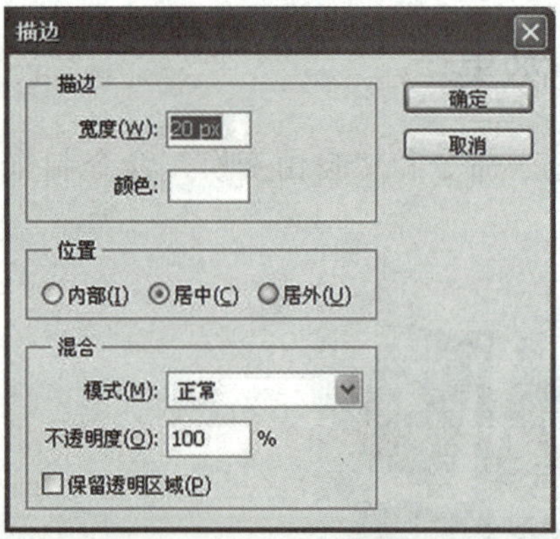

图 3-71　“描边”对话框（二）

图 3-72　旋转图像

（4）按“Enter”键确认操作，按“Ctrl+D”组合键取消选区。以同样的方法制作其他几个形状，最终效果图如图 3-73 所示。

图 3-73　拼贴最终效果图

实训二　为青花瓷瓶添加花纹

利用“变形”命令为青花瓷瓶添加花纹，如图 3–74 所示。

图 3–74　青花瓷瓶添加花纹效果图

一、制作思路

首先打开素材图片“白瓷瓶 . tif”和“国画 . tif”，将“国画”图像复制到“白瓷瓶”图像中，然后使用“变形”命令对“国画”图像进行调整，将其贴在“白瓷瓶”图像上。

二、制作步骤

（1）执行“文件”→“打开”命令（或者按“Ctrl+O”组合键），打开素材图片“国画 . tif”（图 3–75）和“白瓷瓶 . tif”（图 3–76）。

图 3–75　素材图片“国画 . tif”

图 3–76　素材图片“白瓷瓶 . tif”

(2) 使用“移动工具”拖拽“国画”图像到“白瓷瓶”图像中，如图 3-77 所示。修改图层“不透明度”为“50%”，如图 3-78 所示。

图 3-77　移动“国画”图像

图 3-78　修改图层“不透明度”

(3) 按“Ctrl+T”组合键，在“国画”图像的四周显示自由变形框，再按住“Shift”键拖动变形框的拐角控制点，成比例缩小图案至瓷瓶肚大小，如图 3-79 所示。在变形框内单击鼠标右键，在打开的快捷菜单中选择“变形”，如图 3-80 所示。

图 3-79　缩小“国画”图像

图 3-80　选择“变形”命令

(4) 调整角点的控制柄，以使图像的形状与瓶身相吻合，如图 3-81 所示。然后在“图层”面板中将“图层 1”的“不透明度”改为“100%”，如图 3-82 所示。

图 3-81 应用“变形”操作

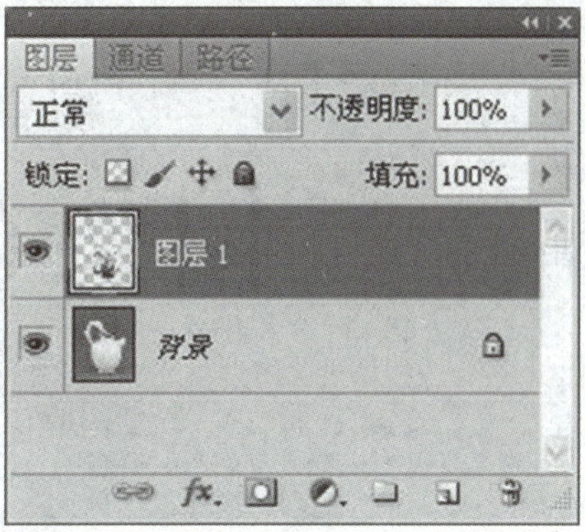

图 3-82 设置图层“不透明度”

（5）为了使贴图效果更为自然，在“图层”面板中将“图层 1”的图层混合模式改为“正片叠底”，如图 3-83 所示，最终效果图如图 3-84 所示。

图 3-83 设置“图层 1”的图层混合模式

图 3-84 青花瓷瓶添加花纹最终效果图

项目四

图像色彩校正

项目描述

色彩和色调是图像创意实现的关键。在合成图像时，整个图像的色彩和色调只有和谐统一，才能使图像达到最佳的效果，所以色彩的运用在图像处理中起着举足轻重的作用。Photoshop CS6 提供了许多色彩和色调调整命令，利用这些命令可以轻松地改变一幅图像的色彩及色调，从而使图像符合设计要求。需要注意的是，大多数图像的色彩和色调调整命令都是针对当前图层（如果有选区，则是针对选区内的图像）进行的。

项目目标

Photoshop CS6 拥有强大的色彩调整功能，不仅可对整幅图像进行操作，也可以配合选区工具，对部分图像进行处理，本项目中主要介绍了“亮度/对比度”“色阶”“色相/饱和度”“曲线”“色彩平衡”命令。通过掌握这些命令，完成“彩色照片转换为黑白照片”“美化照片”“制作‘暴风雨来临前景象’”和“调出风景照片的真实色彩”等任务。

〔重点〕

（1）掌握利用“亮度/对比度”“色阶”“色相/饱和度”“曲线”“色彩平衡”等命令调整图像色彩和色调的方法。

（2）学会调整特殊色彩命令。

〔难点〕

（1）能够在实践中合理地利用色彩调整命令来纠正过亮、过暗、过饱和或偏色的图像。

（2）根据实际需要，熟练地调整图像的明暗度、对比度及颜色。

任务一 彩色照片转换为黑白照片

任务要求

本任务是先通过对彩色图像进行色彩模式转换，将彩色照片转换成黑白照片，再使用“亮度/对比度”命令进行对比度调整，效果图如图 4-1 所示。

图 4-1 彩色照片转换为黑白照片效果图

知识技能

一、色彩模式

为了在不同的场合正确输出图像，有时需要把图像从一种模式转换为另一种模式。在 Photoshop CS6 中，通过执行“图像”→“模式”子菜单中的命令，可以自由转换图像的各种色彩模式，如图 4-2 所示。这种颜色模式的转换有时会永久性地改变图像中的颜色值。例如，将 RGB 模式图像转换为 CMYK 模式图像时，CMYK 色域之外的 RGB 颜色值被调整到 CMYK 色域之外，从而缩小了颜色范围。

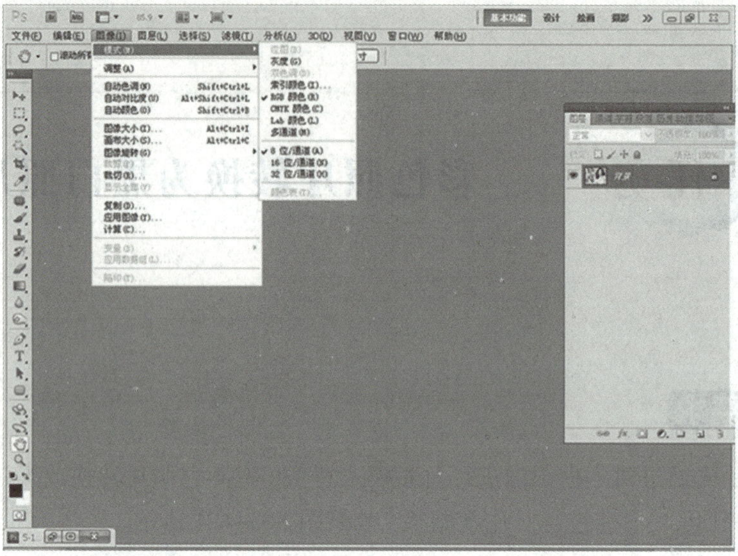

图 4-2 “图像” → “模式” 子菜单

将色彩图像转换为灰度模式时，Photoshop CS6 会扔掉原图中所有的颜色信息，而只保留像素的灰度级，此时图像呈现的就是黑白的效果。

二、“亮度/对比度” 命令

“亮度/对比度” 命令主要用于调节图像的亮度和对比度。利用该命令可以简便、直观地完成对图像的亮度和对比度的调节。

打开图像，执行 “图像” → “调整” → “亮度/对比度” 命令，打开 “亮度/对比度” 对话框，如图 4-3 所示。

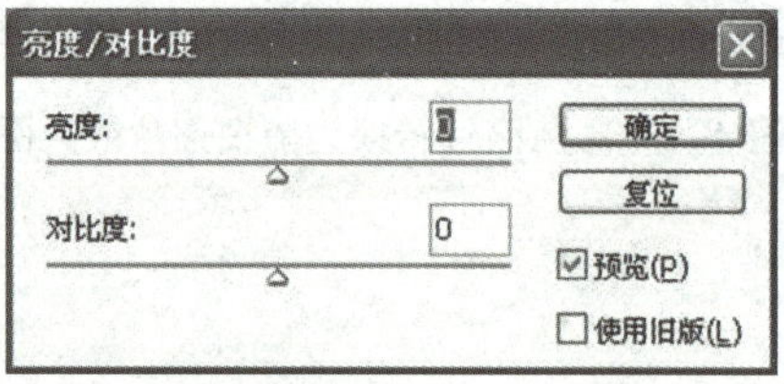

图 4-3 “亮度/对比度” 对话框（一）

在 “亮度/对比度” 对话框中，拖动 “亮度” 滑杆上的滑块或在文本框中输入数值（范围为-100~100）可以调整图像的亮度（向左拖动则图像亮度降低，向右拖动则图像亮度增加）；拖动 “对比度” 滑杆上的滑块或在文本框中输入数值（范围为-100~100）可以调整图像的对比度（向左拖动则图像对比度降低，向右拖动则图像对比度增加）。

任务实施

一、打开素材图片

执行“文件”→“打开”命令（或者按“Ctrl+O”组合键），弹出“打开”对话框，从相应的“素材图片”文件夹中找到并打开素材图片“人物照片 . tif”（图 4-4）。此时，在图片窗口的最上面标题栏上可以看到，此图像的色彩模式是 RGB 模式。

图 4-4 素材图片“人物照片 . tif”

二、调整图像

（1）执行“图像”→“模式”→“灰度”命令，弹出“信息”对话框，如图 4-5 所示。

（2）单击“扔掉”按钮，图像的色彩模式转换为灰度模式，效果图如图 4-6 所示。

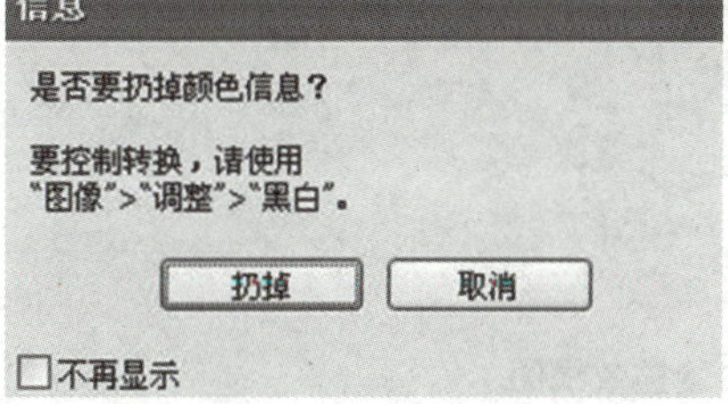

图 4-5 单击“扔掉”按钮

图 4-6 灰度图像

（3）此时，图像呈现黑白色，但比较灰暗。执行“图像”→“调整”→“亮度/对比度”命令，打开“亮度/对比度”对话框，设置“亮度”为“16”，“对比度”为“80”，如图 4-7 所示。单击“确定”按钮，最终效果图如图 4-8 所示。

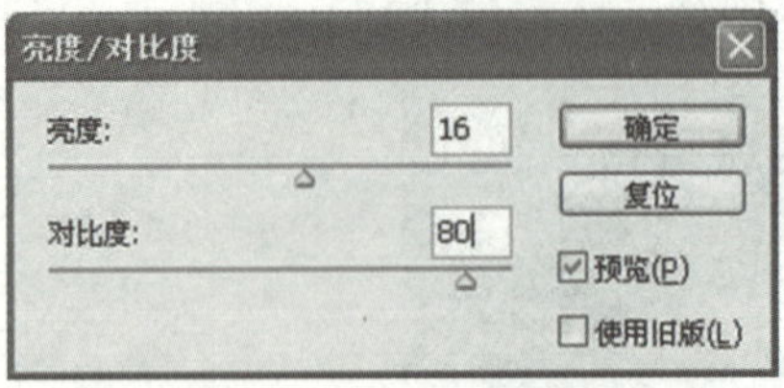

图 4-7 “亮度/对比度”对话框（二）

图 4-8 彩色照片转换为黑白照片最终效果图

☆技巧提示：

（1）如果是要将黑白图片转换成彩色图片，一般情况下要将其灰度模式转换成 RGB 模式或是 CMYK 模式，才可进行着色；

（2）CMYK 模式主要用于印刷领域，RGB 模式则主要用于数字影像处理领域。

任务小结

通过学习改变彩色图像的色彩模式，并调整图像的“亮度/对比度”命令，掌握实现彩色照片转换为黑白照片效果的方法。

任务练习

完成将彩色照片转换为黑白素描的任务练习，效果图如图 4-9 所示。

图 4-9 将彩色照片转换为黑白素描效果图

一、修改图像颜色

打开一幅彩色照片（图 4-10）。按“Shift+Ctrl+U”组合键进行去色处理，使图像以灰度模式显示，如图 4-11 所示。

图 4-10 彩色照片原图

图 4-11 去色效果图

二、调整图像，使线条更加清晰

复制“背景”图层，执行“反向”命令（或者按“Ctrl+I”组合键），执行后效果图如图 4-12 所示。执行“滤镜”→“其他”→“最小值”，参数默认，使线条变得更加清晰，执行后效果图如图 4-13 所示。

图 4-12 执行“反向”效果图

图 4-13 执行“最小值”效果图

三、黑白素描效果

将“背景副本”图层的图层混合模式改为“颜色减淡”，如图 4-14 所示。执行“滤镜”→“模糊”→“高斯模糊”（半径为 2 像素），最终效果图如图 4-15 所示。

图 4-14　修改“背影副本”图层的图层混合模式

图 4-15　将彩色照片转换为黑白素描最终效果图

任务二　美化照片

任务要求

使用“钢笔工具”绘制路径再转为选区，然后使用“色阶”命令增加选区内色彩对比度，再结合“色相/饱和度”命令完成照片的着色，最终效果图如图 4-16 所示。

图 4-16　美化照片效果图

知识技能

学会使用“色阶”命令和“色相/饱和度”命令来美化照片。

一、“色阶”命令

色阶是指图像中颜色或颜色中某一些组成部分的亮度范围。

使用“色阶”命令进行调整时，既可以针对整个图像进行调整，也可以针对图像的某个选取范围、某个图层或某个颜色通道进行调整。

选取“图像”→“调整”→“色阶”菜单命令（或者按“Ctrl+L”组合键），打开“色阶”对话框，如图4-17所示。

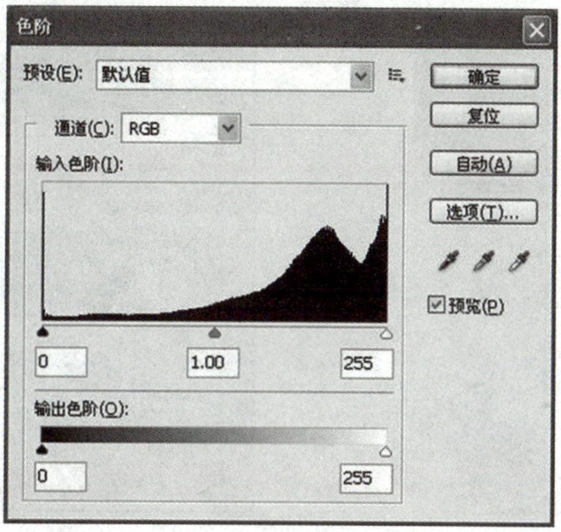

图4-17 “色阶”对话框（一）

在“色阶”对话框中的“通道”列表框中，可以选择需要进行色调调整的通道。当选取“RGB”主通道时，色阶调整将对所有的通道起作用；若选取R，G，B中的某个通道时，则色阶调整将只对当前选中的通道起作用。

使用“色阶”命令时，可以利用输入色阶、输出色阶、吸管工具和自动色阶方式对图像进行调整。

二、“色相/饱和度”命令

“色相/饱和度”命令用于调整图像中单个颜色成分的色相、饱和度和亮度。选取“图像”→“调整”→“色相/饱和度”命令（或者按“Ctrl+U”组合键），打开“色相/饱和度”对话框，如图4-18所示。

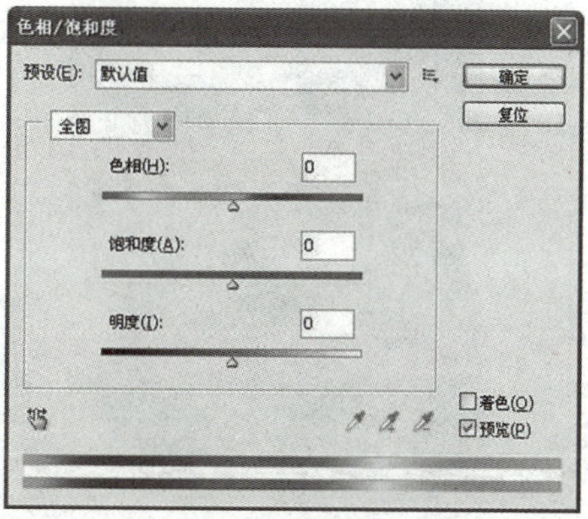

图4-18 “色相/饱和度”对话框（一）

拖动该对话框中的“色相”“饱和度”“明度”滑块或在其文本框中输入数值，可以分别调整图像的色相、饱和度、明度。在下拉列表中选择“全图”选项，则调整对整个图像的所有像素有效，如果选取“全图”之外的选项，则只对当前选取的颜色有效。当选取该对话框中的“着色”复选框时，将使一幅图像变成单色彩图像。

任务实施

一、打开素材图片

执行“文件”→“打开”命令（或者按“Ctrl+O”组合键），弹出“打开”对话框，打开素材图片“人物模特. tif”（图4-19）。

图4-19　素材图片“人物模特 . tif”

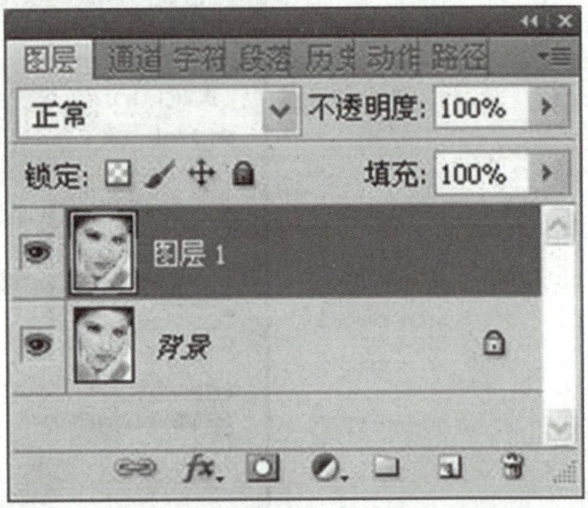

图4-20　复制“背景”图层

二、调整图像

（1）按“Ctrl+J”组合键复制“背景”图层，如图4-20所示。

（2）在工具箱上单击“钢笔工具”（或者按“Ctrl+P”组合键），用钢笔勾出“嘴唇”的路径，效果图如图4-21所示；在“路径”面板中将“嘴唇”路径转变成选区（或者按“Ctrl+Enter”组合键），效果图如图4-22所示。

图4-21　勾出“嘴唇”路径

图4-22　将“嘴唇”路径转换为选区

（3）确定当前图层为“图层1”，执行“选择”→“修改”→“羽化”命令（或者按“Shift+F6”组合键），参数设置如图4-23所示。

图4-23　“羽化选区”对话框（六）

（4）执行“图像”→“调整”→“色阶”命令（或者按“Ctrl+L”组合键），参数设置如图4-24所示，执行后效果图如图4-25所示。

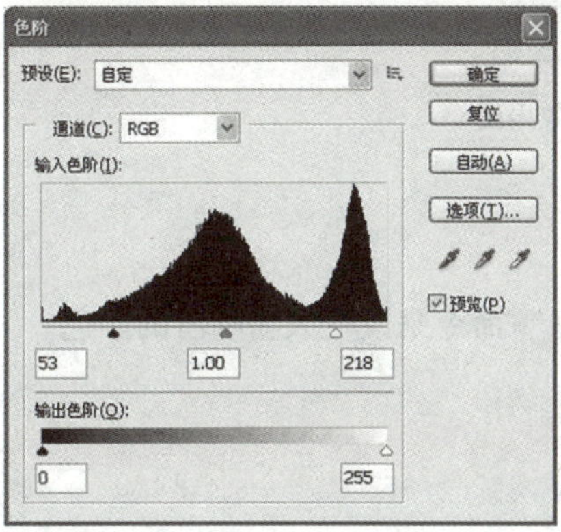

图4-24　“色阶”对话框（二）

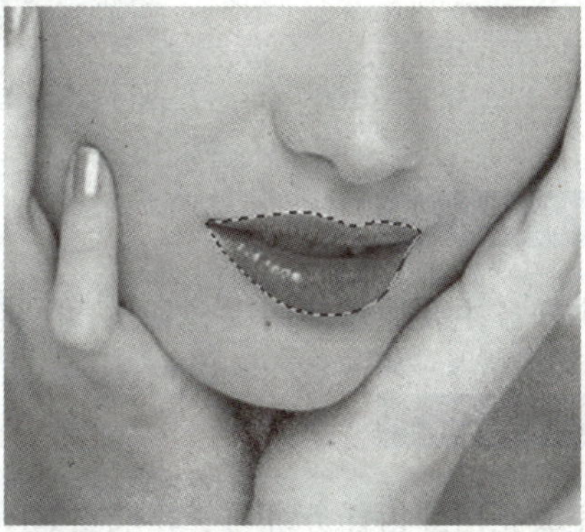

图4-25　“嘴唇”调整后效果图（一）

（5）执行“图像”→“调整”→“色相/饱和度”命令（或者按“Ctrl+U”组合键），参数设置如图4-26所示，执行后效果图如图4-27所示。

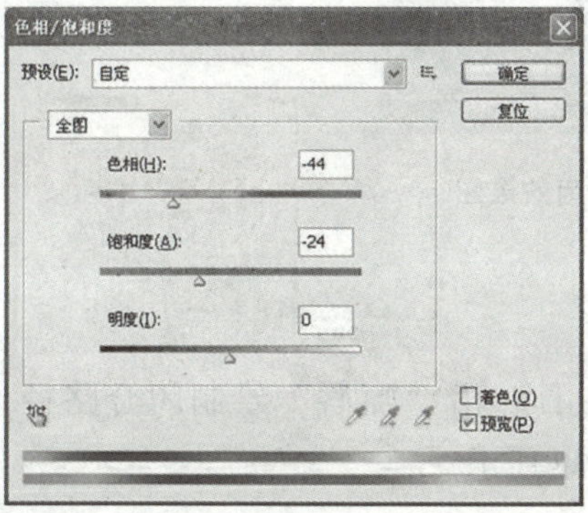

图4-26　“色相/饱和度”对话框（二）

图4-27　“嘴唇”调整后效果图（二）

(6) 最终效果图如图 4-28 所示。

图 4-28　美化照片最终效果图

任务小结

本任务主要通过使用“色阶”和“色相/饱和度”命令来改变人物嘴唇的颜色。

任务练习

完成亮白牙齿任务练习，效果图如图 4-29 所示。

图 4-29　亮白牙齿效果图

一、选取图像

打开素材图片（图 4-30）。使用“钢笔工具”沿“嘴唇”绘制闭合路径，如图 4-31所示。将“嘴唇”路径转成选区，如图 4-32 所示。

图 4-30　本任务素材图片

图 4-31　绘制闭合路径

图 4-32　将路径转换成选区

二、调整颜色

（1）按“Shift+F6”组合键，设置“羽化半径”为“2 像素”。按“Ctrl+U”组合键调整参数，如图 4-33 所示。按“Ctrl+L”组合键调整参数，如图 4-34 所示。

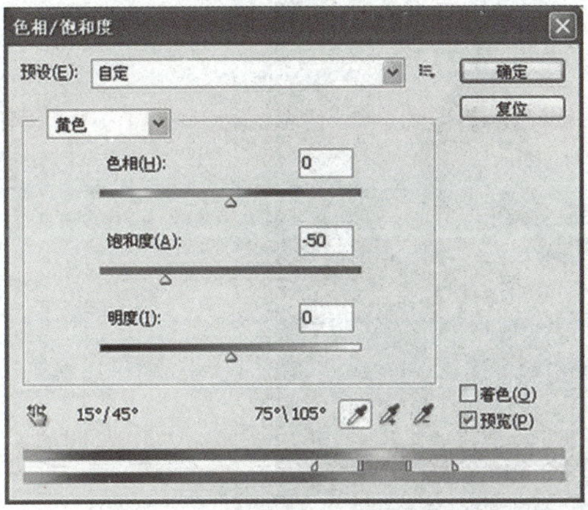

图 4-33　“色相/饱和度”对话框（三）

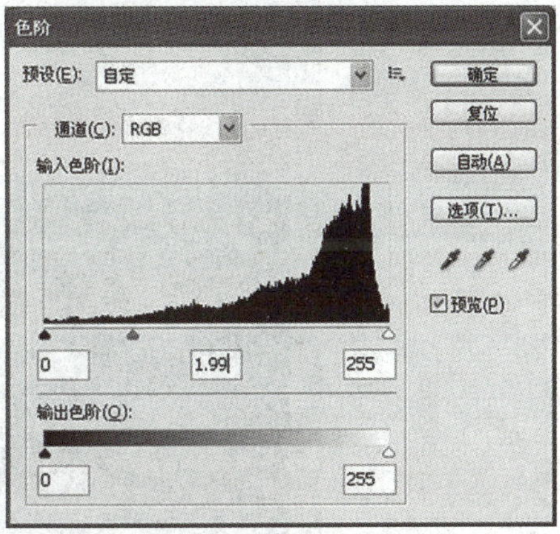

图 4-34　“色阶”对话框（三）

（2）最终效果图如图 4-35 所示。

图 4-35　亮白牙齿最终效果图

任务三 制作“暴风雨来临前景象”

任务要求

本任务是通过调整图像的色调来制作“暴风雨来临前景象”。在调整过程中，主要应用了图像模式的“转换”与“曲线”命令，在“曲线”命令中，主要是通过调整单色通道来实现色调的转变，最终效果图如图 4-36 所示。

图 4-36 “暴风雨来临前景象”效果图

知识技能

“曲线”命令的功能和“色阶”命令的功能基本相同，但是比“色阶”命令调整图像的范围更广、更精确，是图像颜色调整中功能强大的工具，是一种非常灵活的色调控制方式，可以调整图像的“亮度/对比度”，控制图像色彩。

执行“图像”→“调整”→“曲线”命令（或者按“Ctrl+M”组合键），打开“曲线”对话框，如图 4-37 所示。

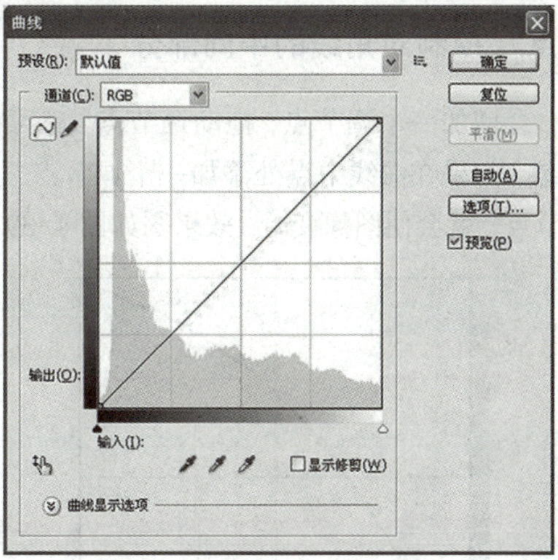

图 4-37　“曲线”对话框（一）

在“曲线”对话框中，“通道”列表框与 3 个吸管工具的使用操作与“色阶”对话框中的相同，都是通过对曲线表格中曲线形状的编辑对图像进行调整。

默认情况下，曲线图为直线，表格中的水平轴表示原图的亮度值，相当于“色阶”对话框中的“输入色阶”；垂直轴表示调整后的亮度值，相当于“色阶”对话框中的“输出色阶”。水平轴和垂直轴的关系可以通过调节曲线来控制。

一、调节曲线“端点”

曲线右上角的端点向左移动，将增加图像亮部的对比度，使图像变亮，端点向下移动，所得结果相反。曲线左下角的端点向右移动，将增加图像暗部的对比度，使图像变暗，端点向上移动，所得结果相反，效果图如图 4-38 所示。

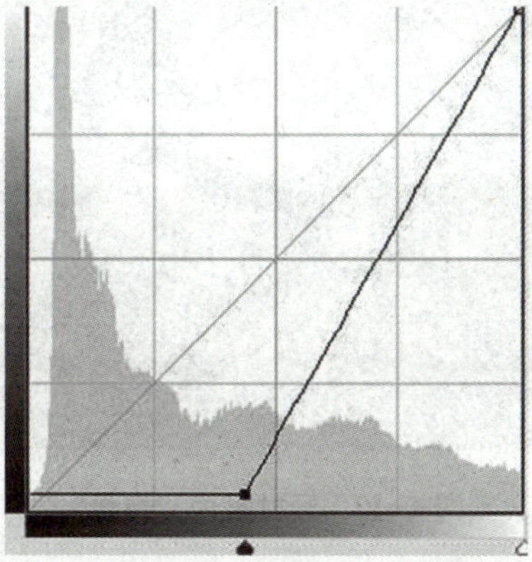

图 4-38　使用“端点”调整曲线

二、利用“调节点”控制对角线的中间部分

在曲线上单击鼠标，会增加一个调节点，拖动调节点，就可以对图像进行调整。曲线斜度就是它的灰度系数，如果在曲线中点处添加一个调节点，并向上移动，会使图像变亮，向下移动这个调节点，就会使图像变暗，效果图如图 4-39 所示。

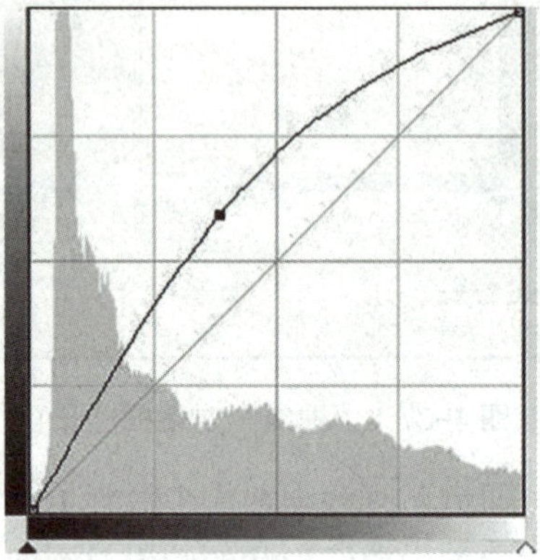

图 4-39　使用“调节点”调整曲线

任务实施

一、改变图像模式

（1）执行“文件”→“打开”命令（或者按“Ctrl+O”组合键），弹出“打开”对话框，从相应的“素材图片”文件夹中找到并打开素材图片“古堡”（图 4-40）。

图 4-40　素材图片“古堡”

（2）执行“图像”→“复制”命令，得到副本图像文档，如图 4-41 所示。执行“图像”→“模式”→“灰度”命令，弹出“信息”对话框，如图 4-42 所示。

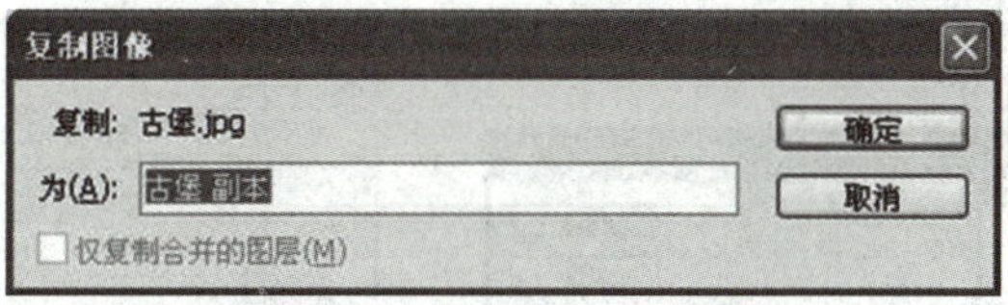

图 4-41　“复制图像”对话框

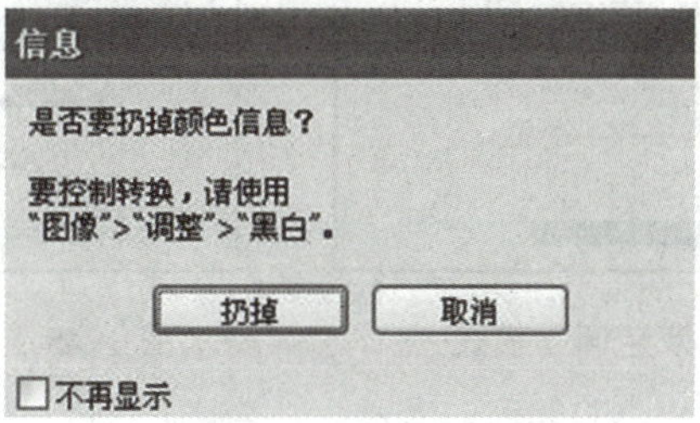

图 4-42　“信息”对话框

（3）单击“信息”对话框中的“扔掉”按钮，将“古堡”图像的色彩模式转换为灰度模式，效果图如图 4-43 所示。

图 4-43　将“古堡”的色彩模式转换为灰度模式

（4）执行“图像”→“模式”→“双色调”命令，在打开的“双色调选项”对话框中设置参数，如图 4-44 所示。

（5）执行“图像”→“模式”→“RGB 颜色 ”命令。

二、使用“曲线”命令调整图像

（1）执行“图像”→“调整”→“曲线”命令（或者按“Ctrl+M”组合键），调整曲线参数如图 4-45 所示。

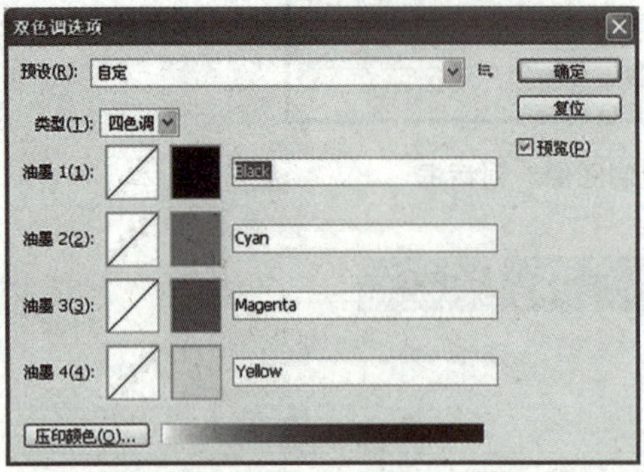

图 4-44 转换为“双色调”模式

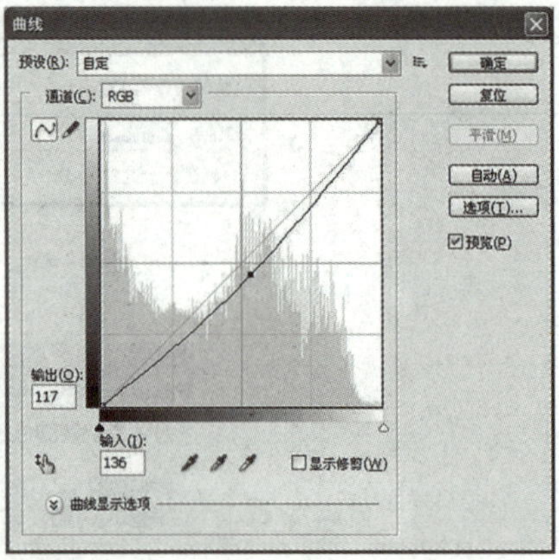

图 4-45 “曲线”对话框（二）

（2）在“曲线”对话框中，分别选择“红”和“蓝”通道选项，调整曲线参数如图 4-46 和图 4-47 所示。

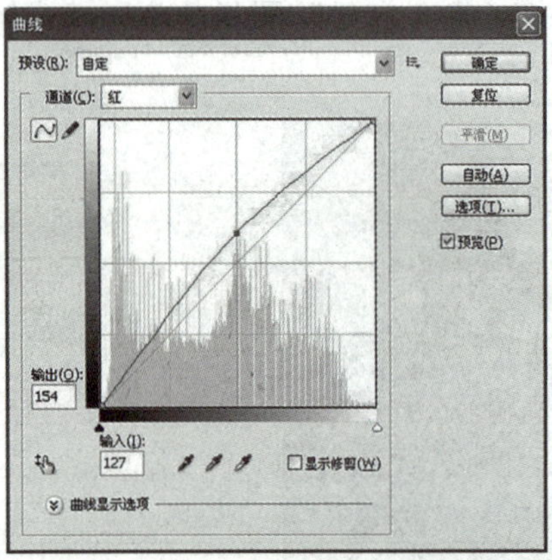

图 4-46 调整红色通道中的曲线

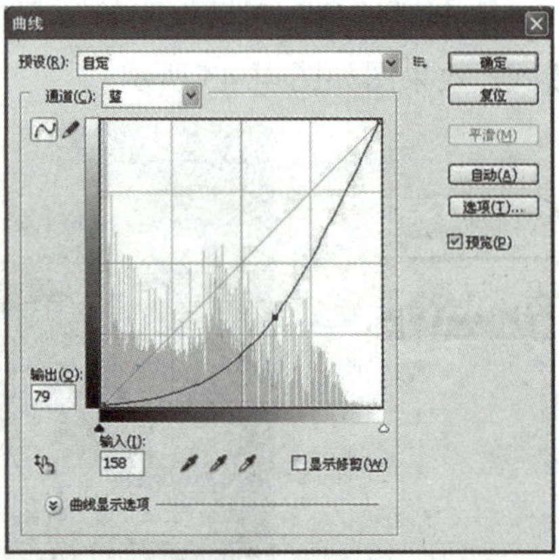

图 4-47 调整蓝色通道中的曲线

（3）曲线参数调整完成后，单击“确定”按钮，得到如图 4-48 所示效果图。

图 4-48 调整后图像的色调

三、调整图像颜色

（1）执行“滤镜”→“渲染”→“光照效果”命令，设置光照范围如图 4-49 所示，调整后图像效果图如图 4-50 所示。

图 4-49 设置光照范围

图 4-50 设置光照范围后效果图

（2）按“Ctrl+J”组合键复制图层，设置该图层的图层混合模式为“柔光”，如图 4-51所示。

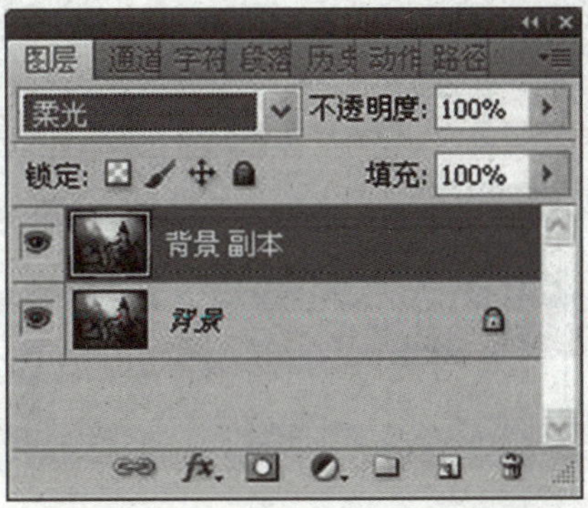

图 4-51 设置“背景副本”图层的图层混合模式为“柔光”

(3) 为该图层添加蒙版，并设置如图 4-52 所示，最终效果图如图 4-53 所示。

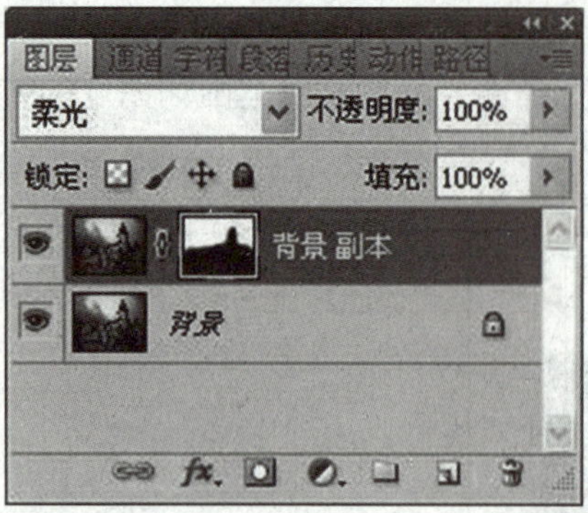

图 4-52　为“背景副本”图层添加蒙版

图 4-53　“暴风雨来临前景象”最终效果图

☆**技巧提示：**

(1) 在 Photoshop CS6 中，可以将图像从原来的模式转换为另一种模式。当为图像选取另一种颜色模式时，就永久的更改了图像中的颜色值，所以在转换之前需要存储副本，以便在转换后能编辑图像的原版本。

(2) 在 Photoshop CS6 中，可以创建单色调、双色调、三色调和四色调。单色调是用非黑色的单一油墨打印的灰度图像；双色调、三色调和四色调分别是用两种、三种和四种油墨打印的灰度图像，在这些图像中，将使用彩色油墨而不是不同的灰级来重现带色彩的灰色。

任务小结

通过改变图像模式、调整“曲线”命令来改变图像色调。通过本任务的学习，学会如何将图像的色调调得更加精细。

任务练习

完成变换照片里的季节任务练习，效果图如图 4-54 所示。

图 4-54　变换照片里的季节效果图

一、调整“通道混合器”

在“通道混合器”中调整红色通道，参数设置如图 4-55 所示，设置参数后效果图如图 4-56 所示，去除图像中的绿色。

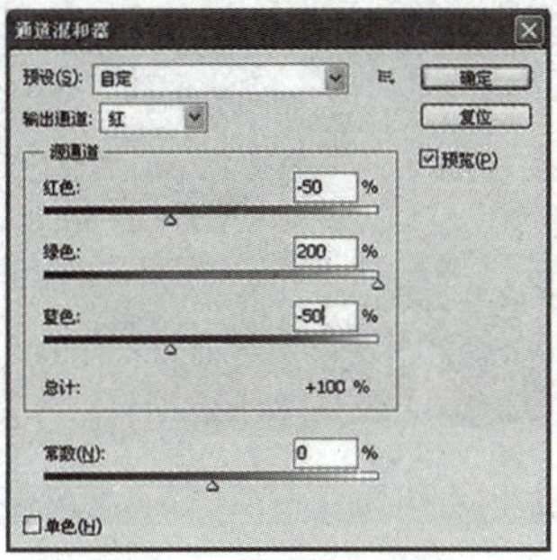

图 4-55　“通道混合器”对话框

图 4-56　设置参数后图像效果图（一）

二、调整“可选颜色”

在“可选颜色”对话框中设置参数，如图 4-57 和图 4-58 所示，设置参数后效果图如图 4-59 所示。

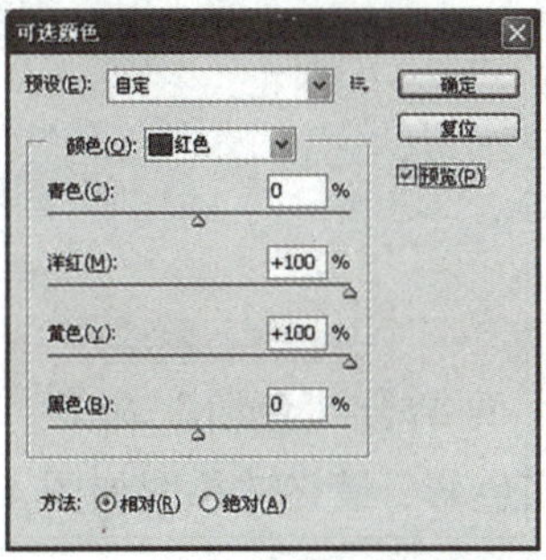

图 4-57　设置红色颜色含量

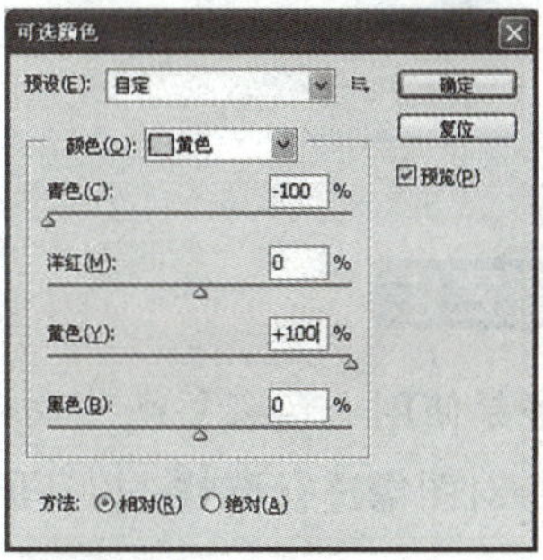

图 4-58　设置黄色颜色含量

图 4-59　设置参数后图像效果图（二）

三、调整“曲线”

设置“曲线”参数如图 4-60 所示，最终效果图如图 4-61 所示。

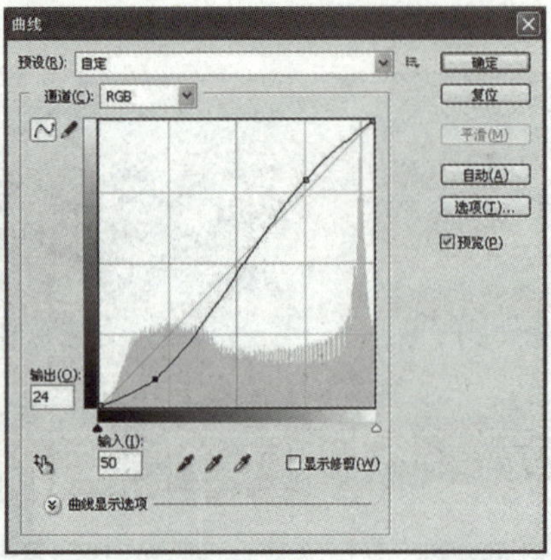

图 4-60　设置“曲线”参数

图 4-61　变换照片里的季节最终效果图

任务四　调出风景照片的真实色彩

任务要求

本任务是使用“色彩平衡”命令调整图像色彩，再结合“色阶”命令、“色相/饱和度”命令对图像进行调整，以还原风景照片的真实色彩，最终效果图如图 4-62 所示。

图 4-62　风景照片还原效果图

知识技能

“色彩平衡”命令能进行一般性的色彩校正，可以改变图像颜色的构成，但不能精确控制单个颜色成分（单色通道），只能作用于复合颜色通道。

打开图像，执行“图像”→“调整”→“色彩平衡”命令（或者按“Ctrl+B”组合键），将打开“色彩平衡”对话框，如图4-63所示。

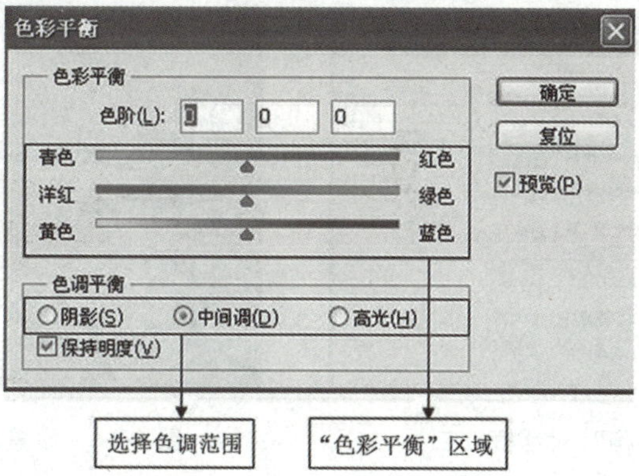

图4-63　“色彩平衡”对话框（一）

色彩的校正是通过“色彩平衡”的数值框或者移动三角滑块来实现的。

“色彩平衡”选项栏中列出了需要重新进行更改的色调范围，其中包括“阴影”“中间调”“高光”。

“保持明度”的作用是保持图像中的色调平衡。一般情况下，调整RGB模式的图像时，为了保持图像的光度值可选中此复光框。

任务实施

一、打开素材图片

执行“文件”→“打开”命令（或者按“Ctrl+O”组合键），弹出“打开”对话框，从相应的“素材图片”文件夹中找到并打开素材图片“风景照片.tif”（图4-64）。

图4-64　素材图片“风景照片.tif”

二、调整图像

（1）执行“图像”→“调整”→“色彩平衡”命令（或者按“Ctrl+B”组合键），弹出“色彩平衡”对话框，具体参数设置如图 4-65 所示。设置完毕后，单击“确定”按钮，得到的图像效果图如图 4-66 所示。

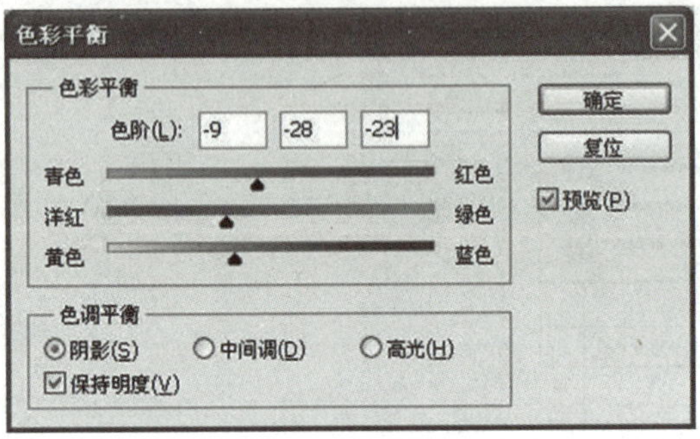

图 4-65 “色彩平衡”对话框（二）

图 4-66 设置后照片效果图（一）

（2）执行“图像”→“调整”→“色彩平衡”命令（或者按“Ctrl+B”组合键），弹出“色彩平衡”对话框，具体参数设置如图 4-67 所示。设置完毕后，单击“确定”按钮，得到的图像效果图如图 4-68 所示。

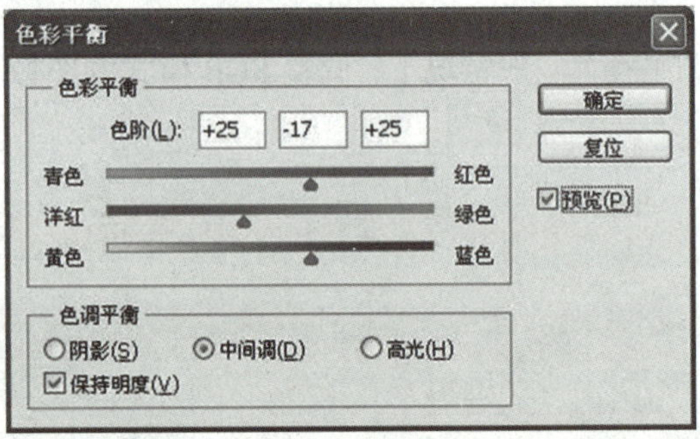

图 4-67 “色彩平衡”对话框（三）

图 4-68 设置后照片效果图（二）

（3）执行“图像”→“调整”→“色彩平衡”命令（或者按“Ctrl+B”组合键），弹出“色彩平衡”对话框，具体参数设置如图 4-69 所示。设置完毕后，单击“确定”按钮，得到的图像效果图如图 4-70 所示。

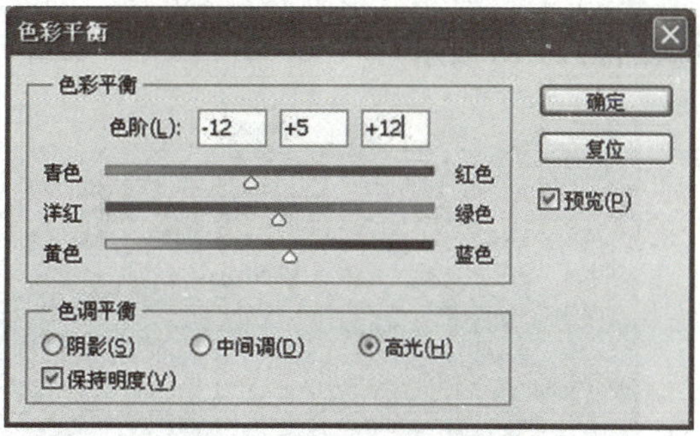

图 4-69　“色彩平衡”对话框（四）

图 4-70　设置后照片效果图（三）

（4）执行“图像”→“调整”→“色阶”命令（或者按“Ctrl+L”组合键），具体参数设置如图 4-71 所示，得到的效果图如图 4-72 所示。

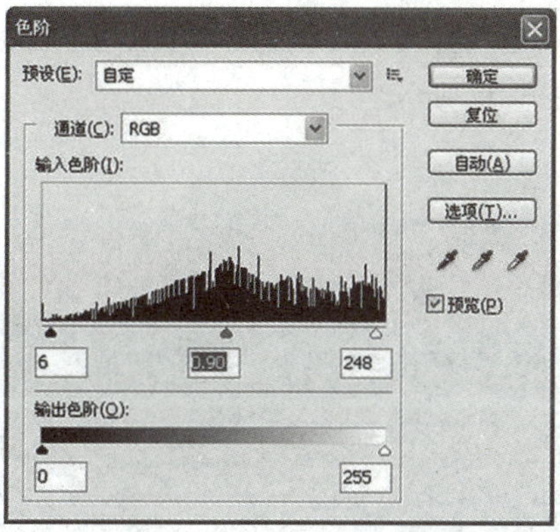

图 4-71　“色阶”对话框（四）

图 4-72　设置后照片效果图（四）

（5）执行“图像”→“调整”→“曲线”命令（或者按“Ctrl+M”组合键），调整曲线参数如图 4-73 所示，得到的效果图如图 4-74 所示。

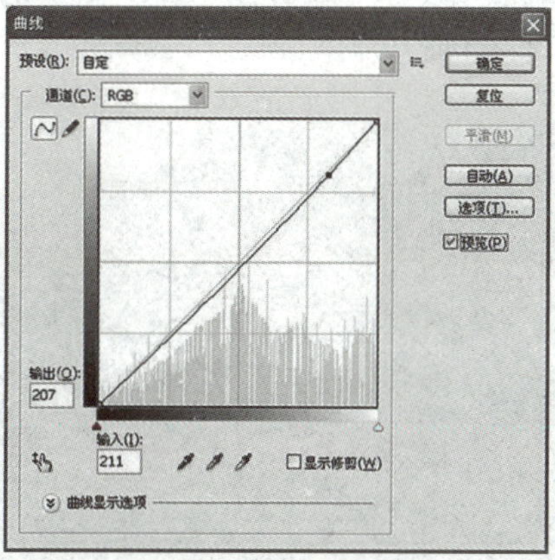

图 4-73　“曲线”对话框（三）

图 4-74　设置后照片效果图（五）

（6）执行“图像”→“调整”→“色相/饱和度”命令（或者按“Ctrl+U”组合键），参数设置如图 4-75 所示，得到的效果图如图 4-76 所示。

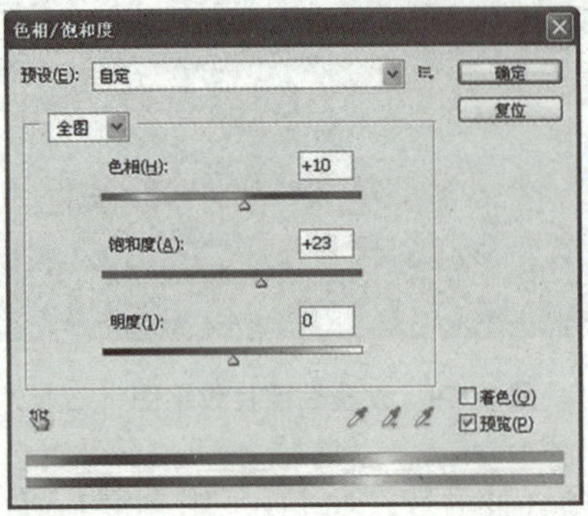

图 4-75 “色相/饱和度”对话框（四）

图 4-76 设置后照片效果图（六）

（7）执行“图像”→“调整”→“色相/饱和度”命令（或者按“Ctrl+U”组合键），参数设置如图 4-77 所示，得到的效果图如图 4-78 所示。

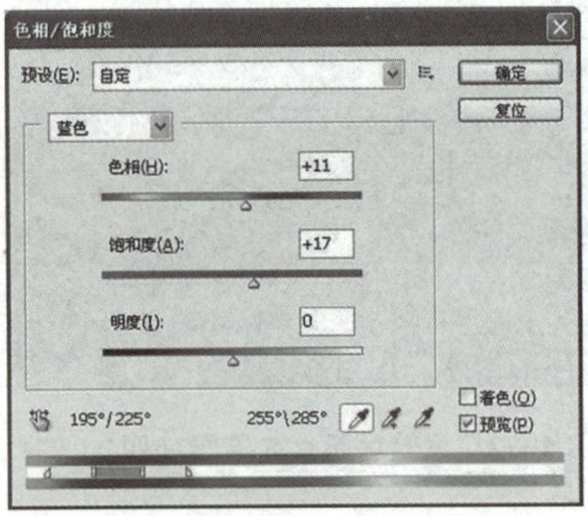

图 4-77 “色相/饱和度”对话框（五）

图 4-78 设置后照片效果图（七）

（8）执行“图像”→“调整”→“色相/饱和度”命令（或者按“Ctrl+U”组合键），参数设置如图 4-79 所示，得到的效果图如图 4-80 所示。

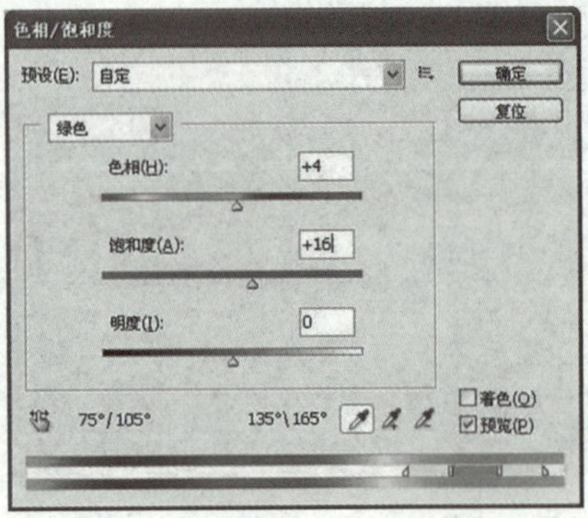

图 4-79 色相/饱和度”对话框（三）

图 4-80 设置后照片效果图（八）

任务小结

通过学习调整“色彩平衡”命令来改变图像色调。在调整过程中，需要注意色调范围包括“阴影”“中间调”“高光”三个部分，并学会结合“色阶”及“色相/饱和度”命令来调整图片。

任务练习

保留照片中的某种颜色，效果图如图 4-81 所示。

图 4-81 保留照片中的某种颜色效果图

一、执行“色彩平衡”命令

打开素材图片“女孩 . tif”（图 4-82）。执行“图像”→“调整”→“色彩平衡”命令（或者按“Ctrl+B”组合键），参数设置如图 4-83 所示。

图 4-82 素材图片“女孩 . tif”

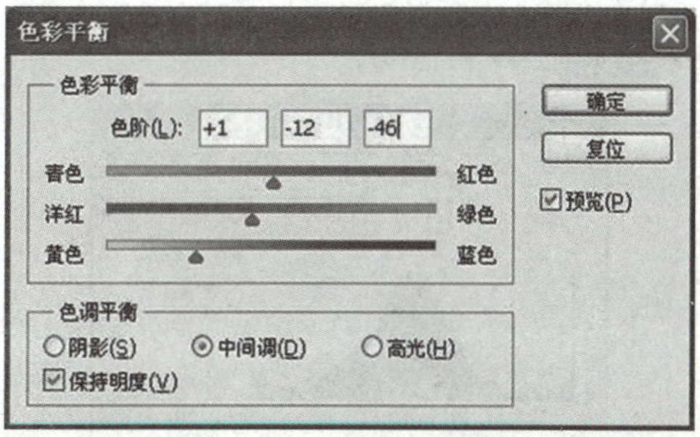

图 4-83 “色彩平衡”对话框（五）

二、执行“色相/饱和度”命令

按“Ctrl+U”组合键，分别调整“黄色”“青色”“蓝色”选项的参数，如图 4-84

至图 4-86 所示，调整后图像整体效果图如图 4-87 所示。

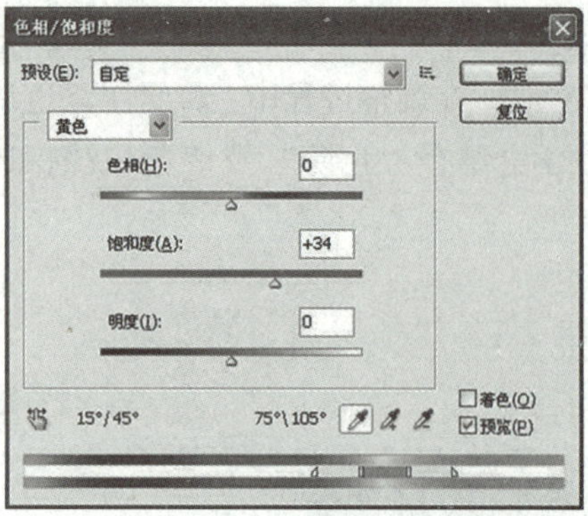

图 4-84　调整“黄色”选项参数

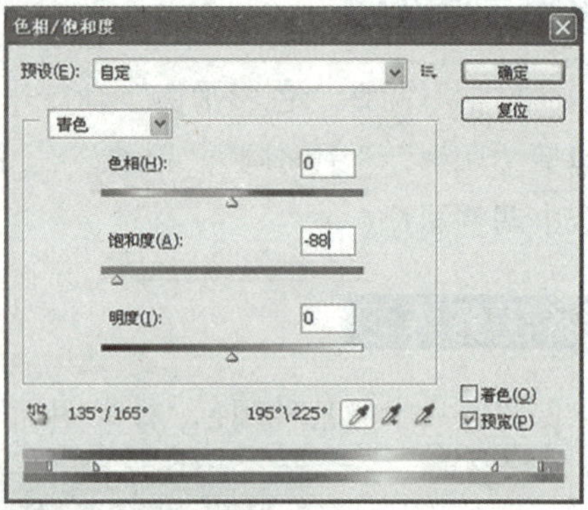

图 4-85　调整“青色”选项参数

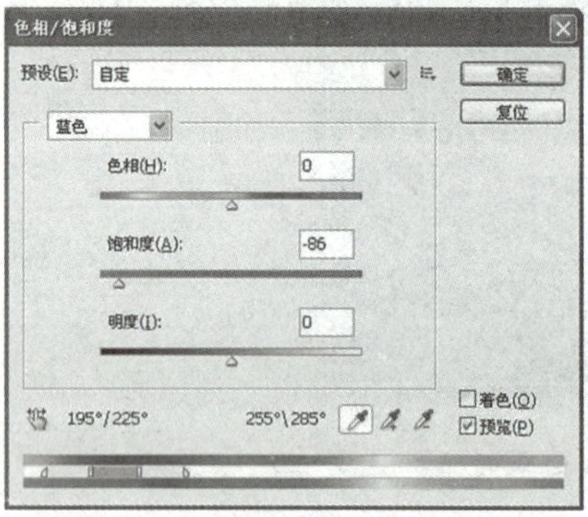

图 4-86　调整“蓝色”选项参数

图 4-87　调整后图像整体效果图

三、执行“色阶”命令

按“Ctrl+L”组合键，参数设置如图 4-88 所示，得到的图像效果图如图4-89所示。按“Ctrl+J”组合键复制图层，执行“高斯模糊”滤镜（半径为 2 像素），将“图层 1”的图层混合模式设置为“柔光”，“不透明度”设置为“60%”，如图 4-90 所示。最终效果图如图 4-91 所示。

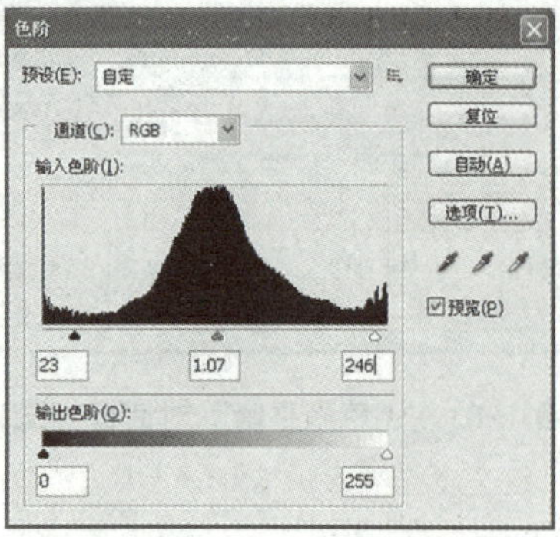

图 4-88　“色阶”对话框（五）

图 4-89　设置“色阶”参数后图像效果图

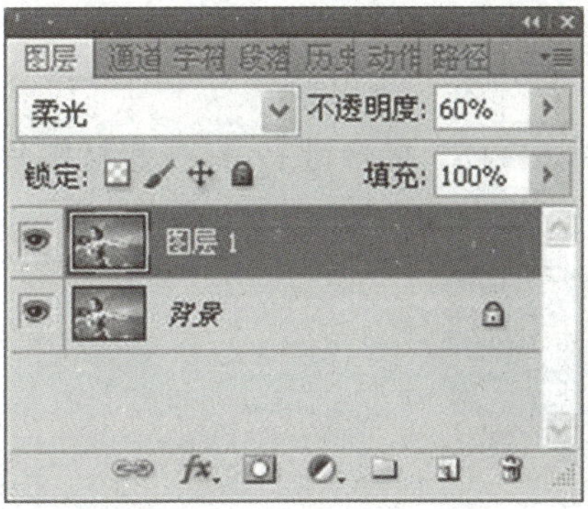

图 4-90　“图层 1”面板

图 4-91　保留照片中的某种颜色最终效果图

项目总结

本项目主要介绍 Photoshop CS6 的色调和色彩调整命令。在实际的工作中，特别是在图像的处理过程中，必须灵活运用这些命令才能调出预期的效果。另外，在使用这些命令时，能弹出对话框的命令一般都是较常用的命令，可以在对话框中精确调整各选项或参数，以灵活控制图像色彩效果。

项目实训

实训一　校正偏色图像

通过调整“色阶”命令校正偏色的图像，效果图如图 4-92 所示。

图 4-92　校正偏色图像效果图

一、制作思路

首先将图像复制，然后利用“色阶”命令调整图像的整体明度和对比度，并在“色阶”命令中更改颜色通道含量，从而完成偏色图像的校正。

二、制作步骤

(1) 执行“文件”→“打开”命令（或者按“Ctrl+O”组合键），打开素材图片“偏色图像”（图 4-93）。

图 4-93　素材图片“偏色图像”

(2) 按“Ctrl+J”组合键，复制图层。执行“图像”→“调整”→“色阶”命令（或者按“Ctrl+L”组合键），参数设置如图 4-94 至图 4-96 所示。

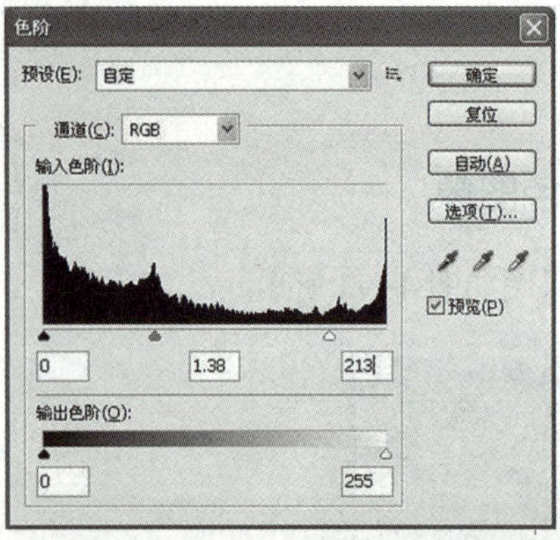

图 4-94　调整图像的明度与对比度

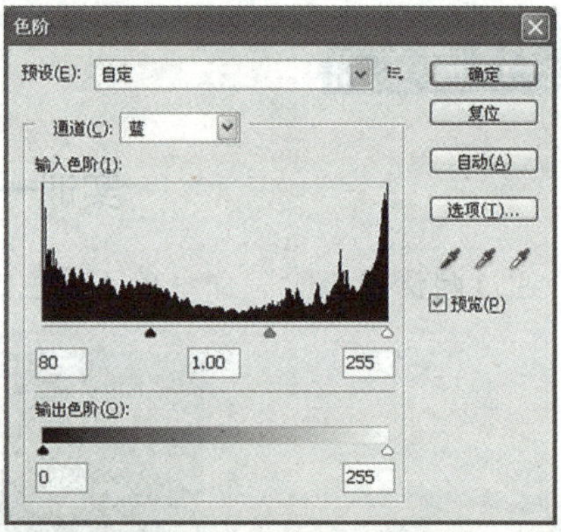

图 4-95　更改蓝色通道含量

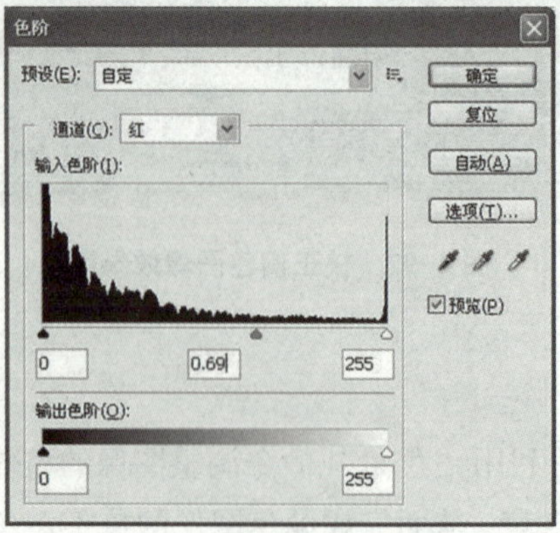

图 4-96　更改红色通道含量

(3) 至此图像调整完成，最终效果图如图 4-97 所示，按“Ctrl+S”组合键将图像保存即可。

图 4-97　校正偏色图像最终效果图

实训二　灰度照片变清晰艳丽照片

通过调节照片的色调和亮度，将灰度照片变成清晰艳丽照片，效果图如图 4-98 所示。

图 4-98　灰度照片变清晰艳丽照片效果图

图 4-99　素材图片“灰度照片”

一、制作思路

首先打开“曲线”命令，在“曲线”对话框中分别调整“红”“绿”“蓝”三个通道的参数设置，再通过执行“色相/饱和度”命令及“色阶”命令使照片变得清晰艳丽。

二、制作步骤

（1）执行“文件”→“打开”命令（或者按“Ctrl+O”组合键），打开素材图片“灰度照片”（图 4-99）。

（2）按“Ctrl+J”组合键，复制图层，执行“图像”→“调整”→“曲线”命令（或者按“Ctrl+M”组合键），参数设置如图 4-100 至图 4-102 所示。

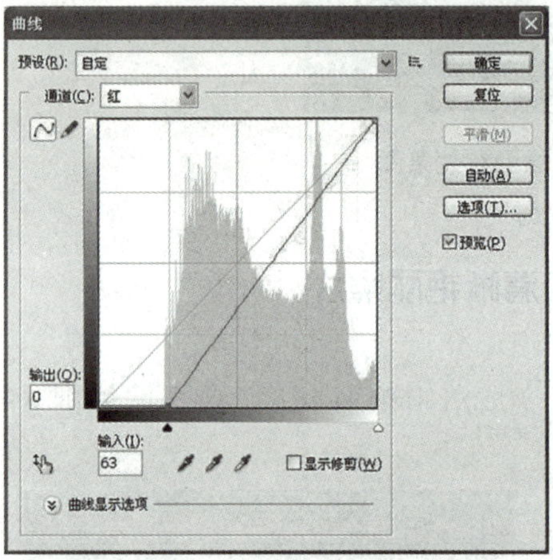

图 4-100　调整红色曲线弧度

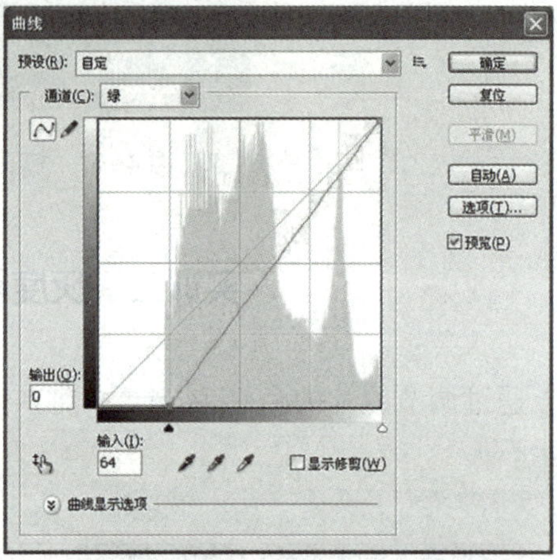

图 4-101　调整绿色曲线弧度

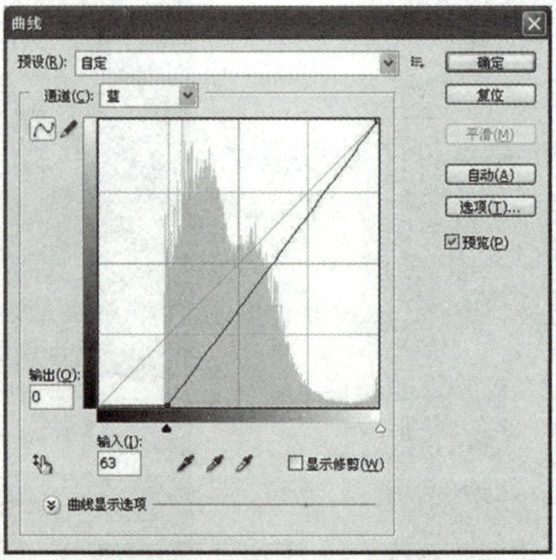

图 4-102　调整蓝色曲线弧度

（3）执行“图像”→“调整”→“色相/饱和度”命令（或者按“Ctrl+U”组合键），参数设置如图 4-103 至图 4-105 所示。

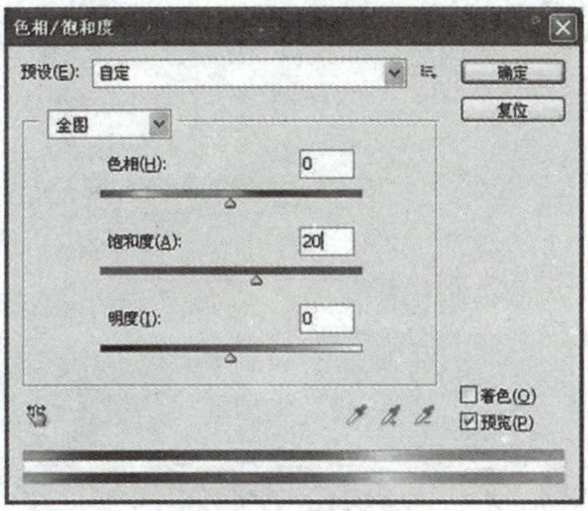

图 4-103 调整图像饱和度

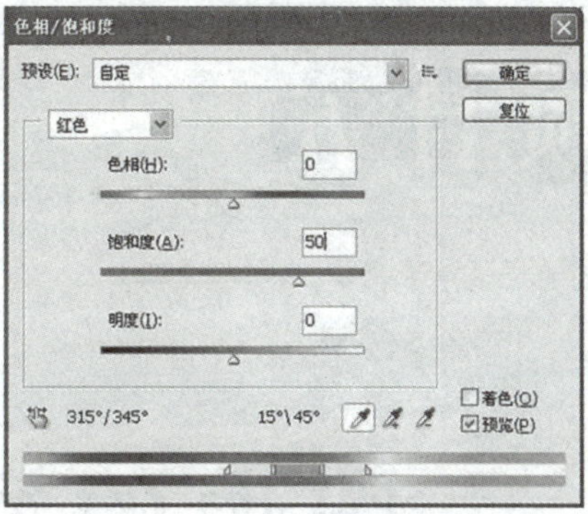

图 4-104 调整“红色”参数

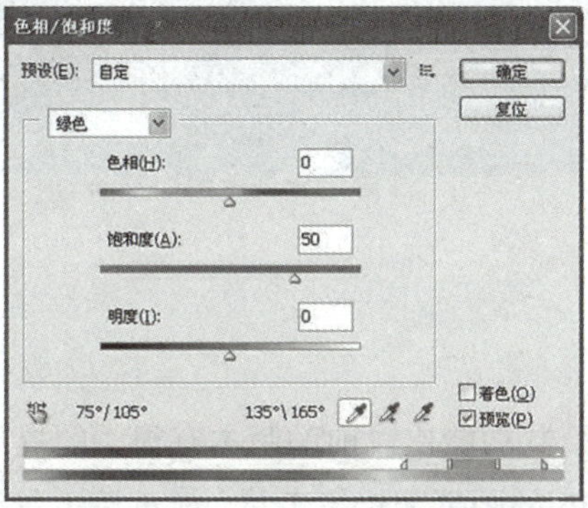

图 4-105 调整“绿色”参数

（4）执行“图像”→“调整”→“色阶”命令（或者按“Ctrl+L”组合键），参数设置如图4-106所示，最终效果图如图 4-107 所示。

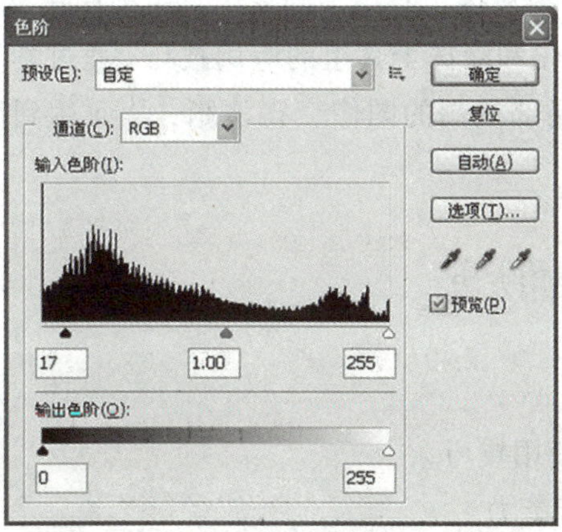

图 4-106 “色阶”对话框（六）

图 4-107 灰度照片变清晰艳丽照片最终效果图

项目五

图像的绘制与修饰

项目描述

Photoshop CS6 的图像绘制功能比以前的版本有很大的提高，变得更加强大。本项目主要学会应用 Photoshop CS6 的画笔和铅笔工具、橡皮擦工具组、修复画笔工具组、仿制图章和图案图章工具等来绘制和修饰图像，并掌握绘制线条图形、箭头图形、椭圆图形、矩形图形、圆角矩形、多边形和自定义形状图形的方法，通过任务的训练，掌握图像绘制的基本操作技术要领和应用技巧。

项目目标

学会画笔和铅笔工具的使用方法；学会橡皮擦工具组、渐变工具组的使用方法；学会减淡、加深和海绵工具组；学会模糊、锐化和涂抹工具组的应用技巧。通过学习这些工具，可以轻松修复破损的照片，以及使局部模糊的图像变得清晰，从而达到润饰的效果。

〔重点〕

(1) 掌握绘图工具及图像编辑工具的使用方法。

(2) 掌握修复图像的方法。

〔难点〕

(1) 掌握“画笔工具”的基本操作和使用技巧。

(2) 灵活应用图像处理技术，培养设计能力。

任务一　绘制“闪镜的星光”

任务要求

本任务主要使用“画笔工具”，学会自定义画笔，为图像添加“闪镜的星光”，效果图如图 5-1 所示。

（a）原图　　（b）添加后效果图

图 5-1　绘制“闪镜的星光”

知识技能

一、“画笔工具”（）

“画笔工具”用来绘画，可以选择系统提供、下载或自制笔刷来绘画。使用“画笔工具”可以绘制柔、硬边的线条，画笔的颜色为前景色，其属性栏如图 5-2 所示。

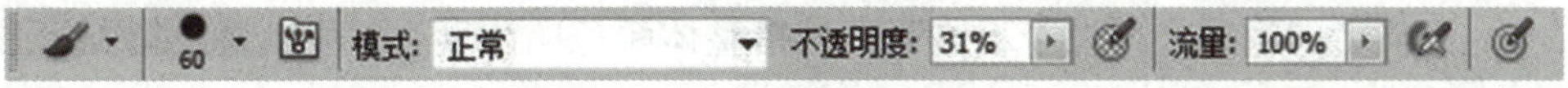

图 5-2　“画笔工具”属性栏

单击“画笔”右侧的小三角按钮（），如图 5-3 所示，在打开的下拉列表中可选择调整画笔直径大小、画笔的硬度、加载画笔类型等。

☆**技巧提示**：在使用“画笔工具”时，按下键盘中的“<”或“>”键可以循环切换画笔笔尖的形状；按下“［”或“］”键可以调整画笔的直径大小；按下“Shift+［”或“Shift+］”组合键则可以调整画笔的硬度。

单击“切换画笔调板”按钮，打开“画笔”下拉面板，选择“画笔”，如图 5-4 所示。

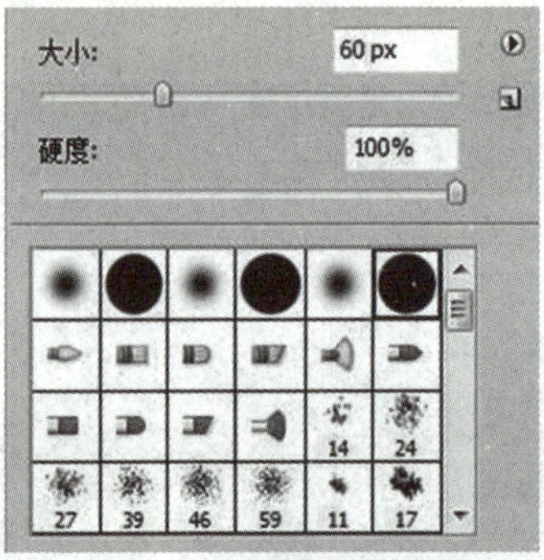

图 5-3　“画笔预设”对话框

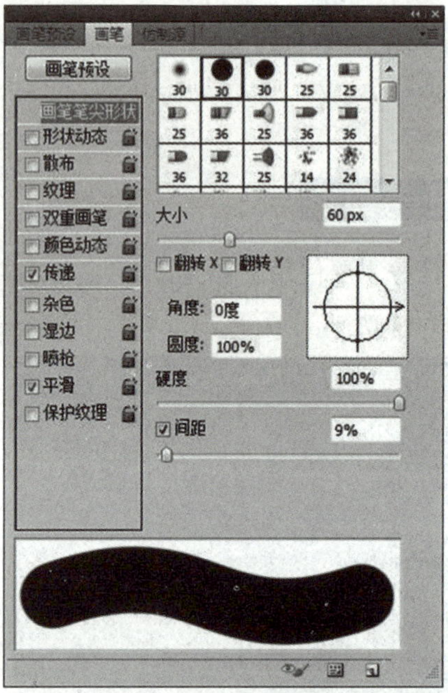

图 5-4　“画笔”调板

（1）模式（

）：用于设置使用画笔所绘制出的笔触的颜色与底图的混合效果，绘图模式与图层混合模式类似。

（2）不透明度：用于设置画笔的不透明度。它的取值区间为 0~100%，取值越大，越不透明；取值越小，越透明。按下小键盘中的数字键可以调整工具的不透明度。按下“1”时，不透明度为 10%；按下“5”时，不透明度为 50%；按下“0”时，不透明度会恢复为 100%。

（3）绘图板压力控制不透明度（）：始终对“不透明度”使用“压力”；在关闭时，“画笔预设”控制压力。

（4）流量（

）：此选项的设置与不透明度的有些类似，指画笔颜色的喷出浓度；而两者的不同之处在于不透明度是指整体颜色的浓度，而喷出量是指画笔颜色的浓度。

（5）喷枪（）：可以使当前使用的画笔具有喷枪效果，它是一种随着停留时间加长，逐渐增加色彩浓度的画笔使用方式。

二、“铅笔工具”（ ）

使用“铅笔工具”可以绘制出硬边缘的效果，特别是绘制斜线，锯齿效果会非常明显，并且所有定义的外形光滑的笔刷也会被锯齿化。绘制的线条颜色为工具箱中的前景色，其属性栏大部分设置方法如图 5-5 所示。

图 5-5　“铅笔工具”属性栏

“自动抹除”复选框：用于实现擦除功能，选中该复选框后，当用户在与前景色颜色相同的图像区域内描绘时，会自动擦除前景色颜色而填入背景颜色。

☆小案例制作：制作如图 5-6 所示效果图。

图 5-6　“自动抹除”效果图

图 5-7　分别设置前景色和背景色

① 设置前景色为黑色，背景色为黄色，如图 5-7 所示。

② 选择“铅笔工具”，在其属性栏设置合适的画笔大小，勾选“自动抹除”复选框，如图 5-8 所示。在图像窗口中涂抹，拖移时可使用前景色绘制图像。

图 5-8　勾选“自动抹除”复选框

③ 单击鼠标左键进行涂抹，在黑色上涂抹黄色，在黄色上继续涂抹黑色前景色；再使用黄色背景色在黑色上涂抹。交替使用颜色进行涂抹，得到如图 5-6 所示效果图。

任务实施

一、新建文档，创建“星星”选区

新建一个背景色为白色的空白文档。新建一个图层，将前景色置为黑色。用“多边形套索工具”画出“星星”的轮廓，如图 5-9 所示。

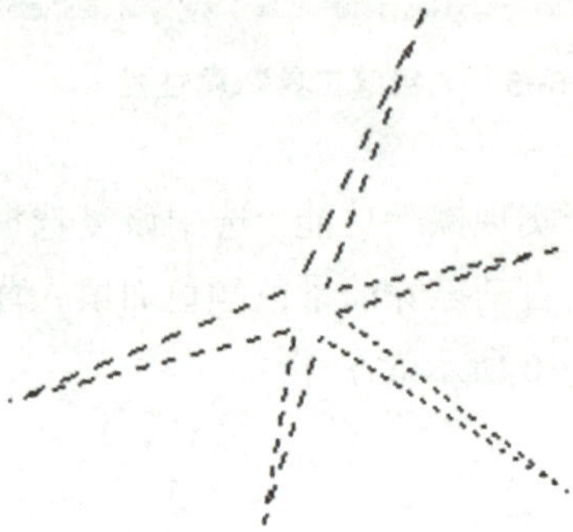

图 5-9　绘制“星星”轮廓

二、调整“星星”图像

按“Shift+F6”组合键，设置羽化值为“5”，再按“Alt+Delete”组合键用前景色填充选区。为了得到更好的效果，再选择圆形柔角画笔，如图 5-10 所示，画笔直径可根据图形大小进行调整。单击“星星”的中心部位，产生模糊的光晕效果，如图 5-11 所示。

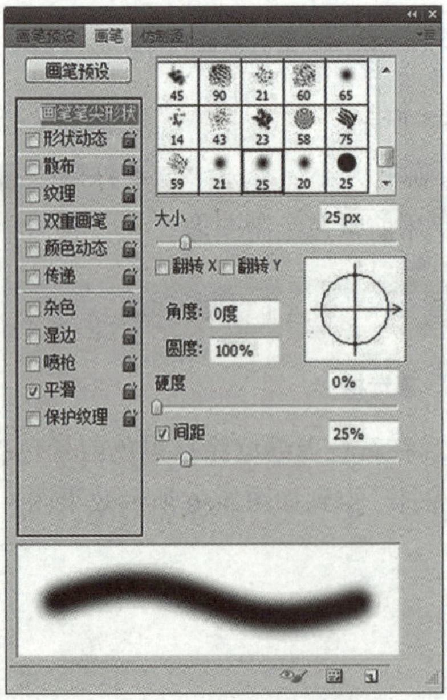

图 5-10　选择圆形柔角画笔

图 5-11　“星星”模糊光晕效果图

☆**技巧提示**：自定义画笔用黑色前景色定义，其他任何颜色都会默认为不同程度的灰色。定义的笔刷应用时的颜色由前景色决定。

三、定义画笔

按“Ctrl”键单击“图层1”的缩览图，得到“星星”图像的选区，再单击“编辑”菜单中的“定义画笔预设”，弹出“画笔名称”对话框，如图5-12所示。在“名称”里输入“星光”，并单击“确定”按钮。

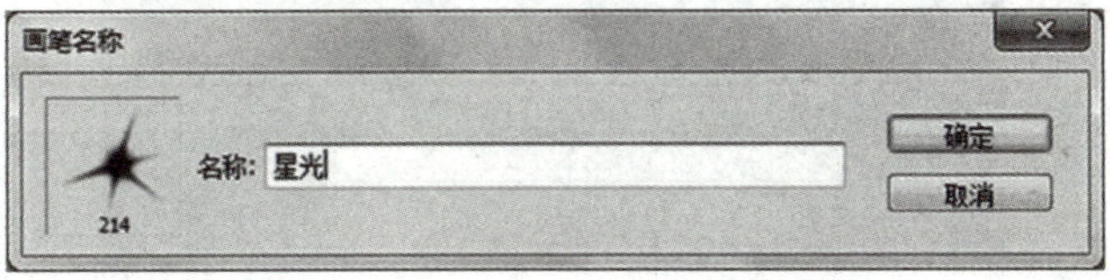

图 5-12　“画笔名称”对话框

☆**技巧提示**：单击“编辑”→“预设管理器”→“画笔”，在“预设管理器”中选定定义好的“画笔”，单击“存储设置”按钮确定名称，如图5-13所示，将定义好的“画笔”存储到默认文件夹，方便随时载入。

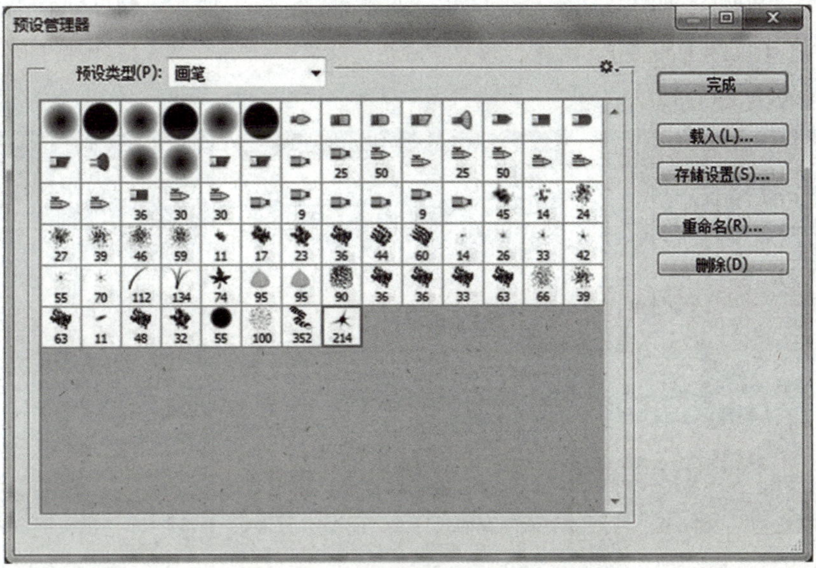

图 5-13　“预设管理器”对话框

四、添加素材图片，设定画笔与前景色

打开素材图片（图5-14）。新建图层，在工具箱中单击“画笔工具”，在属性栏中的画笔“预设管理器”中找到已定义好的“星光”画笔，将前景色设置为白色。

图 5-14　背景素材图片

五、设置“画笔”调板

打开“画笔”调板（或者按快捷键“F5”），选中“画笔笔尖形状”，设置画笔“间距”为“80%”，如图 5-15（a）所示。如图 5-15（b）所示，调试“动态形状”各项抖动参数（仅作为参考），设置“形状动态”。设置“散布”参数以中心向外散布，如图 5-15（c）所示。

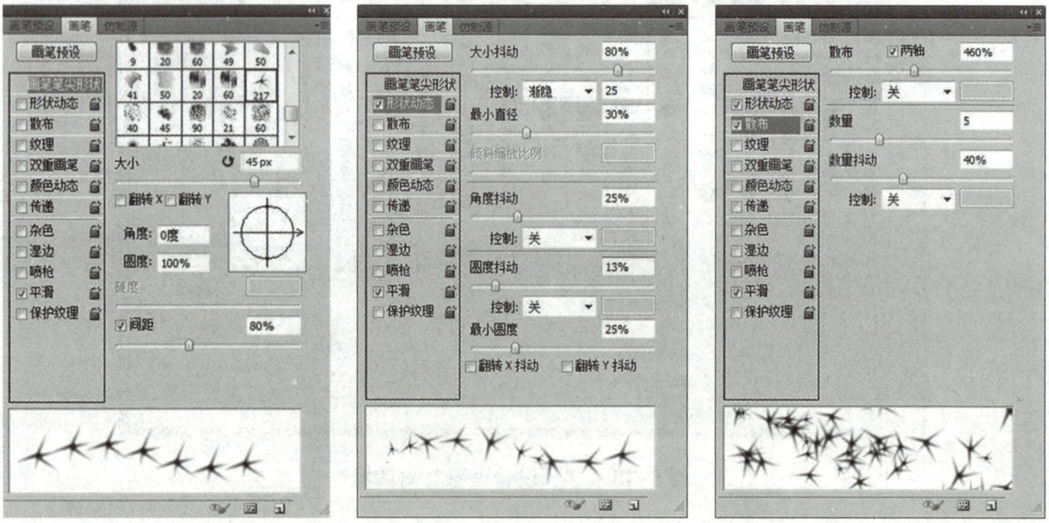

（a）设置“间距”　　（b）设置“形状动态”　　（c）设置“散布”

图 5-15　“画笔”调板的设置

六、绘制弧形“星星”

用画笔从右到左画弧线，产生弧形“星星”效果，最终效果图如图 5-16 所示。

图 5-16　“闪镜的星光”最终效果图

任务小结

笔刷的变幻很丰富，可以用来设计很多效果，如纹理、飘洒的雪花、雨滴、树叶等。要熟练掌握画笔的创建、设置与应用。

任务练习

绘制邮票，效果图如图 5-17 所示。

图 5-17　邮票效果图

一、新建文件

新建背景色为蓝色、宽尺寸为 300 像素×250 像素的空白文档。执行“文件”→“置入”命令，置入素材图片“棕榈树”（图 5-18）。

二、扩展选区

按“Ctrl”键，同时单击“棕榈树”图层缩览图，得到当前图层的选区。执行“选择”→“修改”→“扩展”命令，设置“扩展量”为“8”，如图 5-19 所示。

图 5-18　素材图片“棕榈树”

图 5-19　“扩展选区”对话框（二）

三、填充颜色

在背景层上新建一个图层，得到“图层 1”，填充白色，如图 5-20 所示。按“Ctrl+D”组合键取消选区。

图 5-20　填充白色

四、绘制“小孔”

（1）选择“画笔工具”，设置前景色为白色、画笔为“硬边圆”、“大小”为“10 像素”、“间距”为“120%”，如图 5-21 所示。

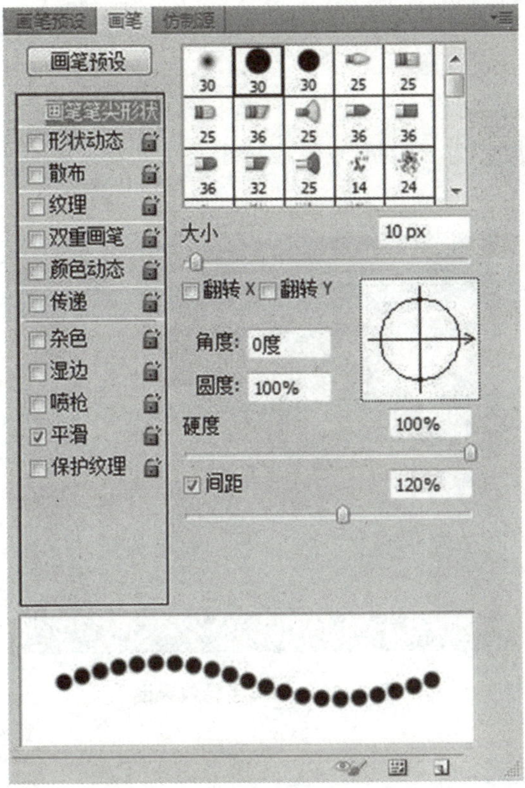

图 5-21　设置“画笔”调板参数

（2）新建图层，命名为“小孔”，按“Shift”键并在白色矩形四个角处单击，效果图如图 5-22 所示。

图 5-22　制作“小孔”

五、载入选区

选择“图层 1”，按“Ctrl”键并单击“小孔”层缩览图，得到“小孔”的选区。按

“Delete”键删除。按“Ctrl+D”组合键取消选区。

六、隐藏图层

单击“小孔”图层前的“眼睛”，隐藏“小孔”图层，从而产生邮票齿轮效果图如图 5-23 所示。

图 5-23 邮票齿轮效果图

七、添加图层样式

为“图层 1”添加图层样式“投影”，参数设置如图 5-24 所示，最终效果图如图 5-25所示。

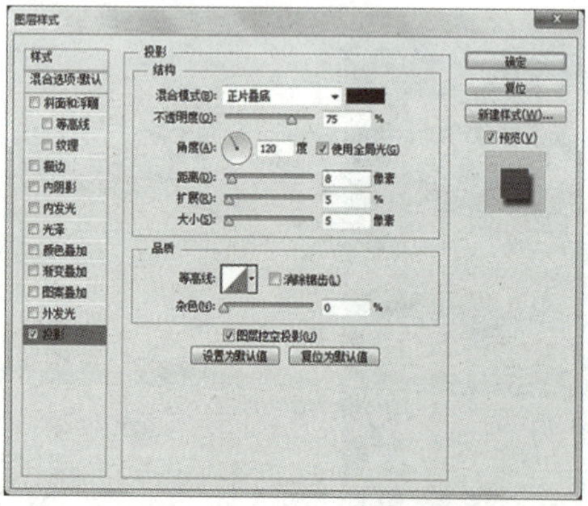

图 5-24 “图层样式”中“投影”的参数设置

图 5-25 邮票最终效果图

任务二　更换照片背景

任务要求

学会使用“橡皮擦工具”及“背景橡皮擦工具”，并使用“橡皮擦工具”来为照片更换背景，效果图如图 5-26 所示。

（a）素材图片“人物”　　（b）完成效果图

图 5-26　更换照片背景

知识技能

橡皮擦工具组有三个工具，即“橡皮擦工具”（）、“背景橡皮擦工具”（）和“魔术橡皮擦工具”（）。

一、橡皮擦工具

在图像窗口拖动鼠标就可以擦除图像。如果在背景图层擦除图像，则擦除的区域被填充为背景色；如果在普通层擦除图像，则擦除的区域变成透明。“橡皮擦工具”属性栏如图 5-27 所示。

图 5-27　“橡皮擦工具”属性栏

（1）画笔：可设置“橡皮擦工具”的大小及软硬程度。

（2）模式：选择“画笔”擦去的边缘柔和，可改变“画笔”的软硬程度；选择“铅笔”擦去的边缘尖锐；选择“块”橡皮擦就是以一个固定的方块形状来进行擦除。

（3）不透明度和流量：不透明度、流量及喷枪方式都会影响擦除的“力度”，较小力度（不透明度与流量较低）的擦除会留下半透明的像素。

（4）抹到历史记录：擦除时可将指定的图像区域恢复到快照或某一操作状态。

二、背景橡皮擦工具

“背景橡皮擦工具”是一个很神奇的工具，利用它可将选定区域擦除成透明效果，其属性栏如图 5-28 所示。

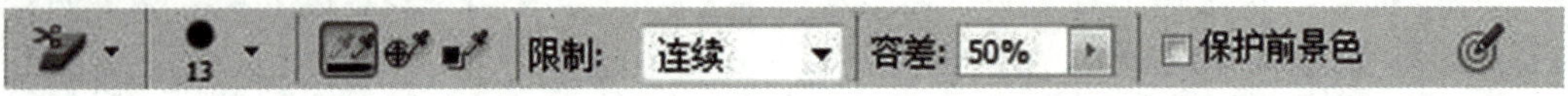

图 5-28　“背景橡皮擦工具”属性栏

（1）连续：按住鼠标不放的情况下，鼠标中心点所接触的颜色都会被擦除掉。

（2）一次：按住鼠标不放的情况下，只有在第一次接触到的颜色才会被擦掉，如果在经过不同颜色时这个颜色不会被擦除，除非再点击一下其他的颜色才会被擦掉。

（3）背景色板：只抹除包含当前背景色的区域。

三、魔术橡皮擦工具

“魔术橡皮擦工具”可以将图像中颜色相近的区域擦除。它与“魔棒工具”有些相似，也具有自动分析的功能，其属性栏如图 5-29 所示。

图 5-29　“魔术橡皮擦工具”属性栏

使用“魔术橡皮擦工具”擦除图像时一定要勾选“连续”选项。该工具最适合抠取背景色与图形反差比较大的图像。如果图像上有多个图层，勾选“对所有图层取样”可在多个图层上使用“魔术橡皮擦工具”，若取消勾选仅可修改当前图层。“不透明度”决定删除像素的程度，“100%”则为完全删除。

任务实施

一、置入“人物”素材图片

打开素材图片“背景”（图 5-30）。

单击“文件”→“置入”，按“Shift”键并用鼠标左键拖动控制点，将图片调整到合适大小，得到一个智能对象“人物”图层，如图 5-31 所示。

图 5-30　素材图片“背景”

图 5-31　“人物”图层

二、图层栅格化

单击“图层”→“栅格化”→“智能对象”命令，将“人物”图层栅格化。

三、擦除“人物”背景

用“吸管工具”吸取图中头发的边缘颜色作为背景橡皮擦的前景色。为了看清头发边缘颜色，可以用“放大镜工具”放大图像。为了达到精细效果，可以把背景橡皮擦的容差值设得很小。设置“背景橡皮擦工具”属性栏如图 5-32 所示。选择“背景橡皮擦工具”，放大后精细擦除细节，注意画笔中间的“+”要对准需要擦掉的部分（蓝色部分），细微处的画笔硬度可调低一些。可按“Ctrl+Alt+Z”组合键恢复擦除。

图 5-32　设置“背景橡皮擦工具”属性栏

因为一张图像的边缘颜色会不同，所以应根据图像不同颜色来调整背景橡皮擦颜色，即擦到不同颜色的地方时重新吸取前景色，如图 5-33 所示。

四、应用橡皮擦工具组进行精细修整

使用“背景橡皮擦工具”进行擦除时，如果效果不彻底，可在擦除边缘后改用“橡皮擦工具”擦除背景。放大“人物”图像，用“橡皮擦工具”精细擦除背景，以修整没有擦彻底的痕迹。

五、去边

抠出来的图像若有原图像的色边存在，可单击“图层”→“修边”→“去边”命令来去除色边。最终效果图如图 5-34 所示。

☆**技巧提示**：“去边”操作相当于将图像边界收缩一个像素。

图 5-33 擦除“人物”背景

图 5-34 更换照片背景最终效果图

任务小结

学会使用“橡皮擦工具”擦除背景，掌握橡皮擦工具组中各个工具的功能及用法。

任务练习

制作透明背景效果。

使用橡皮擦工具组将素材图片的背景擦除，实现抠图，效果图如图 5-35（b）所示。

（a）素材图片“树”

（b）效果图

图 5-35 制作透明背景

一、打开素材图片

打开素材图片“树”［图 5-35（a）］。

二、调整图像

（1）选择“背景橡皮擦工具”，设置属性栏“笔触大小”为“80 像素”，选择“一次”取样按钮，“限制”为“不连续”，“容差”为“20%”，如图 5-36 所示。

图 5-36　“背景橡皮擦工具”属性设置

（2）在图像中单击鼠标左键并在整个画中拖拽鼠标，注意擦除的时候尽量不要松开鼠标左键，直到某种颜色擦干净为止。说是擦干净为止，其实是擦不干净的，还会留有许多的边缘杂色。可将图放大到“300%”，再使用“橡皮擦工具”清除掉边缘的多余杂色（画笔的大小可设置在 5 ~ 7 像素）。

（3）按“Ctrl+J”组合键复制“图层 0”得到“图层 0 副本”，设置该图层的图层混合模式为“滤色”、“不透明度”为“40%”，如图 5-37 所示。

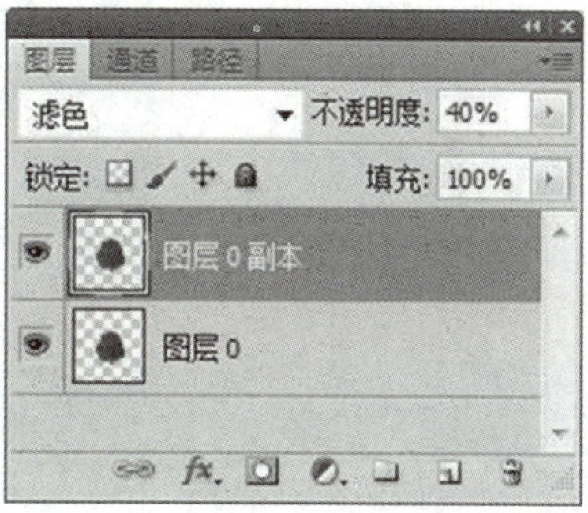

图 5-37　设置“图层 0 副本”的图层混合模式

（4）单击“图层”面板下方的“创建新的调整层”按钮，选择“色相/饱和度”调整图层，参数设置如图 5-38 设置，最终效果图如图 5-39 所示。

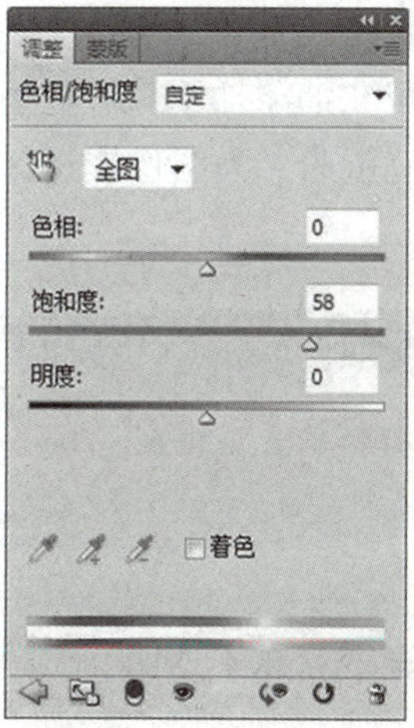

图 5-38　“调整”面板

图 5-39　制作透明背景最终效果图

任务三 绘制标志

任务要求

掌握“渐变工具”“油漆桶工具”“形状工具”的基本操作与应用特点，学会绘制各种形状。设计并绘制标志，效果图如图 5-40 所示。

图 5-40 绘制标志效果图

知识技能

一、渐变工具组

渐变工具组包含两个工具：“渐变工具”（ ）和“油漆桶工具”（ ）。

（1）“渐变工具”用于将两种或两种以上颜色相互混合，为图像或选区填充丰富的颜色效果。“渐变工具”属性栏如图 5-41 所示。

图 5-41 “渐变工具”属性栏

该属性栏中的各参数说明如下。

① 模式：设置渐变颜色与底图的混合模式。

② 不透明度：设置渐变的不透明度，数值越大，渐变就越不透明。

③ 反向：可以使当前的渐变反向填充。

④ 仿色：可以平滑渐变中的过渡色。

⑤ 透明区域：可以使当前的渐变呈现透明效果。

“渐变工具”有五种类型，包括线性渐变工具、径向渐变工具、角度渐变工具、对称渐变工具和菱形渐变工具。

① 渐变色的编辑：单击“渐变工具”属性栏中渐变效果显示框右边的三角按钮，弹出如图 5-42 所示的“渐变”拾色器，可以选择系统自带的几种渐变效果。

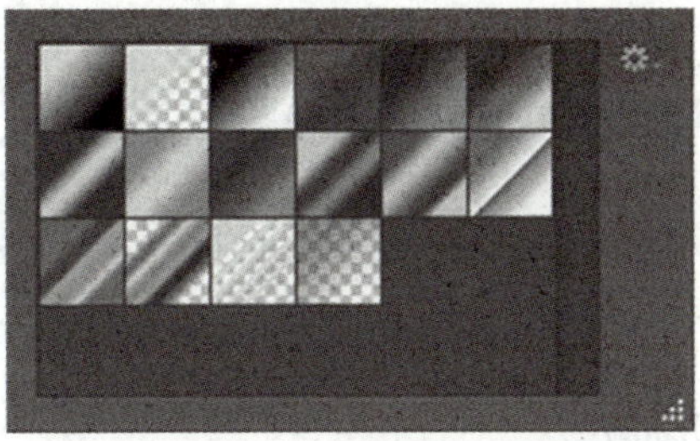

图 5-42　“渐变”拾色器

若单击渐变效果显示框，则弹出如图 5-43 所示的“渐变编辑器”对话框，可以对预设的渐变进行修改，也可以自定义新的渐变。

② 增加不透明色标：在“渐变编辑器”对话框中的渐变条上方单击鼠标左键，增加不透明度色标，即增加透明渐变区域，如图 5-44 所示。

保持该色标处于选中状态，再在“不透明度”框中输入数值。例如输入“30”，表示将此滑块所对应的位置定义为 30% 透明，如图 5-44 所示。

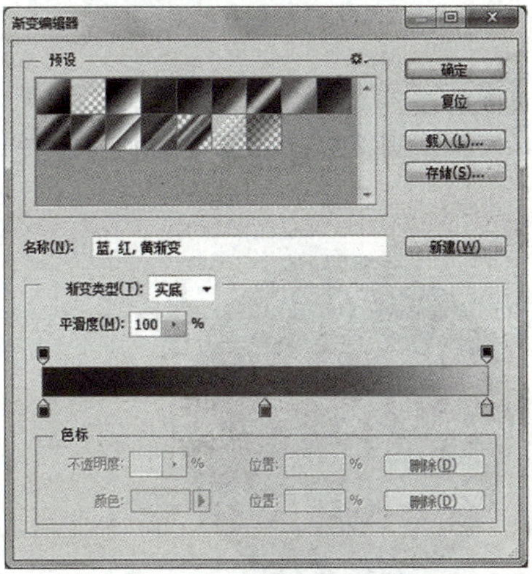

图 5-43　“渐变编辑器”对话框

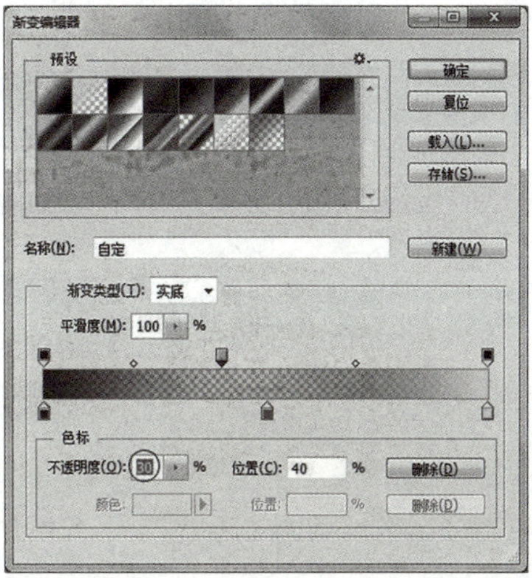

图 5-44　更改不透明度色标的值

(2) 油漆桶工具：为图像或选区填充前景色或图案。

在工具箱中单击“油漆桶工具”，其属性栏如图 5-45 所示。

图 5-45　“油漆桶工具”属性栏

二、形状工具组

形状工具组可以用来创建丰富的几何形状。共包含六个工具："矩形工具"（）、"圆角矩形工具"（）、"椭圆工具"（）、"多边形工具"（）、"直线工具"（）和"自定形状工具"（）。

在工具箱中选择"矩形工具"，其属性栏如图 5-46 所示。

图 5-46 "矩形工具"属性栏

属性栏中的各参数说明如下。

① 形状：是带图层矢量蒙版的填充图层。

② 路径：创建新的工作路径，在路径调板中查看路径。

③ 充像素：在当前的图层中创建像素形状，由前景色填充。

使用形状工具创建的路径为工作路径，可以在路径调板中查看编辑。每个形状工具都有对应的属性栏，可以通过设置属性创建形状。

任务实施

一、创建黑色正圆

新建一个背景色为白色的空白文档。新建一个图层，将前景色设置为黑色。选择"椭圆选框工具"，按住"Shift"键拖动鼠标，绘制一个正圆选区，如图 5-47 所示。按"Alt+Delete"组合键填充前景色，如图 5-48 所示。

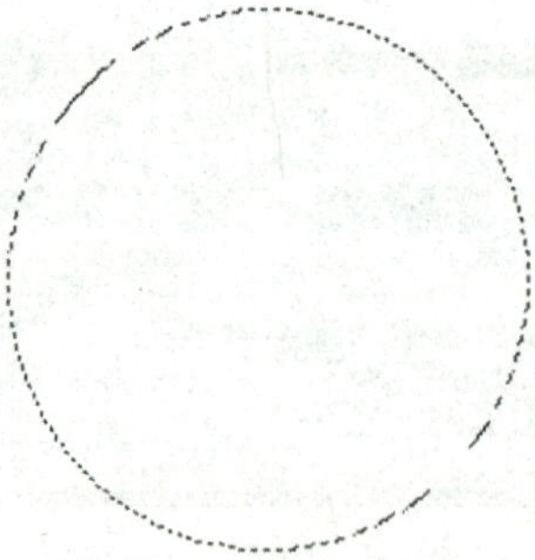

图 5-47 绘制正圆选区

图 5-48 在正圆选区填充前景色

二、收缩并填充选区

单击"选择"→"修改"→"收缩"，打开"收缩选区"对话框，如图 5-49（a）所示；在该对话框中设置"收缩量"为"10 像素"（数值仅供参考），完成后效果图如

图 5-49（b）所示。

选择“渐变工具”，在属性栏中单击渐变效果显示框，在打开的“渐变编辑器”对话框中设置渐变色为白色到黄色的渐变。在属性栏中设置渐变类型为“径向渐变”，在选区中从左上角向右下角拖动鼠标径向渐变填充，完成后效果图如图 5-49（c）所示。

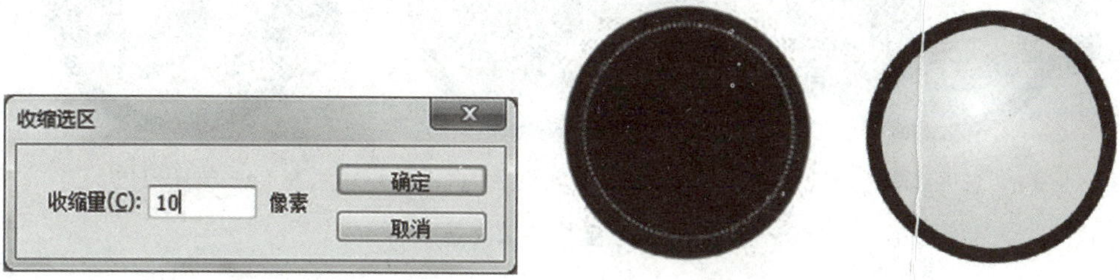

（a）“收缩选区”对话框　　（b）收缩后的选区　　（c）渐变填充选区

图 5-49　收缩并渐变填充选区

☆**技巧提示**：选择“渐变工具”后，按住“Shift”键拖动鼠标，可以限制拖动角度为 45 度的倍数；按住“Alt”键，可以将“渐变工具”暂时切换为“吸管工具”；按住“Ctrl”键，可以将“渐变工具”暂时切换为“移动工具”。

三、绘制椭圆选区

选择“椭圆选框工具”，先后绘制两个正圆选区并选择“油漆桶工具”填充黑色，如图 5-50（a）和图 5-50（b）所示。再次使用“椭圆选框工具”绘制两个椭圆选区，如图 5-50（c）所示。

（a）绘制黑色圆形（一）　　（b）绘制黑色圆形（二）　　（c）绘制两个椭圆选区

图 5-50　创建填充效果图

☆**技巧提示**：绘制完一个选区后，按住“Shift”键再次绘制选区，可以将再次绘制的选区添加到原选区；按住“Alt”键可以将再次绘制的选区从原选区中减去。

四、变换并填充选区

单击“选择”→“变换选区”，调出变换选区调整框，将鼠标移动到调整框右上角位置，当鼠标变为旋转的指示符时［如图 5-51（a）所示］，拖动鼠标旋转选区，旋转到合适位置后，单击“Enter”键完成选区的调整，如图 5-51（b）所示。设置背景色为白色，按“Ctrl+Delete”组合键填充背景色，如图 5-51（c）所示。

（a）选区调整框　　（b）旋转选区　　（c）填充白色

图 5-51　变换并填充选区

五、绘制多边形选区并填充黑色

选择“多边形套索工具”，建立两个多边形选区，如图 5-52（a）所示。选择“油漆桶工具”将多边形选区填充为黑色，如图 5-52（b）所示。选择“椭圆选框工具”绘制两个小圆形选区，再选择“油漆桶工具”将选区填充为黑色，如图 5-52（c）所示。

（a）绘制两个多边形选区　　（b）填充颜色　　（c）绘制两个小圆形选区

图 5-52　绘制多边形选区并填充黑色

六、绘制黑色“星形”

选择“自定形状工具”，在属性栏中选择工具模式为“形状”，设置待创建的形状为“星形”，如图 5-53 所示。按住“Shift”键拖动鼠标，绘制四个黑色“星形”，如图5-54所示。

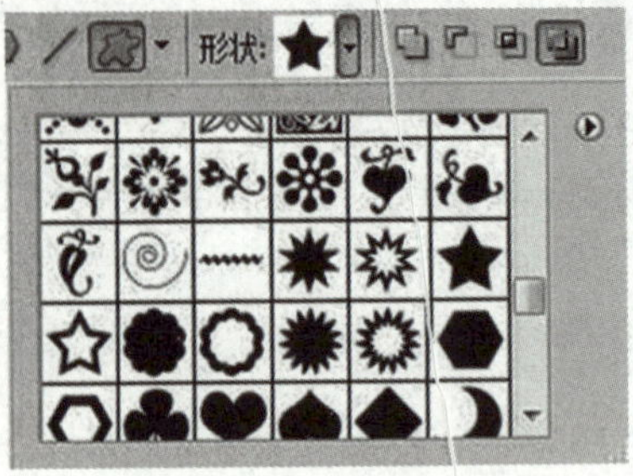

图 5-53　设置形状

图 5-54　绘制四个黑色“星形”

选择“路径选择工具”，在需要调整的“星形”上单击以将其选择，再单击“编辑”→“自由变换路径”，调出变换选区调整框，将“星形”旋转到合适角度，最终效果图如图 5-55 所示。

图 5-55　绘制标志最终效果图

任务小结

利用“自定形状工具”可以添加动物、植物等各类形状，制作出效果各异、丰富多彩的图形图像。

任务练习

熟练掌握路径工具的操作技巧并灵活运用，完成绘制“中国银行”标志的任务练习，效果图如图 5-56 所示。

图 5-56　“中国银行”标志效果图

一、新建文件

新建一个 600 像素×600 像素的空白文档，新建图层。

二、绘制正圆

（1）选择“椭圆工具”，在其属性栏中选择工具模式为“路径”，按住“Shift”键绘制一大一小两个正圆形，如图 5-57 所示。

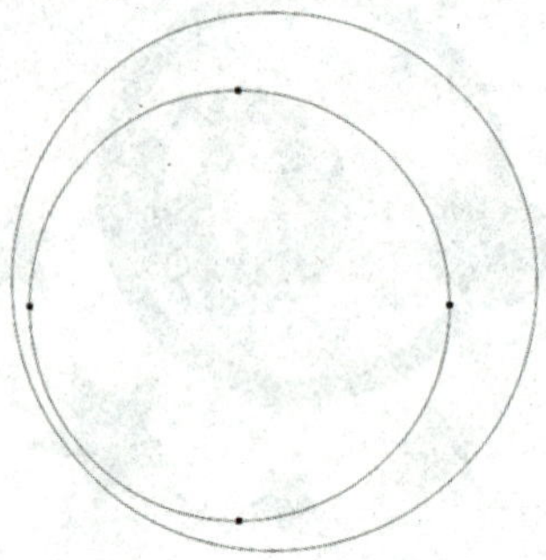

图 5-57　绘制两个正圆形

（2）选择“路径选择工具”，将两个正圆形选中，单击“路径对齐方式”按钮（），选择“水平居中”和“垂直居中”对齐，如图 5-58 所示。

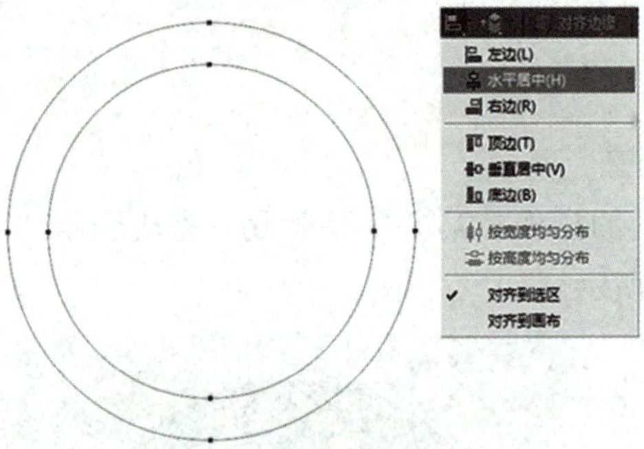

图 5-58　对齐两个正圆形

（3）单击“路径操作”按钮，选择合并方式为“排除重叠形状”，再选择“合并形状组件”，如图 5-59 所示。此时，两个圆形组合成一个圆环的形状。

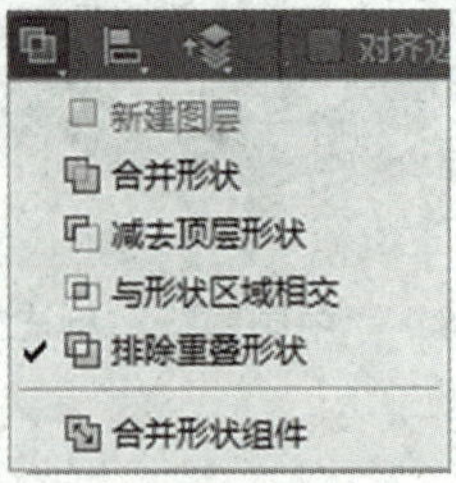

图 5-59　选择合并方式

三、绘制矩形

（1）选择“矩形工具”，在其属性栏中选择工具模式为“路径”，绘制一个宽度与圆环的宽度相当的垂直矩形，并与圆环相交。选择“路径选择工具”，将圆环和矩形都选中，单击“路径对齐方式”按钮，选择“水平居中”和“垂直居中”对齐，如图 5-60 所示。

（2）单击“路径操作”按钮，选择合并方式“合并形状”，再选择“合并形状组件”，如图 5-61 所示。

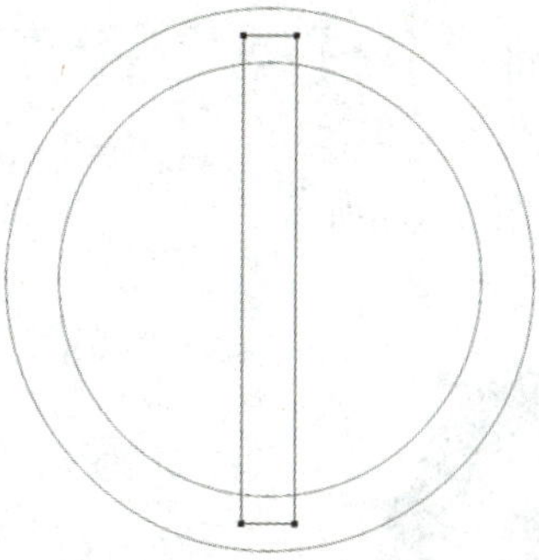

图 5-60　绘制矩形

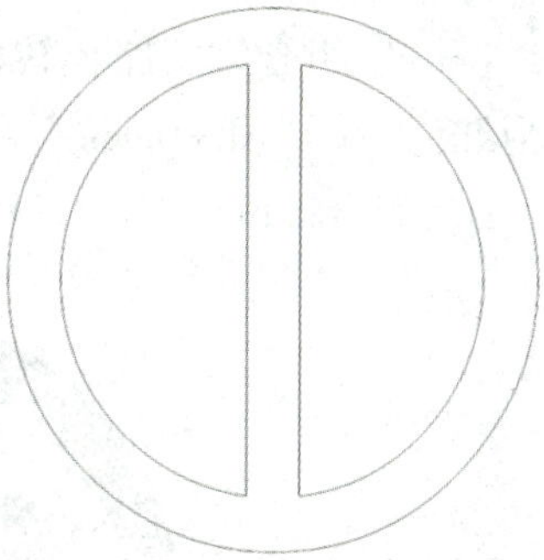

图 5-61　合并组件（一）

四、绘制圆角矩形

（1）选择“圆角矩形工具”，在其属性栏中选择工具模式为“路径”，在矩形中部画出一个圆角矩形。选择“路径选择工具”，将圆环、矩形和圆角矩形都选中，单击“路径对齐方式”按钮，选择“水平居中”和“垂直居中”对齐，如图 5-62 所示。

（2）单击“路径操作”按钮（），选择合并方式“合并形状”，再选择“合并形状组件”，如图 5-63 所示。

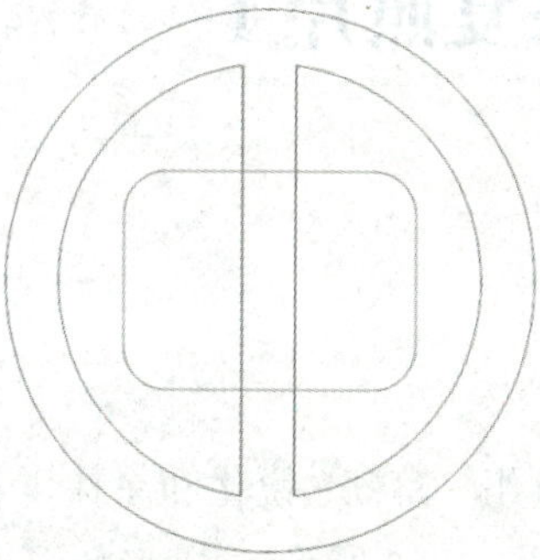

图 5-62　绘制圆角矩形

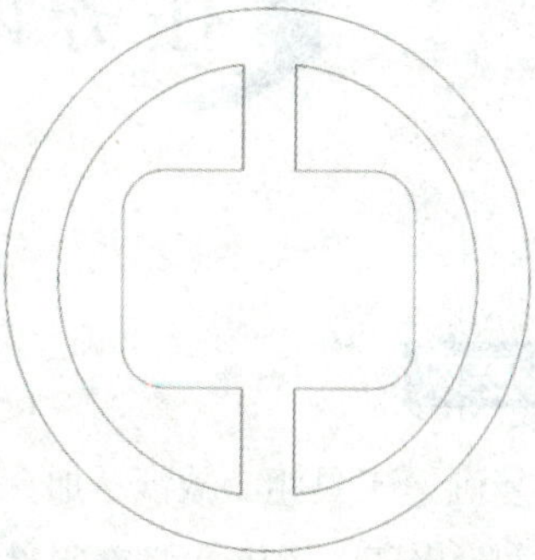

图 5-63　合并组件（二）

（3）选择“矩形工具”，在其属性栏中选择工具模式为“路径”，在圆角矩形中部画出一个矩形。选择“路径选择工具”，将圆环、矩形和圆角矩形都选中，单击“路径对齐方式”按钮，选择“水平居中”和“垂直居中”对齐，如图 5-64 所示。

（4）单击“路径操作”按钮，选择合并方式“排除重叠形状”，再选择“合并形状组件”。

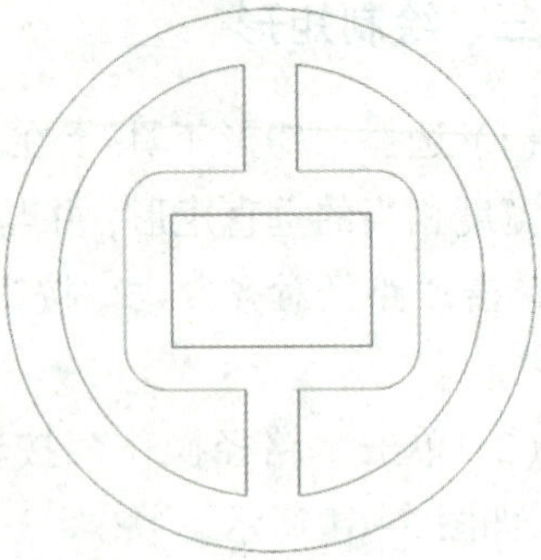

图 5-64　对齐所有形状

五、填充颜色

按“Ctrl+Enter”组合键将路径转换为选区，将前景色设置为红色，按“Alt+Delete”组合键填充红色，按“Ctrl+D”组合键取消选区，最终效果图如图 5-65 所示。

图 5-65　“中国银行”标志最终效果图

任务四　修复照片 1

任务要求

掌握修复画笔工具组，减淡、加深和海绵工具组，模糊、锐化和涂抹工具组的使用方法。练习去除水印、污斑并修饰眼部，效果图如图 5-66 所示。

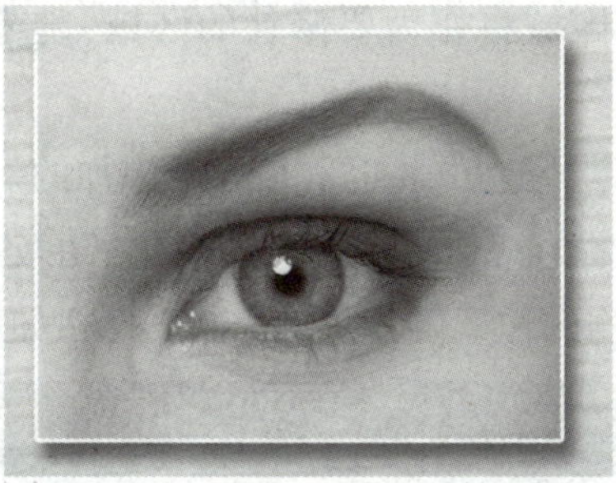

图 5-66　修复眼角瑕疵后效果图

知识技能

一、修复画笔工具组

修复画笔工具组包含 5 个工具：“污点修复画笔工具”（ ）、“修复画笔工具”（ ）、“修补工具”（ ）、“内容感知移动工具”（ ）和“红眼工具”（ ）。

（1）“污点修复画笔工具”用于去除照片中的杂色或污斑。

使用时，只需用此工具在图像中有杂色或污斑的地方单击即可。系统自动分析单击处及周围图像的不透明度、颜色与质感，从而进行自动采样与修复操作，其属性栏如图 5-67 所示。

图 5-67　“污点修复画笔工具”属性栏

选择“近似匹配”表示使用要修补区域周围的像素来修复图像，选择“创建纹理”表示使用图像中的所有像素创建一个纹理来修复图像。

（2）“修复画笔工具”可以应用于对有皱纹或雀斑等瑕疵的人物脸部照片的修复操作，也可以处理图像的水印或划痕，其属性栏如图 5-68 所示。

图 5-68　“修复画笔工具”属性栏

选择“取样”后按住“Alt”键单击取样，将已取样点的图像覆盖要修改的区域。选择“图案”并在后面的下拉列表中选择一个合适的图案，就可以用该图案去修复需要改变的区域。

（3）“修补工具”可以用其他区域的图案来修复选中的区域，其属性栏如图 5-69 所示。

图 5-69　“修补工具”属性栏

选择“源”表示选中的区域将作为要修补的区域；选择“目标”表示选中的区域将作为用于修补的区域。

（4）“内容感知移动工具”是 Photoshop CS6 新添加的一款工具，是将平时常用的通过图层和图章修改图片内容的形式给予了最大的简化，在实际操作时只需通过简单的选区、简单的移动便可以将景物的位置随意更改。其属性栏如图 5-70 所示。

图 5-70　“内容感知移动工具”属性栏

☆小案例制作：将素材图片中的对象进行“乾坤大挪移”，效果图如图 5-71（b）所示。

（a）原图“风景”　　（b）“乾坤大挪移”后效果图

图 5-71　小案例原图及效果图

① 打开素材图片“风景”，选择“内容感知移动工具”，设置属性栏中的“模式”为“移动”，框选图片中需要进行移动的内容，如图 5-72 所示。

② 按住鼠标不放，拖拽选区到图片中的合适位置，如图 5-73 所示。

图 5-72　框选需要移动的内容

图 5-73　移动选区位置

③ 松开鼠标，选区内的对象便与图片自动融合。图片移去内容的位置会产生瑕疵，再使用“仿制图章工具”对图片进行简单的修饰，掩盖“内容感知移动工具”产生的位置错误和瑕疵，最终效果图如图 5-74 所示。

图 5-74　小案例最终效果图

（5）“红眼工具”用于去除照片中人物的“红眼”。该工具的使用方法非常简单，只需要设置参数后，单击“红眼”位置即可。其属性栏如图 5-75 所示。

图 5-75　“红眼工具”属性栏

其属性栏中的各参数说明如下。

① 瞳孔大小：用于设置瞳孔的大小。

② 变暗量：用于设置瞳孔变暗的程度。

二、减淡、加深和海绵工具组

（1）“减淡工具”用于将局部图像颜色变亮，其属性栏如图 5-76 所示。

图 5-76　“减淡工具”属性栏

其属性栏中的各参数说明如下。

① 范围：选择“阴影”选项，减淡操作作用于图像的暗区域；选择“高光”选项，减淡操作作用于图像的亮区域；选择“中间调”选项，减淡操作作用于图像的中色调区域。

② 曝光度：用于设置“减淡工具”操作时的亮化程度。百分数越大，减淡的效果越明显。

③ 喷枪按钮：可以将画笔用作喷枪。

④ 保护色调：防止颜色发生色相偏移。

(2)“加深工具”用于将局部图像颜色变暗，其属性栏设置、使用方法与“减淡工具”的完全相同，在此不再复述。

通常将“加深工具”与“减淡工具”配合使用，会将图像中的阴影变得更暗，高光变得更亮，从而使图像具有立体感。

(3)“海绵工具”用于更改操作区域的颜色饱和度，其属性栏如图 5-77 所示。

图 5-77 “海绵工具”属性栏

其属性栏中的各参数说明如下。

① 模式：用来选择更改颜色的方式。

② 自然饱和度：智能地处理图像中不饱和的部分和已经饱和的部分，可以避免过度处理图像，使图像看上去更自然。

三、模糊、锐化和涂抹工具组

(1)“模糊工具”可以使图像变得模糊并减少图像的细节。使用该工具在某区域内操作的次数越多，该区域的图像就会越模糊，其属性栏如图 5-78 所示。

图 5-78 “模糊工具”属性栏

其属性栏中的各参数说明如下。

① 模式：用来选择操作时的混合模式，其中包括“正常”“变暗”“变亮”等，选择不同模式得到的操作效果也不同。

② 强度：用来控制操作时笔尖的压力值。强度值越大，图像被模糊的程度越大，被操作区域的模糊效果也越明显。

③ 对所有图层取样：使“模糊工具”的操作应用在所有图层中。

设置合适的参数后，使用该工具在图像中单击鼠标或拖拽鼠标即可对某个区域内的图像进行模糊。

(2)“锐化工具”用来增加图像的对比度，从而使外观变得清晰。使用该工具在图像某个区域内操作的次数越多，该区域内图像锐化的程度越高。“锐化工具”的属性栏与“模糊工具”的完全一样，在此不再复述。

(3)“涂抹工具”模拟了手指在湿油漆中拖过所呈现的效果。

在使用该工具时，首先会拾取开始位置的颜色，然后沿着拖动的方向展开这种颜色，最终改变图像以得到特殊的效果，其属性栏如图 5-79 所示。

图 5-79 “涂抹工具”属性栏

手指绘画：使用前景色作为开始位置的颜色进行涂抹。

任务实施

一、修复眼角瑕疵

（1）打开素材图片“眼”（图 5-80）。

（2）选择“污点修复画笔工具”，在其属性栏中设置画笔大小为“19 像素”（数值仅供参考），在图中眼角右下方的三个斑点上依次点击鼠标将斑点去除，如图 5-81 所示。

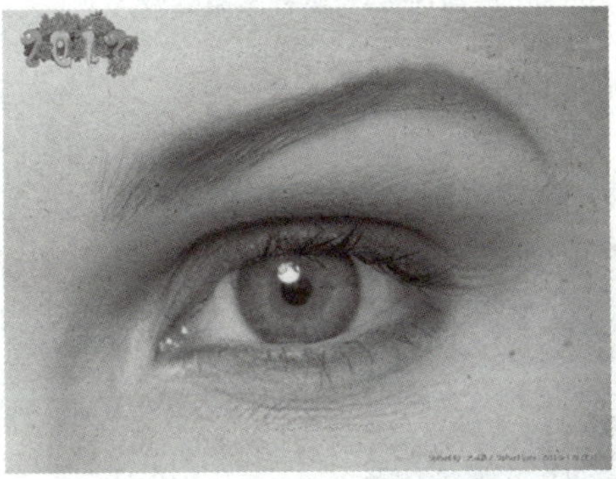

图 5-80 素材图片“眼”

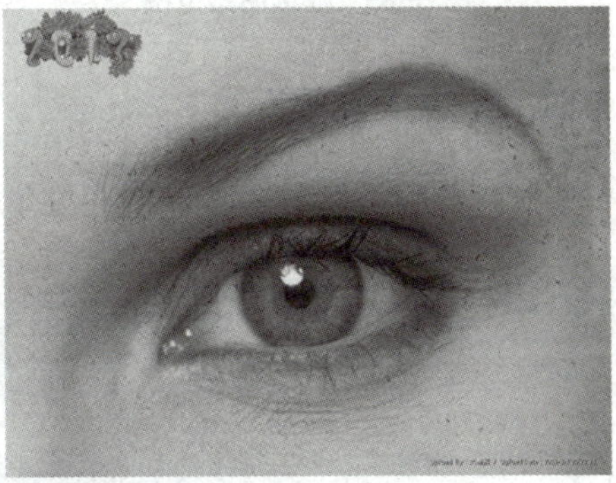

图 5-81 去除斑点

二、去除水印

选择“修复画笔工具”，在其属性栏中设置画笔大小为“35 像素”（数值仅供参考），按住“Alt”键在水印上面的皮肤位置单击鼠标。然后松开“Alt”键，按住鼠标左键在水印范围内拖动，将水印修复，如图 5-82 所示。

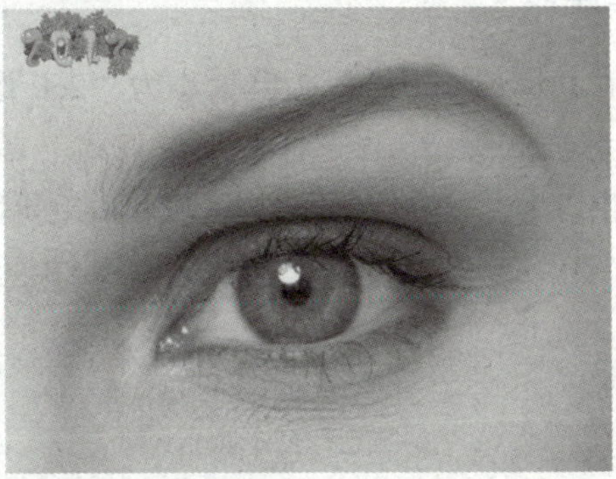

图 5-82 去除水印

三、修补背景

选择“修补工具”，按住鼠标左键拖动鼠标将图中左上角的图案框选，如图 5-83 所示。将框选区域向下拖动到其他位置，将图案区域修补好，如图 5-84 所示。

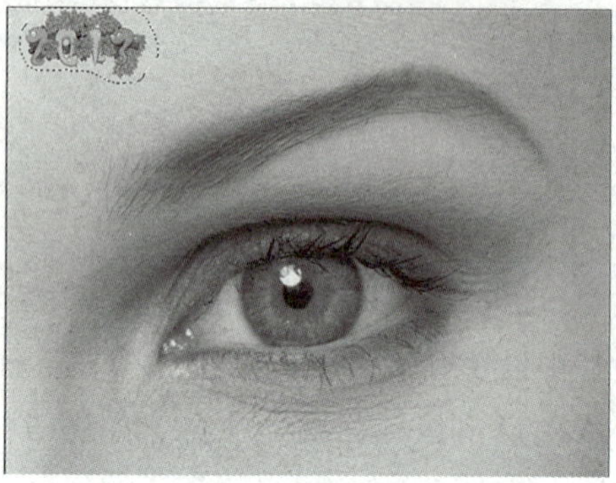

图 5-83 框选图案范围

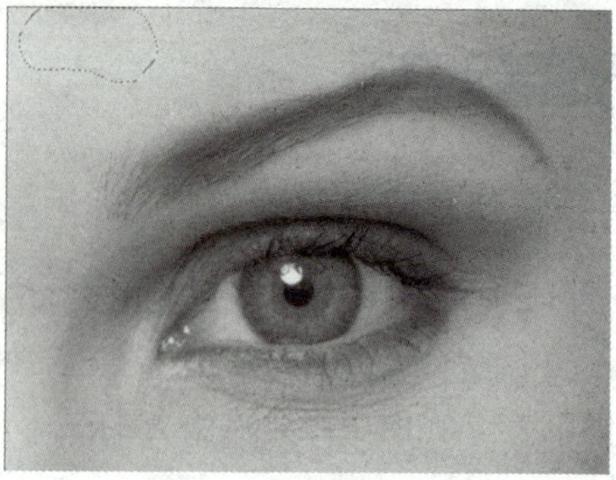

图 5-84 修补图案区域

四、去除“红眼”

选择“红眼工具”，在眼睛瞳孔处单击鼠标去除“红眼”，如图 5-85 所示。

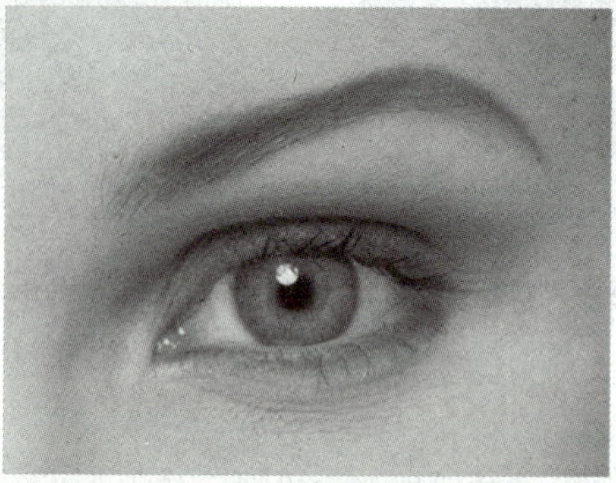

图 5-85 去除“红眼”

五、增强眼睛的立体感

选择“减淡工具”，在其属性栏中设置画笔大小为“260 像素”（数值仅供参考），在皮肤的亮部区域涂抹，将皮肤提亮。再选择“加深工具”，在属性栏中设置画笔大小为“100 像素”（数值仅供参考），在皮肤的暗部区域和眉毛等区域涂抹，加强眼睛的立体感，如图 5-86 所示。

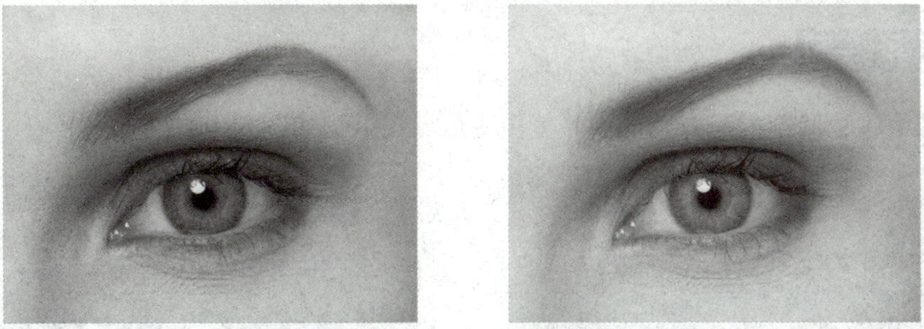

（a）皮肤提亮　　　　（b）加深暗部区域

图 5-86　增强眼睛的立体感效果图

六、美白皮肤

（1）选择“海绵工具”，在其属性栏中设置画笔大小为“65 像素”（数值仅供参考），选择模式为“降低饱和度”，按住鼠标左键在眼珠位置涂抹，使眼珠看起来更有光泽，效果图如图5-87所示。

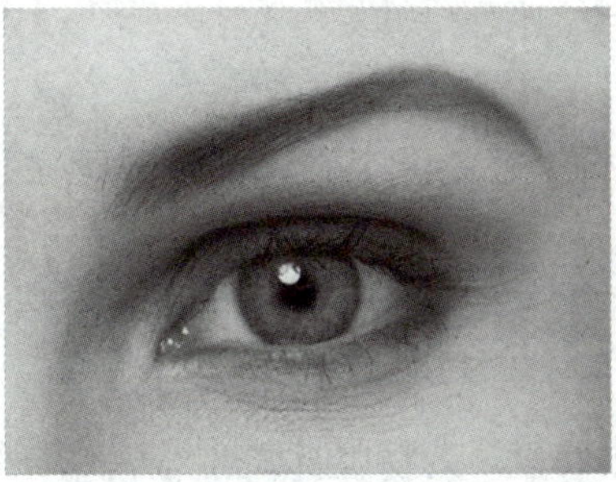

图 5-87　运用“海绵工具”后效果图

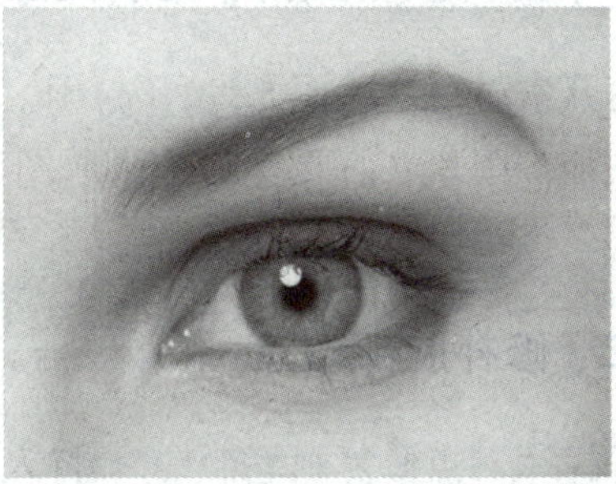

图 5-88　运用“模糊工具”后效果图

（2）选择“模糊工具”，在其属性栏中设置画笔大小为“100 像素”（数值仅供参考），在眼角的鱼尾纹和眼袋处涂抹将其淡化，效果图如图 5-88 所示。再选择“锐化工具”，在属性栏中设置画笔大小为“50 像素”（数值仅供参考），在眼睫毛、眉毛等处涂抹，使其效果更清晰、更突出，最终效果图如图5-89所示。

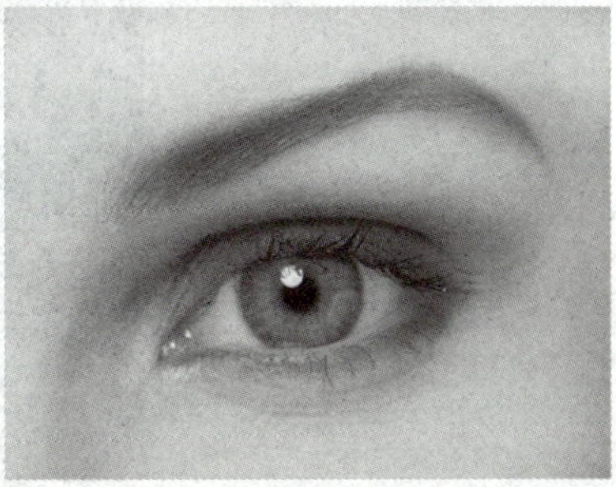

图 5-89　修复眼角瑕疵后最终效果图

任务小结

减淡与加深、模糊与锐化等工具通常是成对使用的，可以使图像更立体。修饰局部图像时，要注意根据图像随时调整画笔的大小，使效果显得更加自然。

任务练习

将图中人物脸部的斑点消除，并美白皮肤，效果图如图 5-90（b）所示。

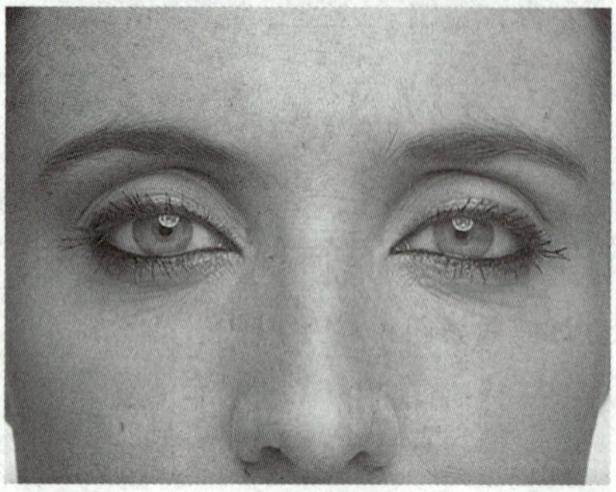

（a）素材图

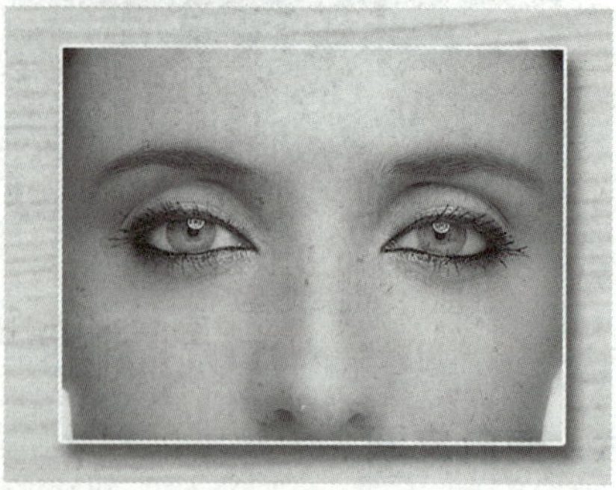

（b）修复后效果图

图 5-90　修复脸部

一、打开素材图片，复制图层

打开素材图片［图 5-90（a）］。

在加工图片之前要复制一张原图，再动手修饰，避免由于失误而造成无法挽回的局面。

二、修补脸部斑点

选择“污点修复画笔工具”，将人物脸部斑点修复。人物脸部斑点很密集，修复时要耐心、仔细，如图 5-91 所示。

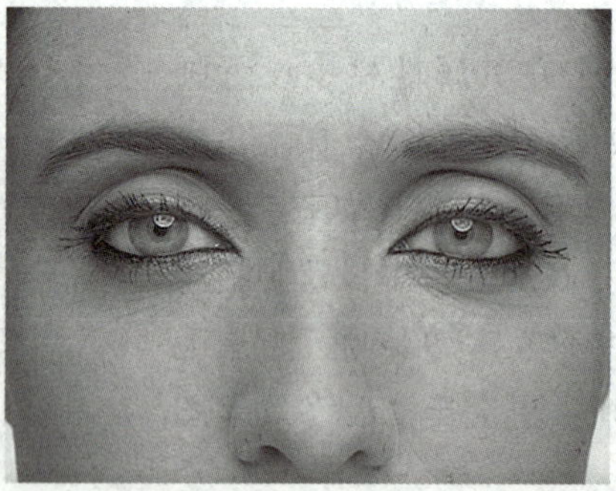

图 5-91　修复脸部斑点

三、盖印图层，添加滤镜和图层蒙版

（1）修复后，脸部看上去很花，按“Ctrl+Alt+Shift+E”组合键盖印图层，执行“滤镜”→“模糊”→“高斯模糊”，设定值为“5”，效果图如图 5-92 所示。

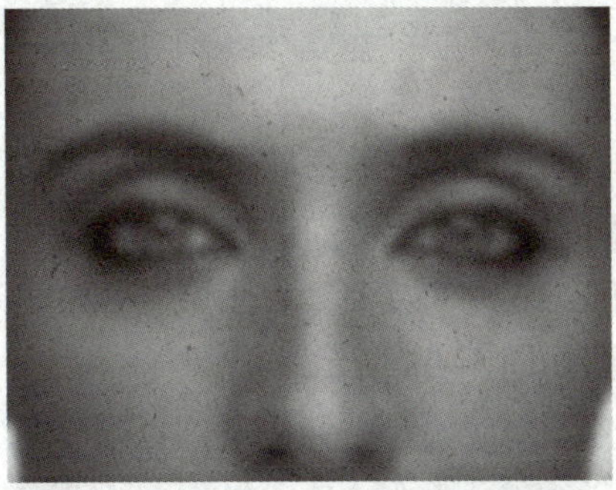

图 5-92 运用“高斯模糊”后效果图

（2）按住“Alt”键添加图层蒙版，将前景色设为白色，选择“画笔工具”，选取“柔边圆”的笔刷，设置“不透明度”为“30%”，继续在脸部涂抹，将不干净的位置抹均匀，效果图如图 5-93 所示。

（3）若脸部还有不均匀的地方，再进行盖印图层，按“Ctrl+Alt+Shift+E”组合键，执行“滤镜”→“模糊”→“高斯模糊”，设定值为“10”，效果图如图5-94所示。

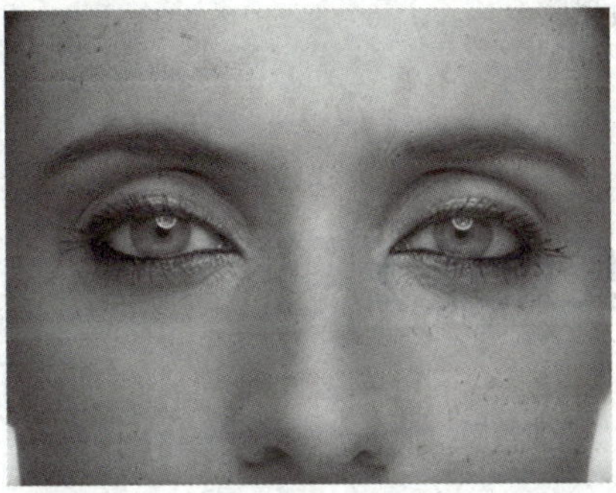

图 5-93 添加图层蒙版效果图（一）

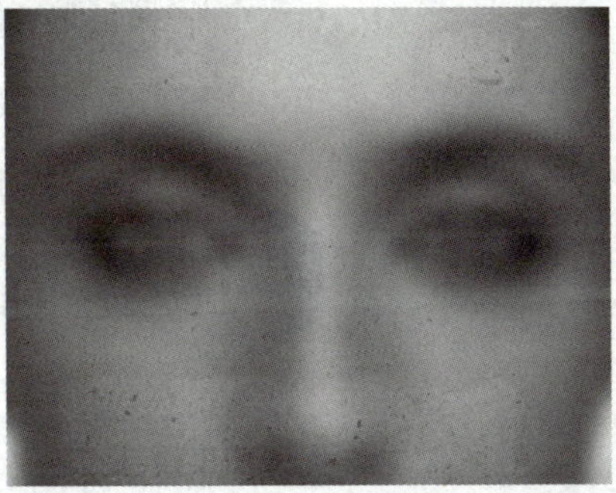

图 5-94 再次运用“高斯模糊”后效果图

（4）按住“Alt”键添加图层蒙版，使用白色画笔继续在脸部涂抹，将脸部抹干净，效果图如图5-95所示。

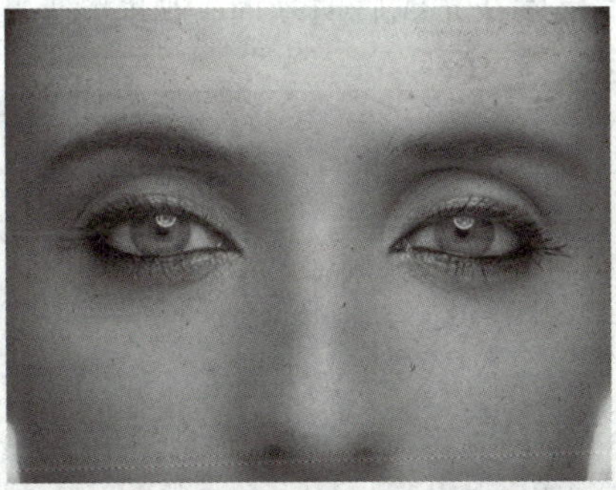

图 5-95 添加图层蒙版效果图（二）

四、修复皮肤表面

修复后，脸部看起来比较苍白，少了皮肤的纹理。将“背景”图层进行复制，按“Ctrl+Shift+] ”组合键移到图层的最上方，执行“滤镜”→“模糊”→“表面模糊”，半径设置为“9”，阈值设为“15”。确定后，将图层混合模式改成“柔光”，“不透明度”设置为“50%”。最终效果图如图 5-96 所示。

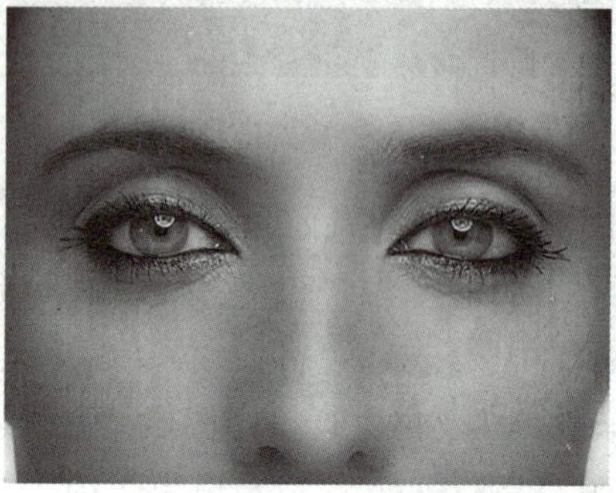

图 5-96 修复后最终效果图

任务五 修复照片 2

任务要求

掌握“仿制图章工具”、“图案图章工具”和“历史记录画笔工具”的使用方法。为照片中的小狗添加双胞胎兄弟并完成后期修饰，效果图如图 5-97 所示。

图 5-97 双胞胎小狗效果图

知识技能

一、“仿制图章工具”和“图案图章工具”

(1)“仿制图章工具”用于对图像中的元素进行复制。它可以将图像的某一部分复制到同一图像的另一个位置，或复制到具有相同颜色模式的任何打开的文档中，其属性栏如图 5-98 所示。

图 5-98　“仿制图章工具”属性栏

其属性栏中的各参数说明如下。

① 对齐：勾选此项表示对当前取样点仅使用一次；取消此项表示可以多次使用当前取样点。

② 样本：用来指定取样的图层，包括“当前图层”“当前和下方图层”“所有图层”。

③“ ”按钮：单击该按钮可以从调整图层以外的所有可见图层中取样。

④“ ”按钮：单击该按钮可以打开“仿制源”面板（如图 5-99 所示），可以在该面板中设置其他的仿制源，最多可以设置 5 个不同的仿制源。

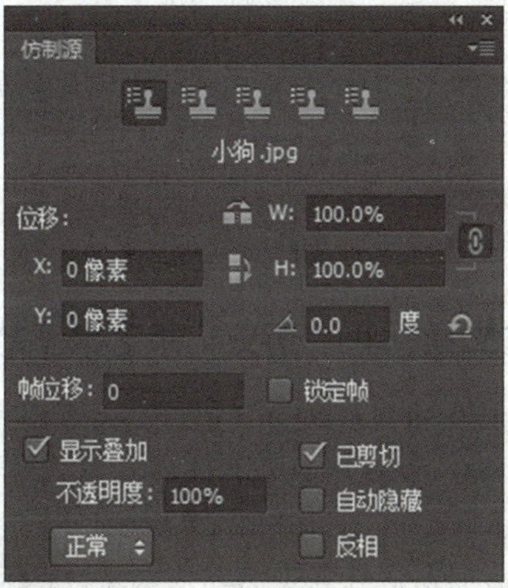

图 5-99　“仿制源”面板

“仿制源”面板中的各选项说明如下。

❖位移：指定 X，Y 的值可以相对于取样点的位置进行复制。

❖W，H：用来缩放仿制源，默认情况下将会约束缩放比例。如果不想约束缩放比例，可以单击后面的按钮。

❖“△”按钮：设置仿制源的旋转角度。

❖“ ”按钮：将仿制源复位到其初始大小和方向。

❖帧位移：如果要使用与初始取样的帧相关的帧进行绘制，可以设置此项。如果为负值，表示要使用的帧在初始取样的帧之前；如果为正值，表示要使用的帧在初始取样的帧之后。

❖锁定帧：始终使用初始取样的相同帧进行复制。

❖显示叠加：显示仿制的源的叠加效果。

❖已剪切：将叠加剪切到画笔大小。

❖自动隐藏：在复制时隐藏叠加。

❖反相：将叠加的颜色反相显示。

❖不透明度：设置叠加的不透明度。

☆注意：“仿制图章工具”的使用方法与“修复画笔工具”的使用方法相似，都是在选择“取样”后按住“Alt”键单击取样，将已取样点的图像覆盖要修改的区域。两者的不同之处是，“修复画笔工具”能使复制得到的图像更好地与被修复区域融合，而“仿制图章工具”是直接复制取样点图像。

(2)“图案图章工具”是使用图案来描绘图像区域，可以创建需要的图案，也可以直接应用系统自带的图案，其属性栏如图 5-100 所示。

图 5-100 “图案图章工具”属性栏

其属性栏中的各参数说明如下。

① 模式：用来选择图案样式，其中列有系统自带和自定义的所有图案。

② 对齐：保持图案与原始起点的连续性。

③ 印象派效果：用于设置绘制图案的效果。如选中此复选框，创建的图像会具有印象派艺术效果。

二、“历史记录画笔工具”和“历史记录艺术画笔工具”

(1)“历史记录画笔工具”可以将图像的某一区域恢复至某一历史状态，以形成特殊效果。需要结合“历史记录”面板使用。

单击“窗口”→“历史记录”，打开如图 5-101 所示的“历史记录”面板，此面板记录着当前图像的操作步骤。

图 5-101 “历史记录”面板

(2)“历史记录艺术画笔工具”的功能与“历史记录画笔工具”的功能基本相同，区别在于使用“历史记录艺术画笔工具”进行绘图时，可以选择一种笔触，绘制出具有艺术风格的图像。其属性栏如图 5-102

所示。

图 5-102　“历史记录艺术画笔工具”属性栏

其属性栏中的各参数说明如下。

① 模式：选择一种绘图样式。

② 区域：设置绘制时所覆盖的像素范围，其数值越大，画笔所覆盖的范围就越大，反之就越小。

③ 容差：限定可以应用绘画描边的区域，低容差时可在图像中的任何地方绘制无数条描边，高容差时则会将绘画描边限定在与源状态或快照中的颜色明显不同的区域。

任务实施

一、复制“小狗”

打开素材图片“小狗”（图 5-103）。

选择“仿制图章工具”，在属性栏中设置画笔大小为“300 像素”（数值仅供参考）。按住“Alt”键在头部单击鼠标左键进行取样，然后松开“Alt”键，将光标移到“小狗”图像右侧位置进行涂抹，直到将“小狗”图像完整的复制出来，如图 5-104 所示。

图 5-103　素材图片“小狗”

图 5-104　复制“小狗”图像

二、修饰画布

选择“图案图章工具”，在其属性栏中设置画笔大小为“2000 像素”，设置图案名为“草”，如图 5-105 所示。使用该工具在画布中间位置点击，将整个画布用“草”填满，如图 5-106 所示。

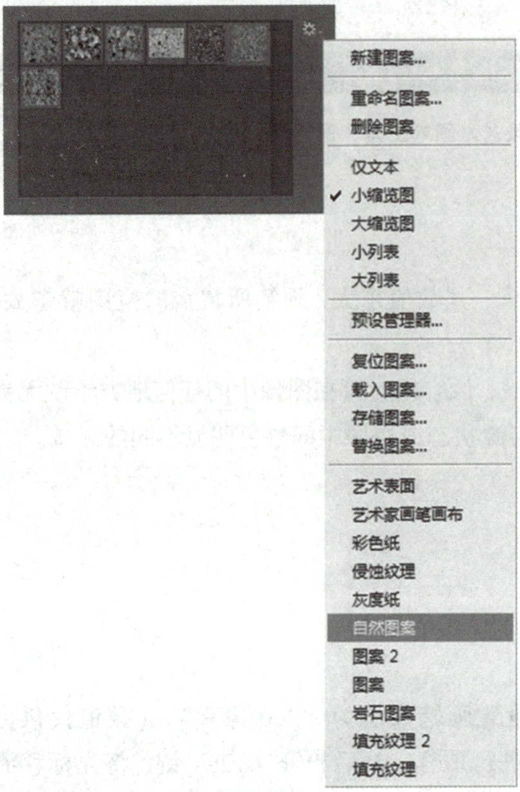

图 5-105 设置图案

图 5-106 修饰画布

三、使用“历史记录画笔工具”

单击“窗口”→“历史记录”，打开“历史记录”面板，如图 5-107 所示。选择“历史记录画笔工具”，在其属性栏中设置画笔大小为“400 像素”（数值仅供参考），然后在“历史记录”面板中将“仿制图章”步骤作为“历史记录”画笔的源，如图5-108所示。

图 5-107 打开“历史记录”面板

图 5-108 设置“历史记录”画笔的源

使用“历史记录画笔工具”在“小狗”图像位置涂抹，将它们显示出来，最终效果图如图 5-109 所示。

图 5-109　双胞胎小狗最终效果图

任务小结

使用“历史记录画笔工具”和“历史记录艺术画笔工具”时，都需要结合“历史记录”面板来使用。

任务练习

利用“仿制图章工具”清除图片中的垃圾，清除后效果图如图 5-110（b）所示。

（a）素材图片“街道”　　（b）清除后效果图

图 5-110　清除图片中的垃圾

一、打开素材图片

打开素材图片“街道”，如图 5-110（a）所示。

二、清除图片中的桔子皮

选择“仿制图章工具”，将笔触大小设为“20 像素”，按住“Alt”键在图片中的桔子皮旁合适的取样区域单击鼠标左键取样，完成取样后，放开“Alt”键，在“桔子皮”图像上进行涂抹，将刚刚取样区域的图像复制到“桔子皮”图像的位置，如图 5-111 所示。

图 5-111　清除图片中的桔子皮

三、清除图片中的纸屑

按住“Alt”键在图片中的纸屑附近单击鼠标左键取样，放开“Alt”键，在“纸屑”图像上进行涂抹。在缝隙线处取样，将取样区域的图像复制到“纸屑”图像位置处，效果图如图 5-112 所示。

图 5-112　清除图片中的纸屑

四、修饰图像

(1) 将“背景”图层复制得到“背景副本”图层，将“背景副本”图层的图层混合模式更改为“柔光”，画面的色彩对比度会增强，如图 5-113 所示。

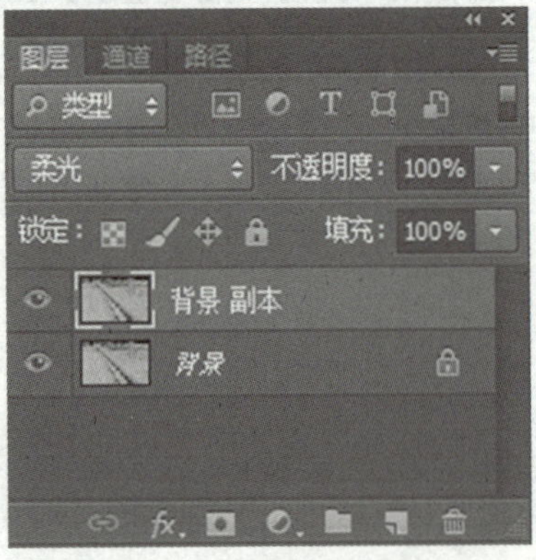

(a) 更改图层混合模式

(b) 更改后效果图

图 5-113　修饰图像

(2) 单击“图层”面板上的“创建新的填充或调整层”按钮，新建一个“曲线”调整层，调整“曲线”如图5-114所示，进一步增强画面的对比度。最终效果图如图5-115所示。

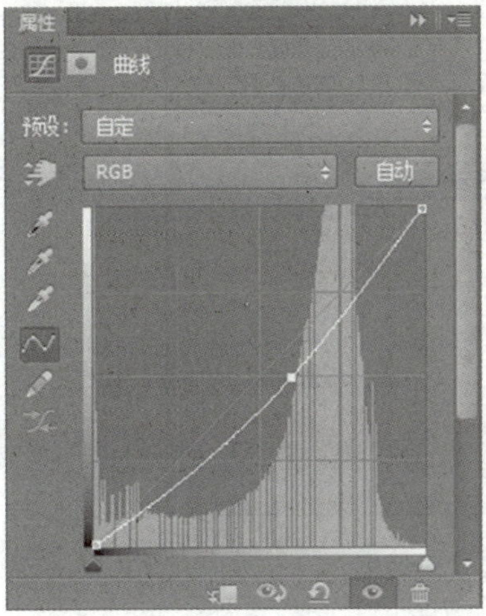

图 5-114　调整“曲线”，增强画面对比度

图 5-115　清除图片中的垃圾最终效果图

项目总结

Photoshop CS6 工具箱的核心部分是绘画与修饰工具组，这里是 Photoshop CS6 真正强大的功能之一。在 Photoshop CS6 中绘画非常容易，因为只需要选定工具、选择颜色、选择画笔笔触样式并在图像上拖拽即可。通过本项目的学习，理解并掌握绘画和铅笔工具，橡皮擦工具组，渐变工具组，修复画笔工具组，仿制图章和图案图章工具，加深与减淡、涂抹与锐化等工具的操作方法和使用技巧。

项目实训

实训一　制作地砖效果

练习制作地砖效果，如图 5-116 所示。

图 5-116　地砖效果图

一、制作思路

使用“自定形状工具”定义图案。在新建的文档中，通过添加图层样式中的图案叠加，完成整个案例的制作。

二、制作步骤

(1) 执行“文件”→“新建”命令，弹出“新建”

对话框，参数设置如图 5-117 所示。

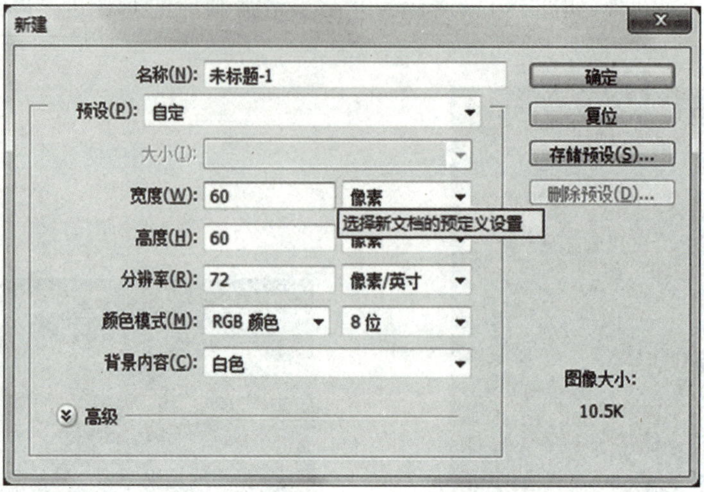

图 5-117 “地砖”的“新建”对话框

（2）将前景色设置为“R225，G240，B240”，填充背景。

（3）新建图层，再将前景色设置为“R：20，G：150，B：50”，选择“自定形状工具”，在属性栏中选择工具模式为“像素”，设置待创建的形状为“八边形”，如图5-118所示。在画布上单击，设置自定形状的宽和高均为“40 像素”。选择“路径选择工具”，将“八边形”选中，单击“路径对齐方式”按钮，选择“对齐到画布”，再选择“水平居中”和“垂直居中”对齐。绘制完的“八边形”如图 5-119 所示。

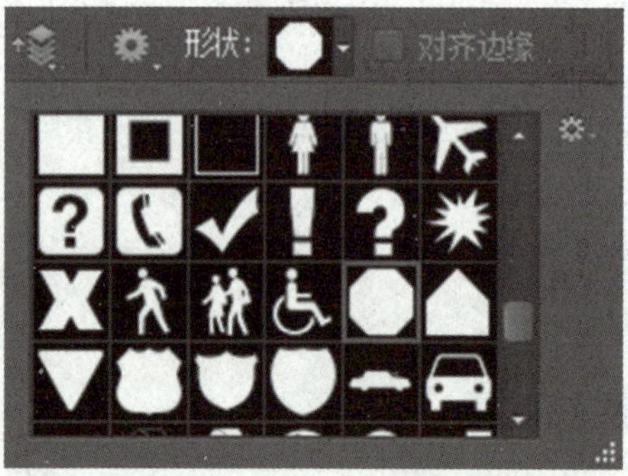

图 5-118 设置待创建的形状为“八边形”

图 5-119 绘制完的“八边形”

（4）执行“编辑”→“描边”命令，弹出的对话框中，设置“宽度”为“1 像素”，“颜色”为“黑色”，参数设置如图 5-120 所示。

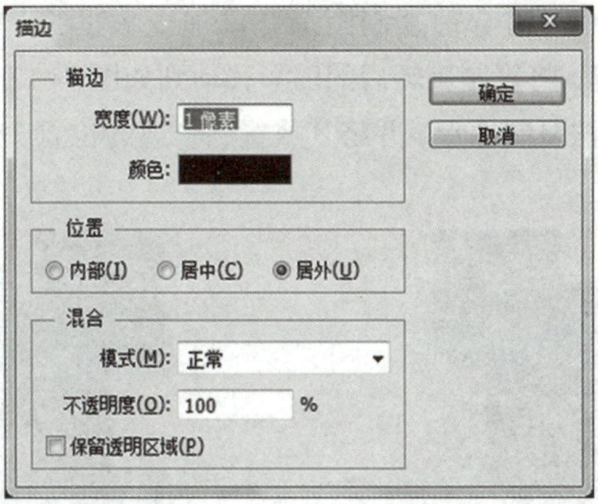

图 5-120　“描边”对话框（三）

（5）为“图层 1”添加图层样式“斜面和浮雕”，参数设置如图 5-121 所示，此时得到的“八边形”效果图如图 5-122 所示。

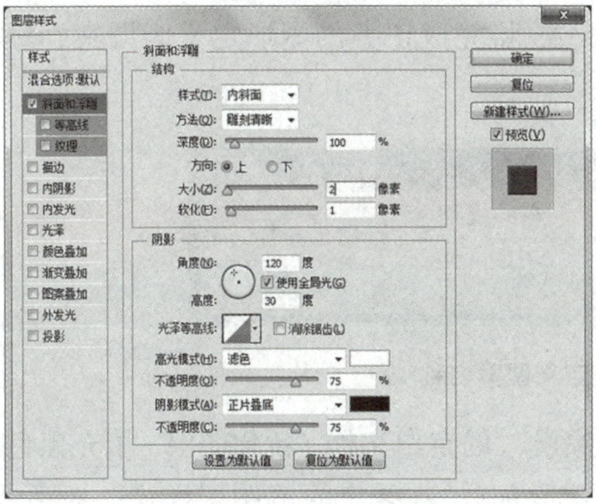

图 5-121　为“图层 1”添加图层样式“斜面和浮雕”

图 5-122　“八边形”效果图

（6）将“图层 1”复制得到“图层 1 副本”，按“Ctrl+T”变换图形，将变形框的中心点移至左上角的边线中点处，如图 5-123 所示。设置旋转角度为“180 度”，图形旋转后效果图如图 5-124 所示。

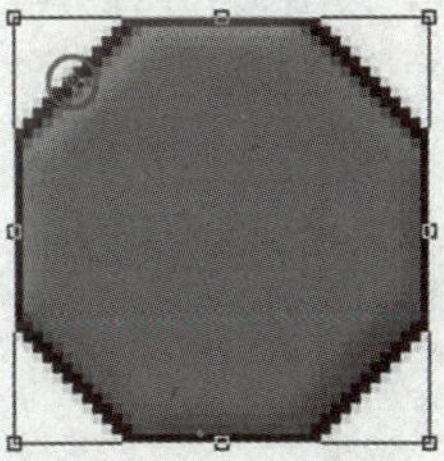

图 5-123　移动变形框中心点

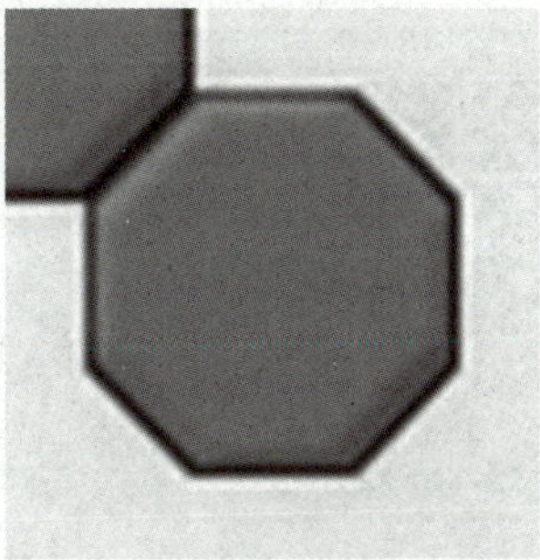

图 5-124　图形旋转后效果图

（7）按“Ctrl+Alt+T”组合键复制图形并添加变形框，将旋转角度设置为“-90度”，然后按“Shift”键，将复制旋转后的图形移动到如图 5-125 所示的位置。

（8）使用同样的方法复制图形，并将其放置到合适的位置，得到如图 5-126 所示的图形。

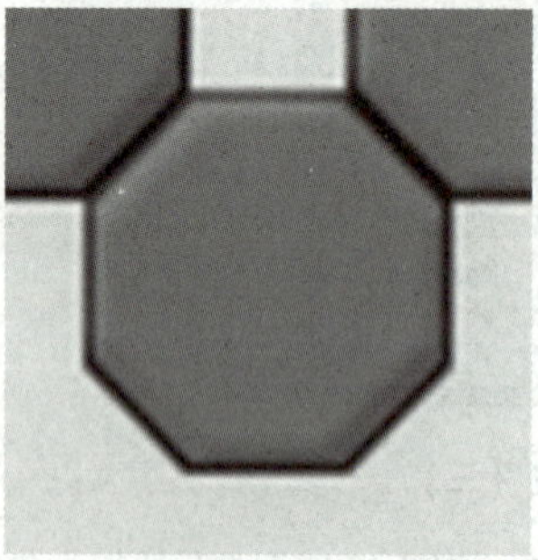

图 5-125　复制图形（一）

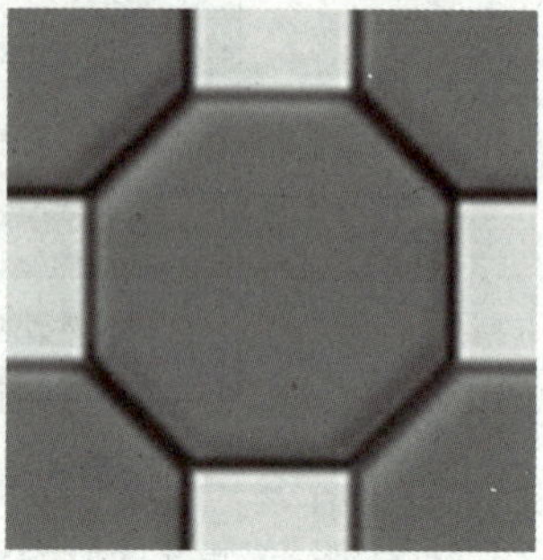

图 5-126　复制图形（二）

（9）执行“编辑”→“定义图案”命令，将完成任务的图形定义为图案，命名为“地砖”，如图 5-127 所示。

图 5-127　定义图案名称

（10）新建一个宽度和高度均为“500 像素”的空白文档，新建图层，填充黑色。

（11）为“图层 1”添加图层样式“图案叠加”。在弹出的“图层样式”对话框中，单击右侧窗口图案选项的按钮，在弹出的“图案选项”面板中选择刚才定义的图案，如图 5-128 所示。可根据图片大小更改“缩放”的参数值，其他参数设置采用默认值，如图 5-129 所示。

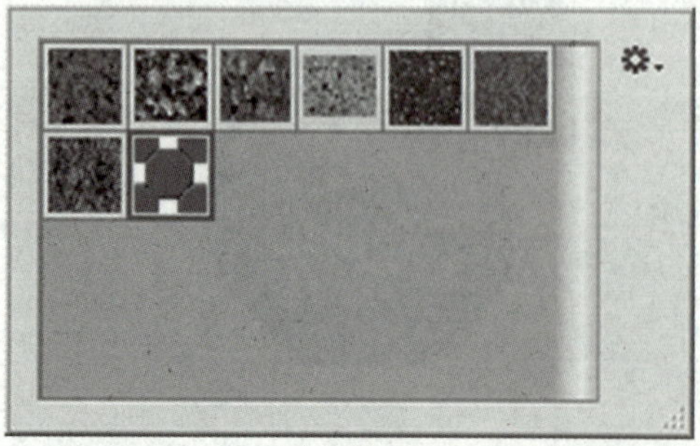

图 5-128　在“图案选项”面板选择刚才定义的图案

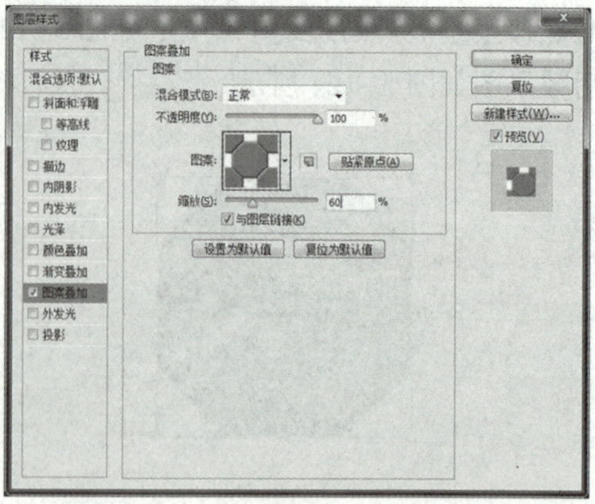

图 5-129　为“图层 1”添加图层样式“图案叠加”

（12）最终制作效果图如图 5-130 所示。

图 5-130　地砖效果图

实训二　制作怀旧老照片

练习制作怀旧老照片，效果图如图 5-131（b）所示。

（a）素材图片“风景”　　（b）怀旧老照片效果图

图 5-131　制作怀旧老照片

一、制作思路

首先将图片中的障碍物消除，然后使用滤镜、图像调整等逐步将图片进行改头换面，从而产生怀旧老照片的效果。

二、制作步骤

（1）打开素材图片“风景”［图 5-131（a）］。

（2）选择“修补工具”，框选“路牌”选区，如图 5-132 所示。拖拽选区至合适位置，调整后效果图如图 5-133 所示。

图 5-132　框选“路牌”选区

图 5-133　调整“路牌”后效果图

（3）选择“仿制图章工具”，修补不完善的位置，使用时图章的硬度要尽量的调软，效果图如图 5-134 所示。

（4）去除“路面”阴影，选择“多边形套索工具”，框选如图 5-135 所示区域。

图 5-134　修补“路牌”后效果图

图 5-135　框选“路面”选区

选择“修补工具”，向上拖拽选区，将阴影消除。使用“图章工具”复制源来覆盖不完善的位置，需要覆盖的内容有两种：一是之前阴影修复不够完美的地方，二是消除特性过于明显的“路面”纹理。若特性过于明显，仿制的时候容易看出破绽。以同样的方法，将“路面”上的阴影全部清除，效果图如图 5-136 所示。

图 5-136　清除阴影

（5）为图片添加渐变效果。选择菜单“图像”→“调整”→“渐变映射”，设置“渐变映射”为“黑到白”，如图 5-137 所示。选择菜单“图像”→“调整”→“色阶”，参数设置图5-138所示。

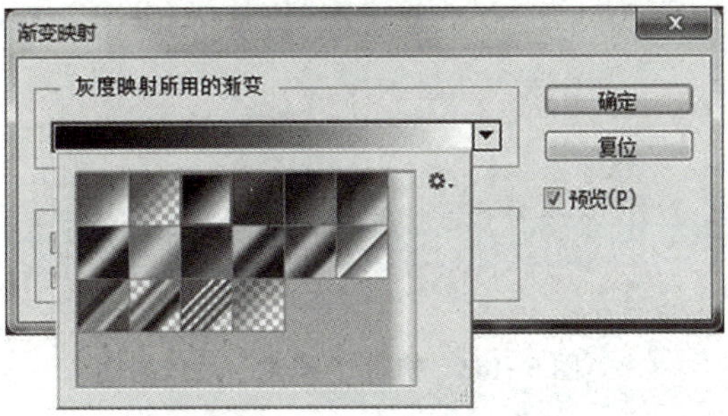

图 5-137　设置“渐变映射”

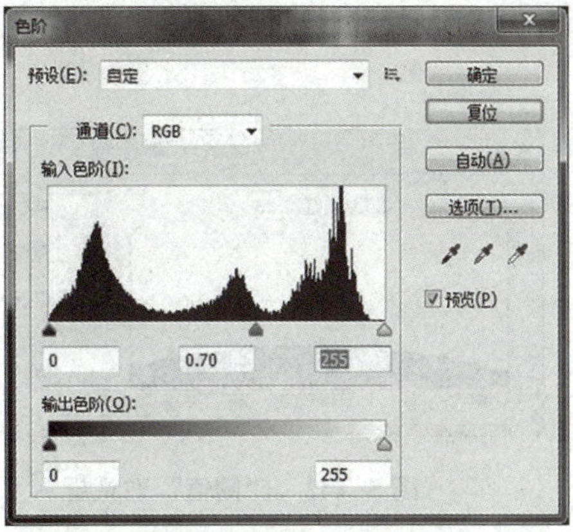

图 5-138　“色阶”对话框（七）

(6) 选择菜单“图像”→“调整”→“照片滤镜”，参数设置如图 5-139 所示。

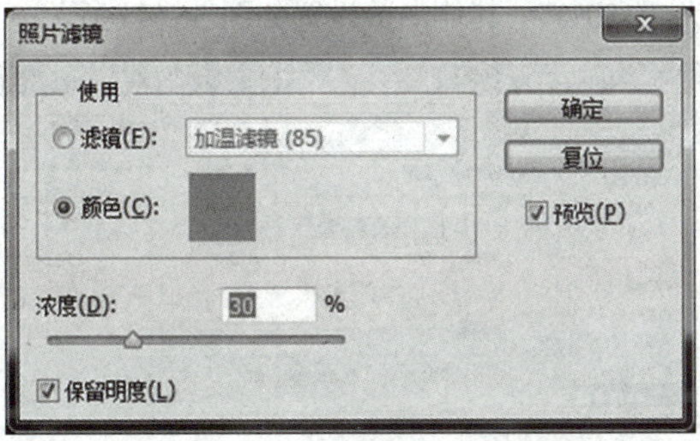

图 5-139　“照片滤镜”对话框

(7) 新建图层“图层 1”，设置前景色和背景色为默认的黑色和白色，执行菜单“滤镜”→“渲染”→“云彩”，再执行“滤镜”→“渲染”→“纤维”，参数设置如图 5-140所示，执行后效果图如图 5-141 所示。

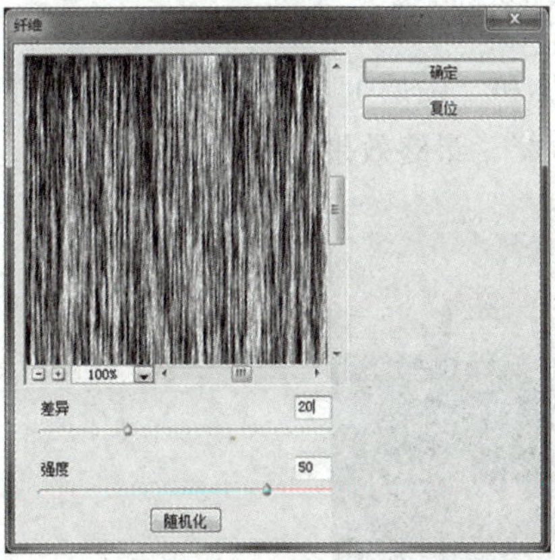

图 5-140　“纤维”对话框

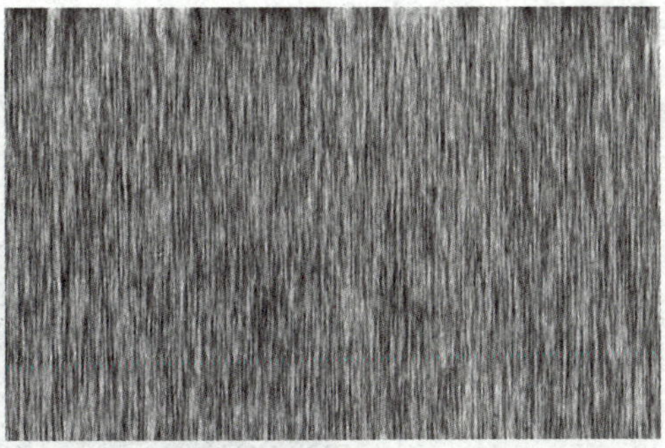

图 5-141　执行“纤维”后效果图

(8) 执行菜单“图像”→“调整”→“阈值”，设置“阈值色阶”为“20”，如图

5-142 所示，执行后效果图如图 5-143 所示。

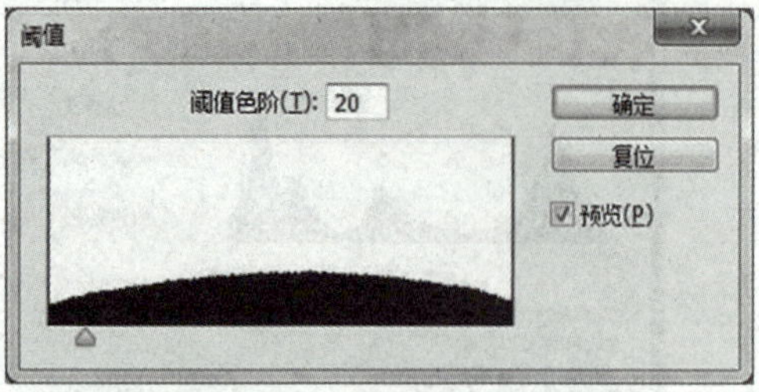

图 5-142 “阈值”对话框

图 5-143 执行“阈值”后效果图

(9) 新建“图层 2”，填充为黑色。打开“图层”面板，将“图层 2”的图层混合模式改为“渐变叠加”，设置“不透明度”为“0%”、“渐变”为“透明到黑色渐变”、“样式”为“径向”、“缩放”为“150%”，其他参数设置如图 5-144 所示。

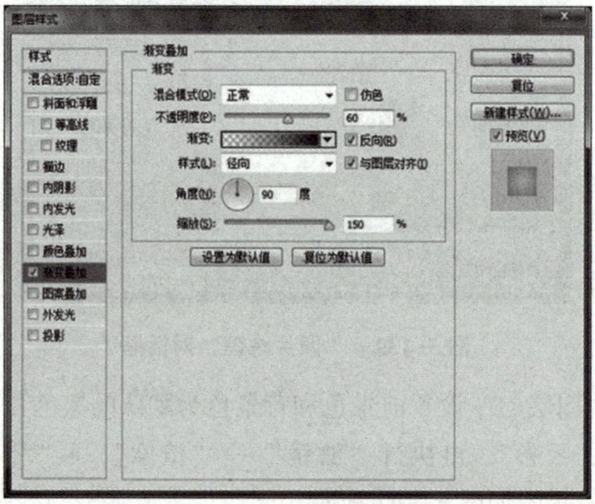

图 5-144 “图层 2”的相关参数设置

(10) 按“Ctrl+E”组合键向下合并“图层 2”和“图层 1”。设置图层的图层混合模式为“叠加”，更改图层的“不透明度”为“60%”，最终效果图如图 5-145 所示。

图 5-145 怀旧老照片最终效果图

项目六

图层操作

项目描述

图层是 Photoshop CS6 中最为重要和常见的功能之一，Photoshop CS6 强大而灵活的图像处理功能在很大程度上都源自它的图层功能。本项目将系统介绍图层的相关知识，如图层的类型及创建方法、图层的基本操作、图层样式和图层蒙版等。

项目目标

通过本项目的学习，掌握图层的基本操作及对图层样式、图层蒙版、图层混合模式、调整图层等图层知识的应用，并通过编辑图层的一些特效来丰富图像艺术。通过学习图层，可以设定图像的合成效果，完成“制作‘水果拼图’”“制作‘玉佩’”“制作电影海报”“制作‘创意水果动物’”等任务。

〔重点〕

（1）掌握图层的基本操作。

（2）掌握对图层样式、图层蒙版、图层混合模式、调整图层等图层知识的应用。

（3）应用 Photoshop CS6 图层的各项功能制作出需要的图像。

〔难点〕

（1）掌握图层的基本操作和应用技巧。

（2）灵活应用图像处理技术，培养创新能力。

任务一　制作“水果拼图”

任务要求

学会将多张分别存在于不同图层的图像叠加起来。利用生活中常见的水果来拼一幅特别的“人脸”图，其制作效果图如图 6-1 所示。

图 6-1　“水果拼图”效果图

知识技能

一、“图层”面板

有关图层的大部分操作都必须在“图层”面板中进行，如图 6-2 所示。在此仅简单介绍“图层”面板中的各个按钮和控制选项，在后面的案例中将会反复应用各个功能项。

（1）图层混合模式（正常）：用来设置图层的模式。选择不同的混合模式会得到不同的效果，默认状态下为“正常”。

（2）图层不透明度（不透明度：100%）：用来设置图层的不透明度。当不透明度参数为“100%”时，这个图层下面的内容将被完全覆盖；当不透明度为“0%”时，这个图层将变得完全透明。

(3) 图层属性控制面板（锁定：）：用来设置图层的“编辑”“移动”“透明区域可编辑性”等图层属性。

(4) 显示/隐藏图层（）：用来设置图层的当前显示与隐藏状态。

(5) 删除图层（）：用来删除当前图层。

(6) 新建图层（）：用来创建一个新图层，当用鼠标拖动某层到该图标上时可以复制该层。

(7) 创建新组（）：用来新建一个包含许多图层的集合。

(8) 创建新的填充或调整图层（）：用来创建一个填充图层或调整图层。调整图层是一种用于控制色彩和色调的特殊图层。

图 6-2　“图层”面板

(9) 图层蒙版（）：用来创建一个蒙版图层。该图层用于屏蔽图层中的图像，白色区域为该图层图像的显示部分，黑色区域为该图层的蒙版区。

(10) 图层样式（）：用来创建图层的样式。单击该按钮，可以在弹出的菜单中选择各种图层样式命令，为当前图层添加图层样式。

(11) 链接图层（）：表示该图层和另一个图层有链接关系。对有链接关系的图层操作时，所加的影响会同时作用于链接的两个图层上。

二、图层基本操作

(1) 选择单个图层。该操作是进行图层操作时最基础的操作，要编辑一个图层必须先选择该图层，使其成为当前编辑图层。如果选择某个图层，只需在“图层”面板中单击相应的图层，被选中的图层便以高亮显示，如图6-3所示。

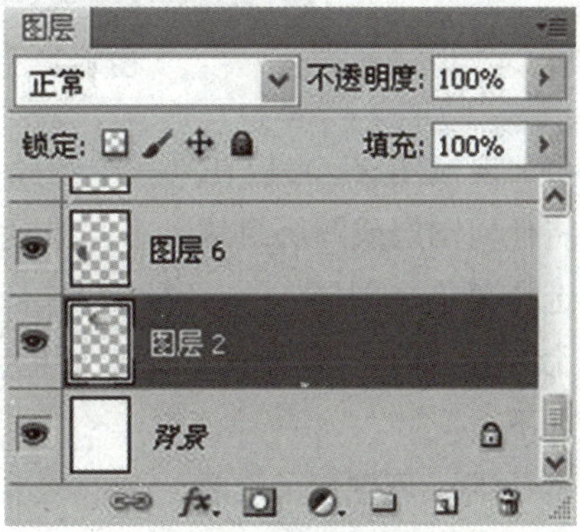

图 6-3　选择单个图层

(2) 选择多个连续的图层。该操作只需在“图层”面板中单击一个图层后，按住“Shift”键，再单击另一个图层的名称，则两个图层之间的所有图层都会被选中，如图6-4所示。

(3) 选择多个不连续的图层。该操作只需在“图层”面板中单击一个图层后，按住“Ctrl”键，再单击另一个图层的名称，则所选的图层都会被选中，如图6-5所示。

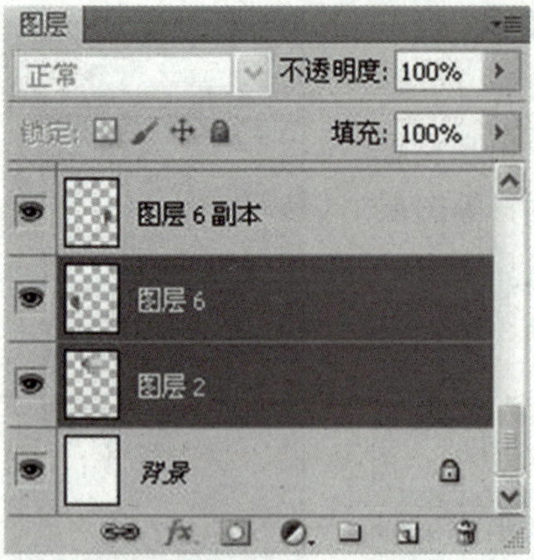

图 6-4 选择多个连续图层

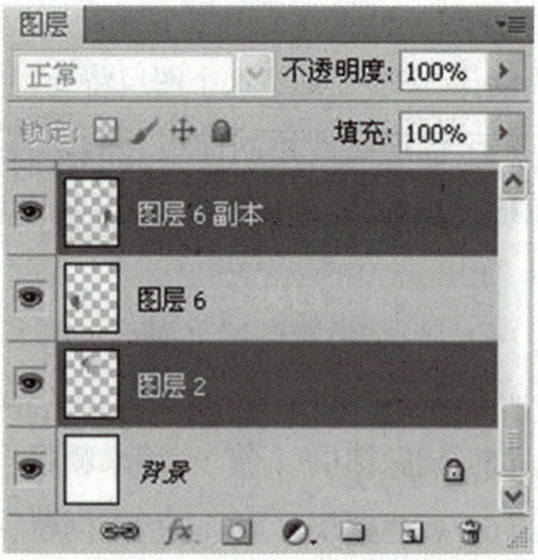

图 6-5 选择多个不连续的图层

(4) 图层的属性。从“图层”菜单中选择“图层属性”命令后，将弹出“图层属性”对话框，如图 6-6 所示。在该对话框中，可以设置图层的“名称”和“颜色”，在“颜色”下拉列表框中可以选择图层的颜色，如红色、橙色、绿色等。

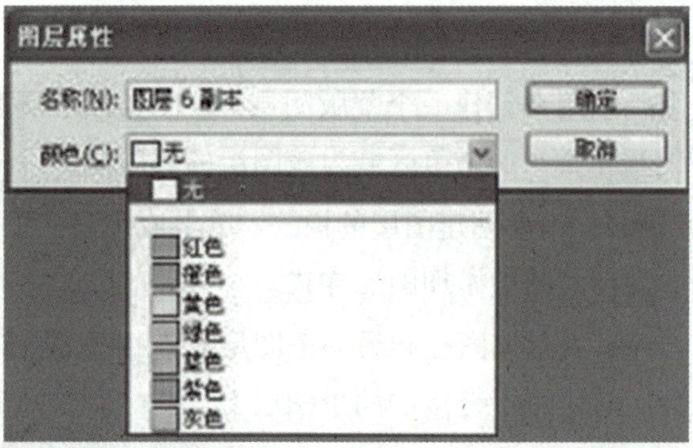

图 6-6 “图层属性”对话框

(5) 复制图层。可以在同一个图像中复制任何图层（包括背景）或任何图层组，还可以将任何图层或图层组从一个图像复制到另一个图像，从而在图像中添加多个图层。

选择菜单“图层”→“复制图层”命令（或者“图层”面板菜单中的“复制图层”命令），打开“复制图层”对话框，如图 6-7 所示。“复制图层”对话框中各参数的说明如下。

① 复制：原图层的名称。

② 为：复制图层的名称。

③ 文档：选择半角图层制的目标文件，可以是当前图像文件，也可以是当前 Photoshop CS6中已打开的其他文件，还可以是新建文件。若选择新建文件，则下面的名称框中需输入新建文档的名称。

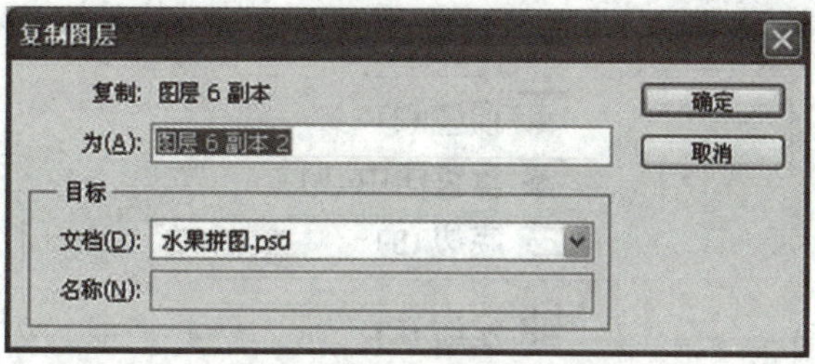

图 6-7 “复制图层”对话框

(6) 调整图层的顺序。由于上、下图层具有相互遮盖的关系，因此在需要的情况下应该改变其上、下次序，也就是改变图层的上下叠盖关系，从而改变图像显示的最终效果。调整图层顺序的方法有两种。

① 选择需要移动的图层，直接用鼠标左键拖动图层。当高亮线出现时，释放鼠标左键，即可改变当前图层的次序。

② 选择需要移动的图层，选择“图层”→“排列”命令，弹出“排列”子菜单，如图 6-8 所示。“排列”子菜单中各命令如下。

(7) 对齐。链接在一起的几个图层，可以按照一定的规则对齐，如向左对齐、向上对齐等，它们可以按照一定的规则对齐图层中的画面。要对齐链接的图层，可选择菜单“图层”→“对齐”命令，如图 6-9 所示。

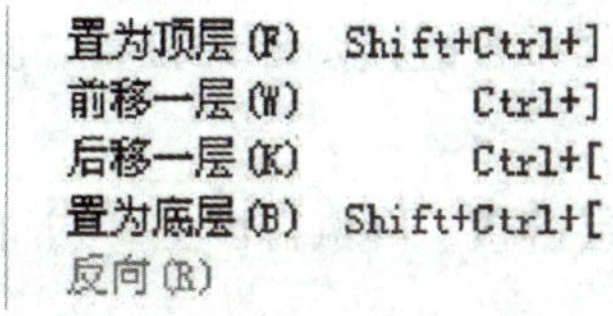

图 6-8 “排列”子菜单

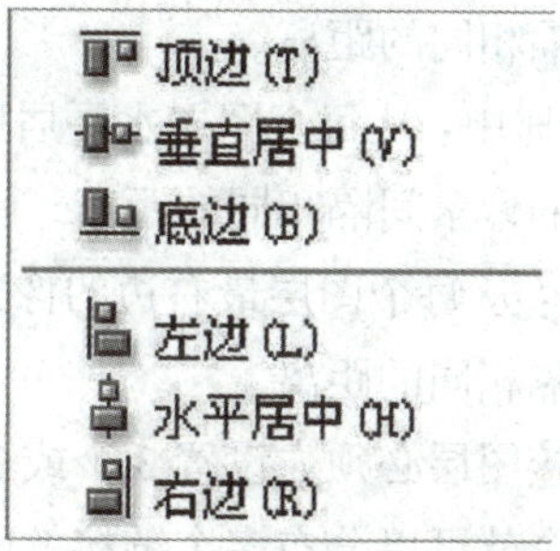

图 6-9 “对齐”子菜单

“对齐”子菜单中各命令的说明如下。

① 顶边：将所有链接图层最顶端的像素与当前图层的最顶端的像素对齐。

② 垂直居中：将链接图层垂直方向的中心像素与当前图层垂直方向的中心像素对齐。

③ 底边：将链接图层的最底端的像素与当前图层的最底端的像素对齐。

④ 左边：将链接图层的最左端的像素与当前图层的最左端的像素对齐。

⑤ 水平居中：将链接图层的水平方向的中心像素与当前图层的水平方向的中心像素对齐。

⑥ 右边：将链接图层的最右端的像素与当前图层的最右端的像素对齐。

执行以上“对齐”子菜单中的各个命令就可以对齐多个链接的图层。

(8) 分布。分布链接图层是指与当前图层链接的图层按照一定的规则分布在画布上不同的地方。要分布链接图层，可选择菜单“图层”→“分布”命令，如图 6-10 所示。

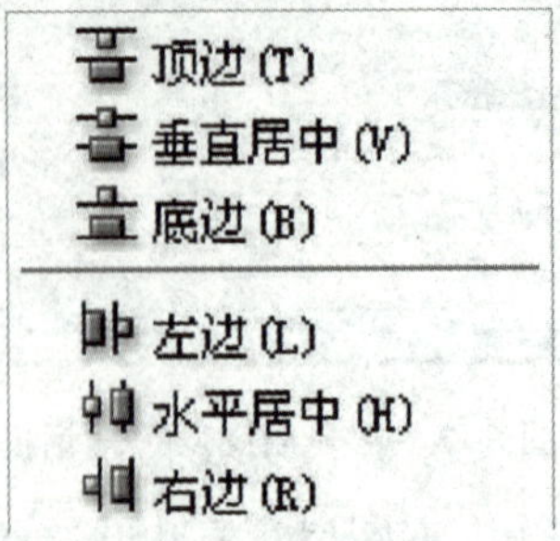

图 6-10 “分布”子菜单

“分布”子菜单中各命令的说明如下。

① 顶边：从每个图层最顶端的像素开始，均匀分布各链接图层的位置，使它们最顶端的像素间隔相同的距离。

② 垂直居中：从每个图层垂直居中的像素开始，均匀分布各链接图层的位置，使它们垂直居中的像素间隔相同的距离。

③ 底边：从每个图层最底边的像素开始，均匀分布各链接图层的位置，使它们最底边的像素间隔相同的距离。

④ 左边：从每个图层最左边的像素开始，均匀分布各链接图层的位置，使它们最左边的像素间隔相同的距离。

⑤ 水平居中：从每个图层水平居中的像素开始，均匀分布各链接图层的位置，使它们水平居中的像素间隔相同的距离。

⑥ 右边：从每个图层最右边的像素开始，均匀分布各链接图层的位置，使它们最右边的像素间隔相同的距离。

分布链接图层必须先设置 3 个或 3 个以上的图层链接，再执行以上“分布”子菜单中的各个命令就可以分布多个链接的图层。

(9) 图层合并。在 Photoshop CS6 中，分层处理图像极大加快了图像处理的速度，但是当图像中的图层过多时，计算机处理图像的速度明显减慢，甚至执行一个滤镜都需要很长的时间。当图像的处理基本完成时，可以将各个图层合并起来，以节省系统资源。下面介绍 Photoshop CS6 中各种合并图层的操作方法。

① 合并所有图层。选择菜单“图层”→“拼合图像”命令，或者单击“图层”面板上的小黑色三角形按钮（），或者选择图层后单击鼠标右键，在弹出的菜单中选择“拼合图像”命令，可以将所有可见图层合并至“背景”图层中，如图 6-11 所示。

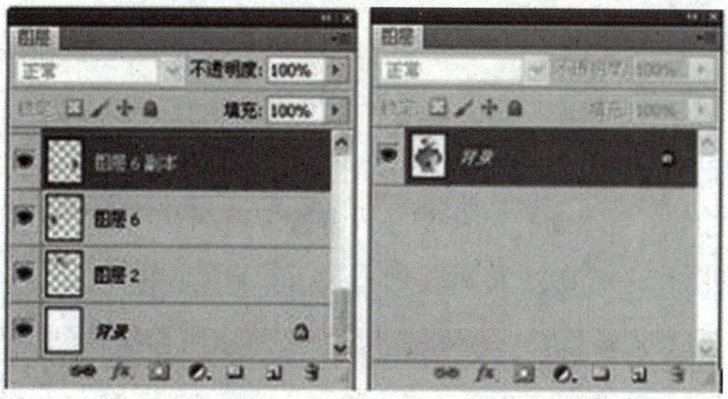

（a）合并前　　（b）合并后

图 6-11　合并所有图层

使用此方法合并图层时，系统会从图像文件中删除所有隐藏的图层，并弹出警告消息框（如图 6-12 所示），单击“确定”按钮完成合并。

图 6-12　合并图层弹出的警告消息框

② 向下合并图层。选择“图层”面板中两个图层中处于上层的图层，单击菜单“图层”→“向下合并”命令，或者单击“图层”面板上的小黑色三角形按钮，在弹出的菜单中选择“向下合并”命令，也可以使用“Ctrl+E”组合键将当前作用图层与下一个图层合并，其他图层保持不变。

③ 合并可见图层。选择“图层”面板中当前作用的可见图层，单击菜单“图层”→“合并可见图层”命令，或者单击“图层”面板上的小黑色三角形按钮，在弹出的菜单中选择“合并可见图层”命令，可以将所有当前显示的图层合并，而隐藏的图层则不会被合并，仍然保留。

④ 图层组。该方法可以有效地组织层和管理层。当层非常复杂，具有上百个各式各样的层时，使用“图层组”来管理“图层”面板会变得更有条理，操作起来会变得十分轻松。选择“图层”面板下方的“新建组”按钮（），或者选择“图层”→“新建”→“组”命令，或者单击“图层”面板上的小黑色三角形按钮，在弹出的菜单中选择“新建组”命令，弹出如图 6-13 所示的“新建组”对话框，根据需要设置选项。单击“确定”按钮，完成的图层组创建。

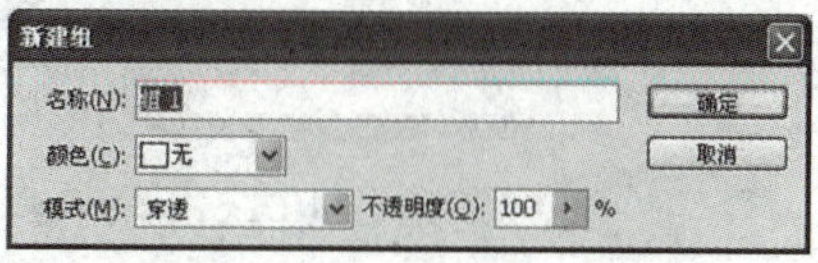

图 6-13　“新建组”对话框

任务实施

一、新建文件

依次单击“文件”→“新建”命令（或者按“Ctrl+N”组合键），弹出“新建”对话框，参数设置如图 6-14 所示。单击“确定”按钮，完成新建。

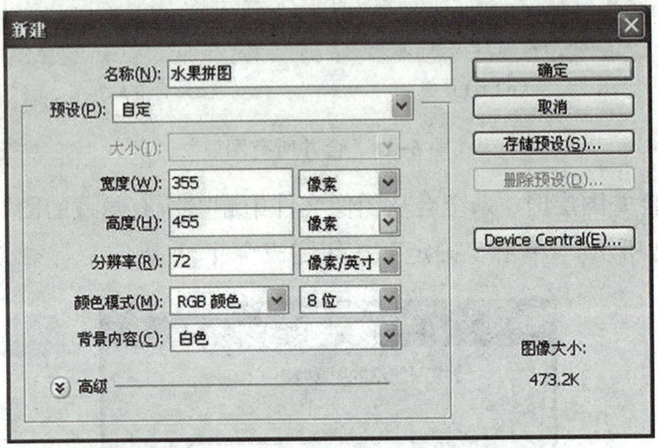

图 6-14 “水果拼图”的“新建”对话框

二、选取并编辑图像

（1）打开素材图片“SC6-1. tif”，选择“椭圆选框工具”，在图像上绘制出一个选区，如图 6-15 所示。

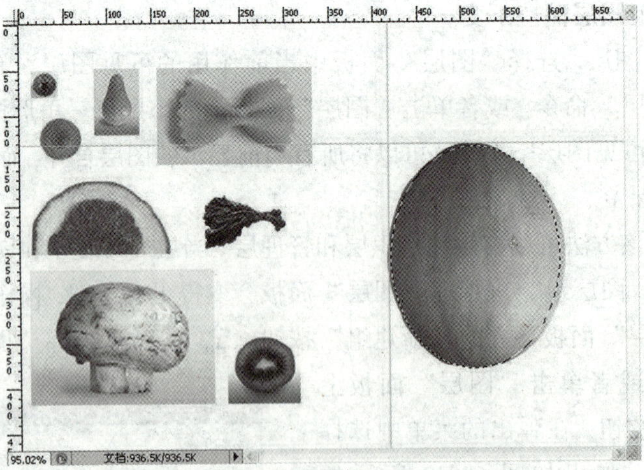

图 6-15 利用“椭圆选框工具”绘制选区

（2）在工具箱中单击“移动工具”，将鼠标移至刚才绘制的选区中，按住鼠标左键将选区直接拖动到新建文件中，效果图如图 6-16 所示。

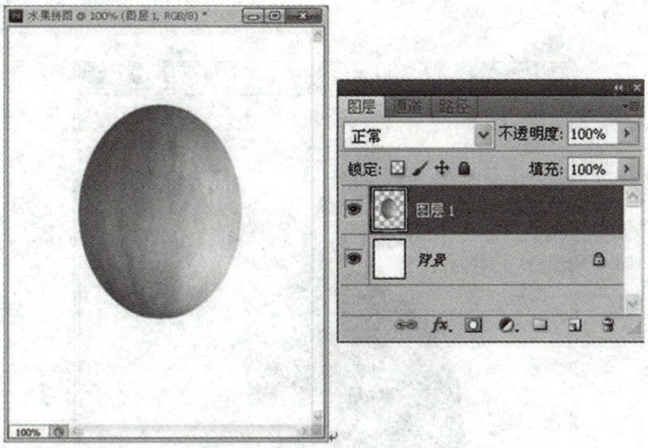

图 6-16　移动图像（一）

（3）利用“多边形套索工具”对“蘑菇”图像进行选取，如图 6-17 所示。

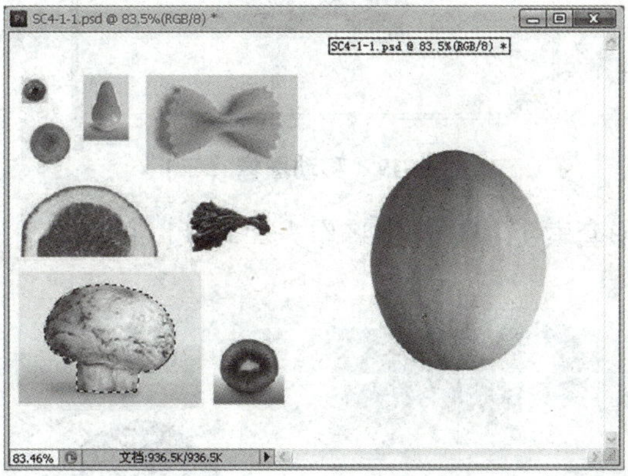

图 6-17　选取“蘑菇”图像

（4）在工具箱中单击“移动工具”，将鼠标移至刚才绘制的选区中，按住鼠标左键将选区直接拖动到新建文件中，效果图如图 6-18 所示。

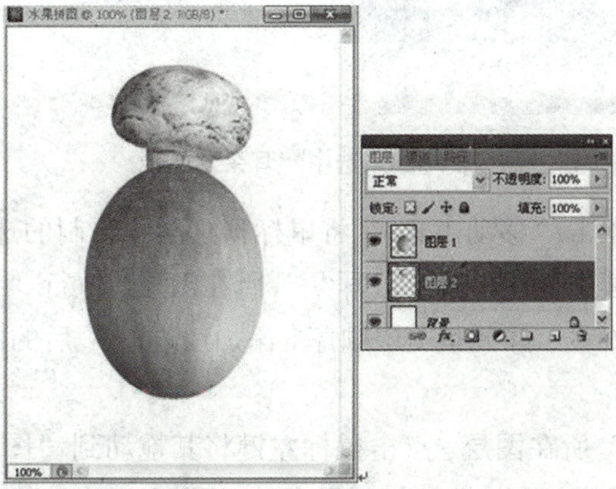

图 6-18　移动图像（二）

（5）用同样的方法对“鼻子”“领结”“嘴巴”图像分别进行选取和复制，效果图如图 6-19 所示。

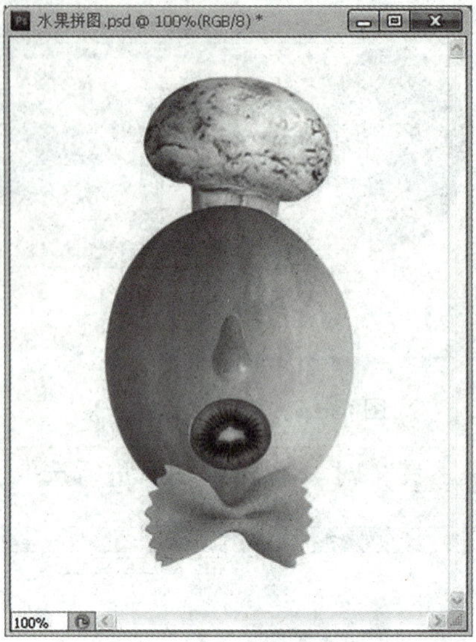

图 6-19　移动图像（三）

（6）利用“多边形套索工具”选中将作为“耳朵”的水果，如图 6-20 所示。

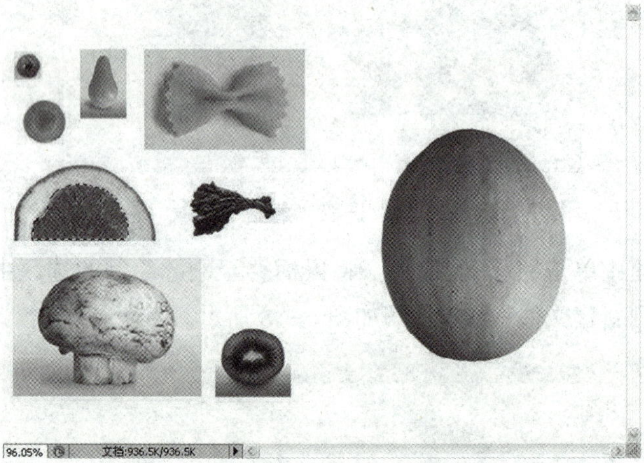

图 6-20　选中“耳朵”图像

（7）在工具箱中单击“移动工具”，将鼠标移至刚才绘制的选区中，按住鼠标左键将选区直接拖动到新建文件中。选中“耳朵”所在图层，执行“编辑”→“变换”→“逆时针旋转 90 度”命令，并调整图层顺序。添加“左耳”后的图像效果图如图 6-21 所示。

（8）选中“耳朵”所在图层，点击鼠标左键将其拖动到“图层”面板下方的“新建图层”按钮，进行图层复制。选中复制得来的“图层 3 副本”，执行“编辑”→“变换”→“水平翻转”命令，并调整其位置。复制“右耳”后的图像效果图如图 6-22 所示。

图 6-21　添加“左耳”后效果图

图 6-22　复制“右耳”后效果图

(9) 用同样的方法对“眉毛”“眼睛”等所在的图层进行选取、复制，并调整位置，最终效果图如图 6-23 所示。

图 6-23　“水果拼图”最终效果图

任务小结

在本任务中，主要运用“多边形套索工具”完成对图像的选取，然后对选取的图像进行复制与粘贴，最后通过调整图像的旋转角度与图层的位置得到最终的效果。特别注意的是，复制图层时可以使用“移动工具”，也可以利用快捷键。

任务练习

利用“单行选框工具”和“单列选框工具”创建选区，绘制祝福卡片，效果图如图6-24所示。

图 6-24　祝福卡片效果图

一、新建图层

新建图像文档，并将图像背景填充为粉色（R255，G234，B245），填充后效果图如图6-25所示。新建“图层 1”（如图 6-26 所示），绘制卡片的内框线。

图 6-25　填充粉色后效果图

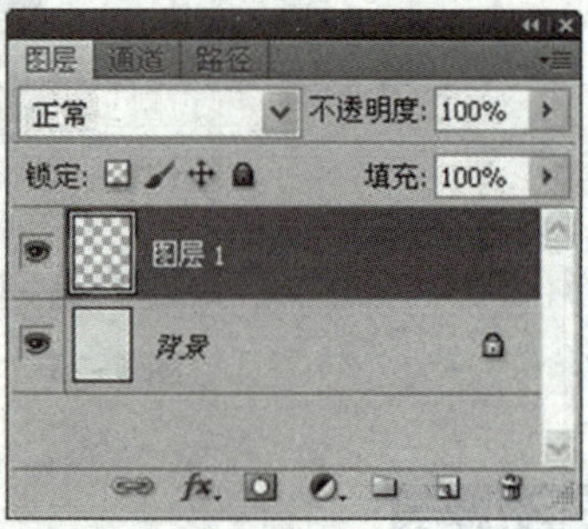

图 6-26　新建“图层 1”（二）

二、绘制边框

绘制矩形，并将其填充为枚红色（R210，G77，B142），如图 6-27 所示。对选区进行等比例缩小，反向并删除选区内的内容，以绘制内框线，如图 6-28 所示。利用同样方法再绘制另一条枚红色边框，如图 6-29 所示。

图 6-27　建立选区并填充枚红色

图 6-28　绘制内框线

图 6-29　绘制红色边框

三、置入“玫瑰花”图像并进行调整

打开“玫瑰花”素材图片，利用“魔棒工具”选取背景色“白色”，执行“选择”→“反向”命令（或者按“Shift+Ctrl+I”组合键）选中“玫瑰花”图像，如图 6-30 所示。将“玫瑰花”图像拖到祝福卡文件中，对其进行变形调整，如图 6-31 所示。最后复制“玫瑰花”来制作其他图像，如图 6-32 所示。

图 6-30　选取“玫瑰花”

图 6-31　变形后效果图

图 6-32　复制“玫瑰花”

四、绘制一个特殊形状

在工具箱中选择“自定义形状工具”，设置“自定义形状工具”属性栏，如图 6-33 所示。绘制一个特殊形状，并对其进行变形调整，如图 6-34 所示。将该图层栅格化，使用“橡皮擦工具”涂抹特殊形状到满意为止，如图 6-35 所示。复制“形状 1”图层，并水平翻转图像，再移动到合适位置，如图 6-36 所示。

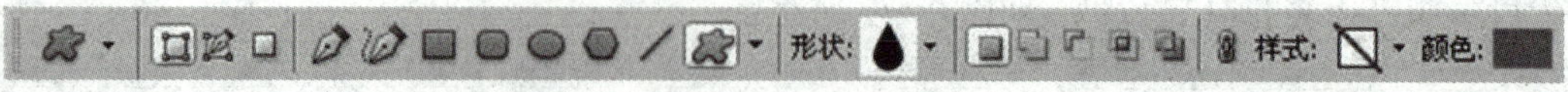

图 6-33 “自定义形状工具”属性栏设置

图 6-34 绘制一个特殊形状

图 6-35 涂抹特殊形状

图 6-36 水平翻转图像

五、绘制“蝴蝶结”

绘制圆角矩形，复制该图层并进行变形调整，效果图如图 6-37 所示。以同样方法再绘制一个圆角矩形，并调整其位置，效果图如图 6-38 所示。选中“蝴蝶结”图层，调整合适位置，效果图如图6-39所示。

图 6-37 绘制圆角矩形（一）

图 6-38 绘制圆角矩形（二）

图 6-39 调整“蝴蝶结”位置

六、绘制“蝴蝶结”下方的“玫瑰枝”

复制“图层 3”，利用“矩形选框工具”选中“图层 3 副本”层中的“玫瑰枝”图像部分，按“Shift+Ctrl+I”组合键并删除反选后的区域，调整“玫瑰枝”图像的位置，如图 6-40 所示。应用此方法多次复制“玫瑰枝”图像，以延长其“枝杈”，如图 6-41 所示。输入祝福文字，最终效果图如图 6-42 所示。

图 6-40　调整“玫瑰枝”位置

图 6-41　多次复制“玫瑰枝”

图 6-42　祝福卡片最终效果图

任务二　制作“玉佩”

任务要求

通过添加图层样式和设置相关参数，了解图层样式的功能和作用，从而完成“玉佩”的制作。“玉佩”制作效果图如图 6-43 所示。

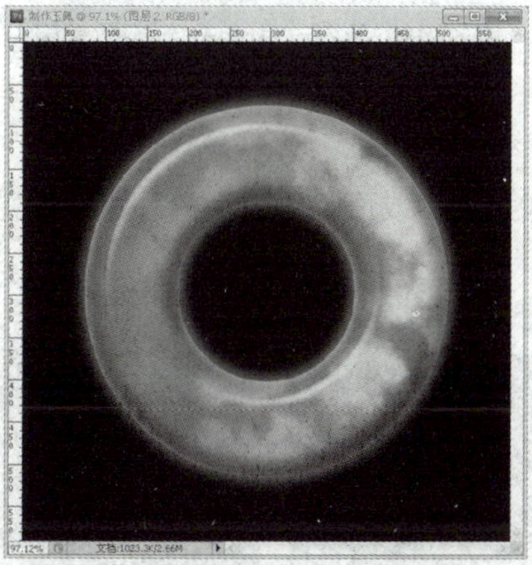

图 6-43　“玉佩”效果图

知识技能

熟悉图层样式的添加方法、种类及其效果，掌握通过添加图层样式及设置相关参数来制作图像效果的方法。

一、投影

投影就是在图层上的对象、文本或形状的后面添加阴影效果。投影参数由“混合模式”“不透明度”“角度”“距离”“扩展”“大小”等各种选项组成，通过对这些选项的设置可以得到需要的效果。执行“投影”后效果图如图 6-44 所示。

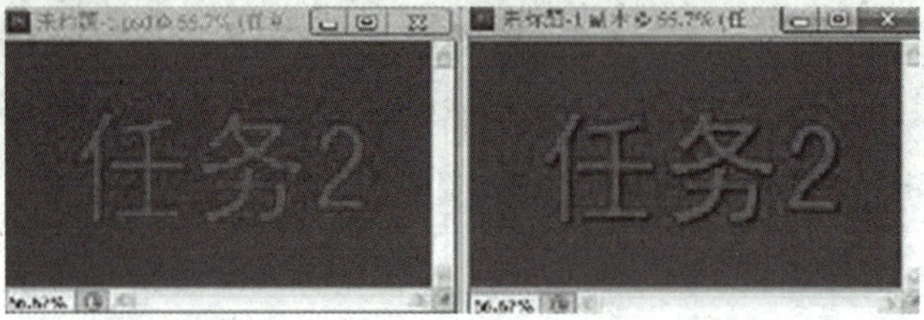

图 6-44　执行“投影”后效果图

二、内阴影

内阴影就是在对象、文本或形状的内边缘添加阴影，让图层产生一种凹陷的外观。执行“内阴影”后效果图如图 6-45 所示。

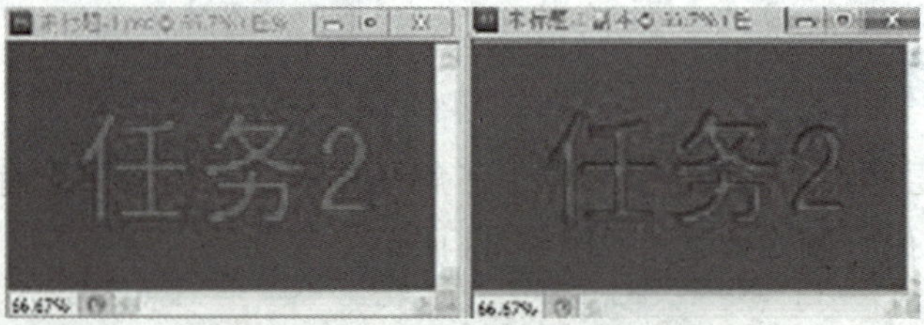

图 6-45　执行“内阴影”后效果图

三、外发光

外发光就是从图层对象、文本或形状的边缘向外添加发光效果。执行“外发光”后效果图如图 6-46 所示。

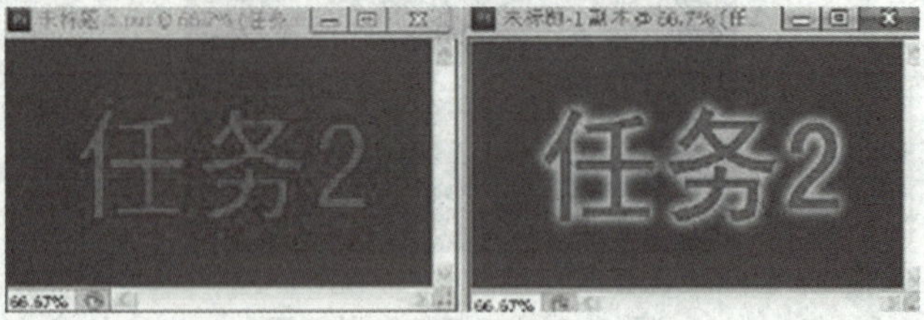

图 6-46　执行“外发光”后效果图

四、内发光

内发光就是图层对象、文本或形状的边缘向内添加发光效果。执行“内发光”后效果图如图 6-47 所示。

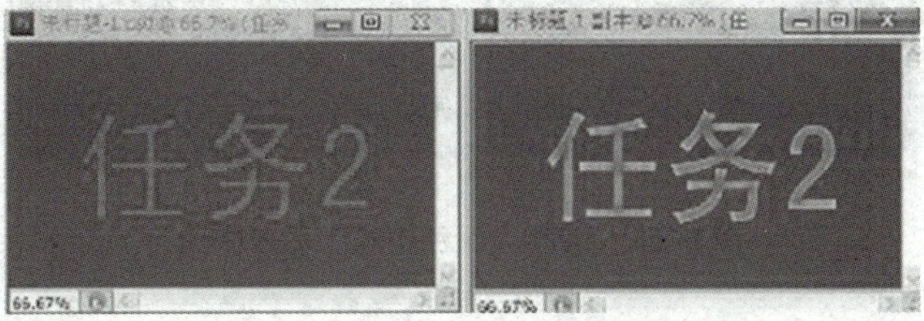

图 6-47 执行“内发光”后效果图

五、斜面和浮雕

斜面和浮雕就是为图层添加高亮显示和阴影的各种组合效果。执行“斜面和浮雕”后效果图如图 6-48 所示。

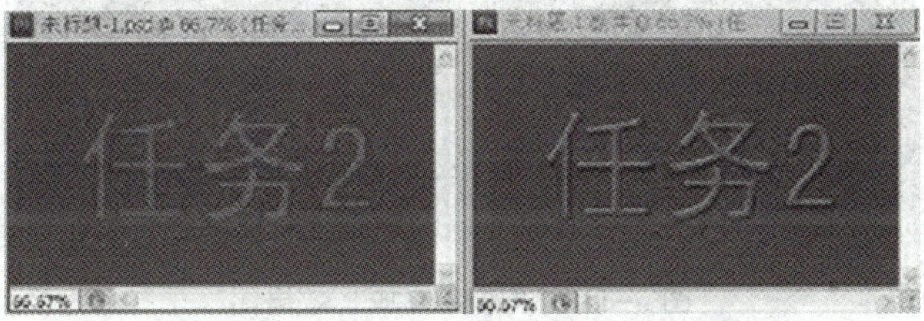

图 6-48 执行“斜面和浮雕”后效果图

六、光泽

光泽就是对图层对象内部应用阴影，与对象的形状互相作用，通常创建规则波浪形状，产生光滑的磨光及金属效果。执行“光泽”后效果图如图 6-49 所示。

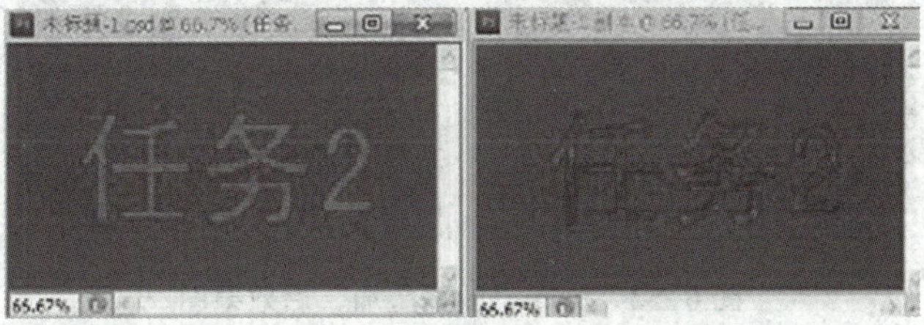

图 6-49 执行“光泽”后效果图

七、颜色叠加

颜色叠加就是在图层对象上叠加一种颜色，即用一层纯色填充到应用样式的对象上。“设置叠加颜色”选项可以通过“选取叠加颜色”对话框来选择任意颜色。执行“颜色叠加”后效果图如图 6-50 所示。

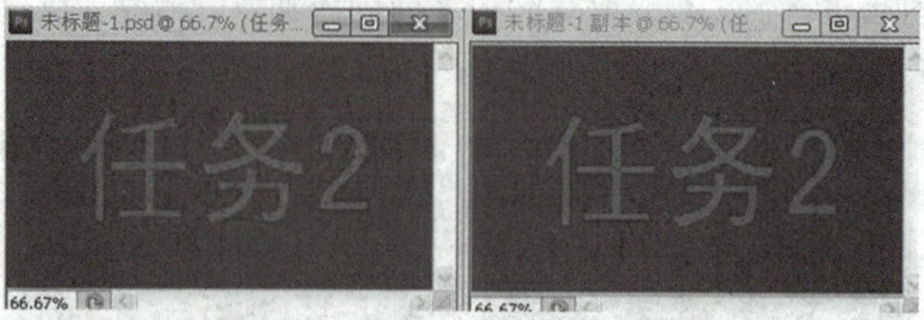

图 6-50　执行“颜色叠加”后效果图

八、渐变叠加

渐变叠加就是在图层对象上叠加一种渐变颜色，即用一层渐变颜色填充到应用样式的对象上。通过“渐变编辑器”还可以选择使用其他的渐变颜色。执行“渐变叠加”后效果图如图 6-51 所示。

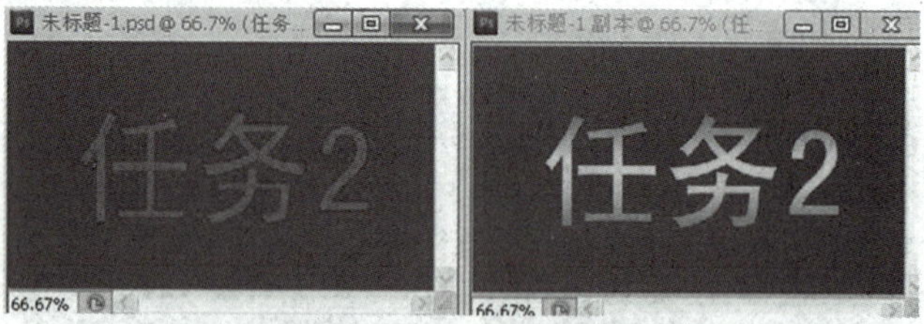

图 6-51　“渐变叠加”效果图

九、图案叠加

图案叠加就是在图层对象上叠加图案，即用重复图案填充对象。通过“图案拾色器”还可以选择其他的图案。执行“图案叠加”后效果图如图 6-52 所示。

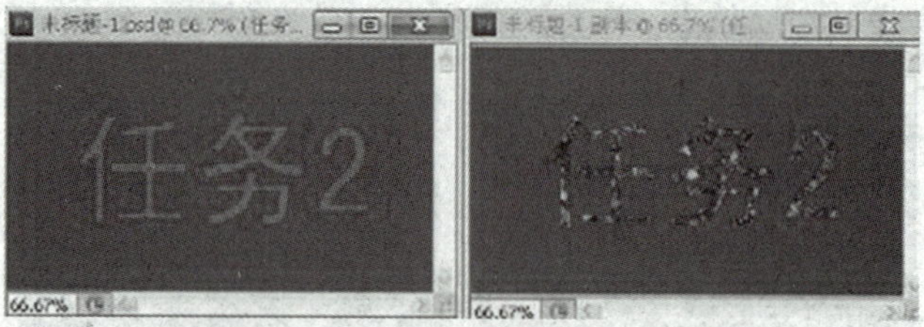

图 6-52　执行“图案叠加”后效果图

十、描边

描边就是使用颜色、渐变颜色或图案描绘当前图层上的对象、文本或形状的轮廓。对于边缘清晰的形状（如文本），这种效果尤其有用。执行“描边”后效果图如图 6-53 所示。

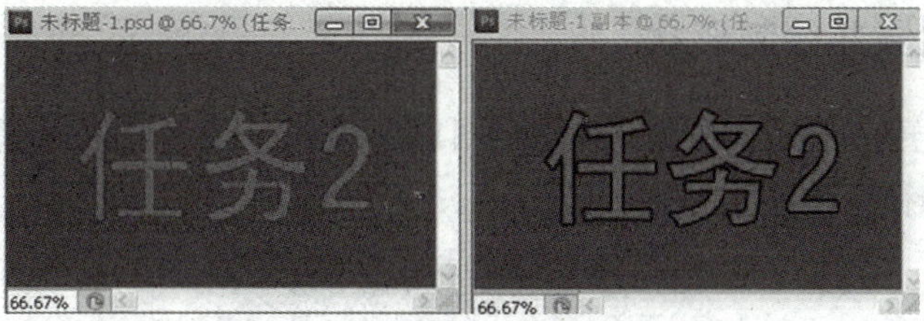

图 6-53　执行“描边”后效果图

任务实施

一、新建文件

（1）执行“文件”→“新建”命令（或者按“Ctrl+N”组合键），弹出“新建”对话框，参数设置如图 6-54 所示。

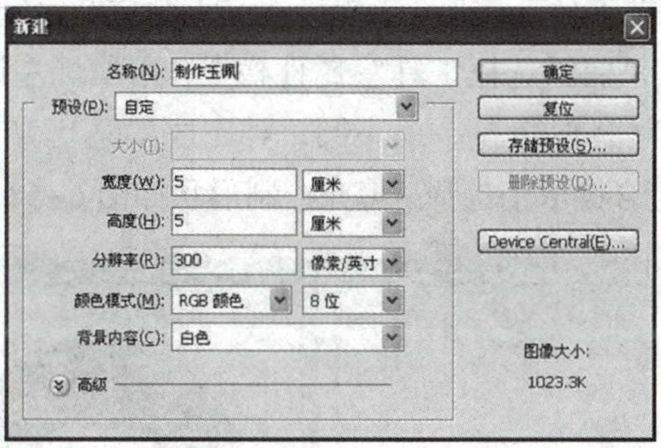

图 6-54　“制作‘玉佩’”的“新建”对话框

（2）执行“视图”→“标尺”命令（或者按“Ctrl+R”组合键），调出标尺。

（3）执行“视图”→“新建参考线”命令，在弹出的“新建参考线”对话框中设置如图 6-55 所示的参数。

（4）以同样方法设置另一条水平参考线，设置后效果图如图 6-56 所示。

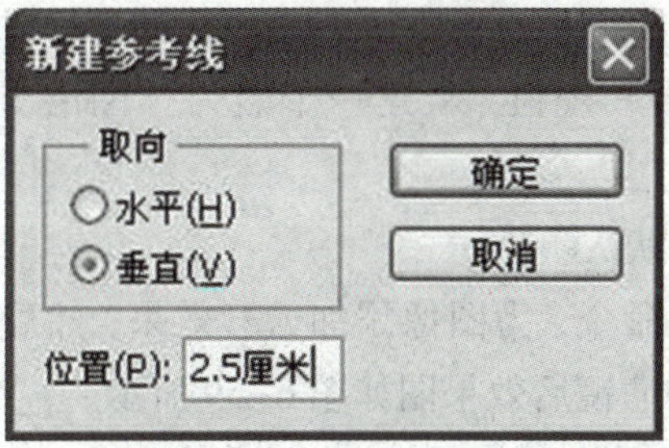

图 6-55　“新建参考线”对话框

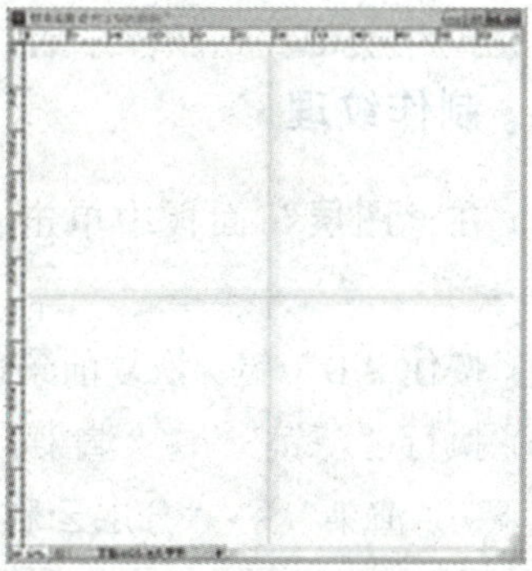

图 6-56　设置参考线后效果图

二、创建图层并绘制形状

（1）在“图层”面板中单击“创建新图层”按钮，在“背景”图层上新建一个名为“图层 1”的图层，如图 6-57 所示。

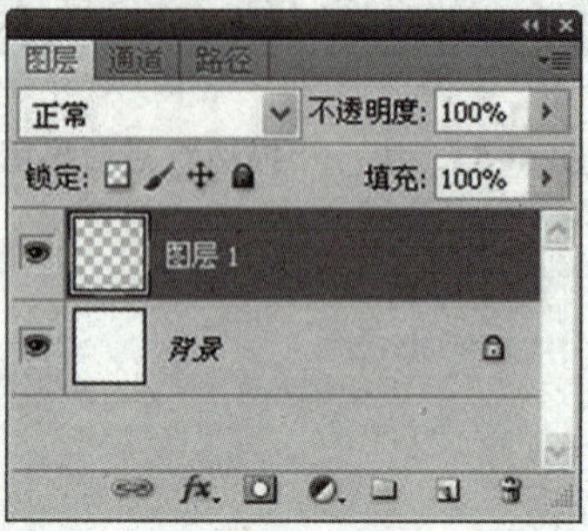

图 6-57　在“背景”图层上新建“图层 1”

（2）单击“椭圆选框工具”按钮，以参考线交点为中心绘制一个大圆，绘制时按住“Shift+Alt”组合键。在“椭圆选框工具”属性栏上，用鼠标左键单击选择“从选区减去”，再以参考线交点为中心绘制一个小圆。对完成的选区填充颜色（R110，G110，B110），按“Ctrl+D”组合键取消选择，填充绘制形状如图 6-58 所示。

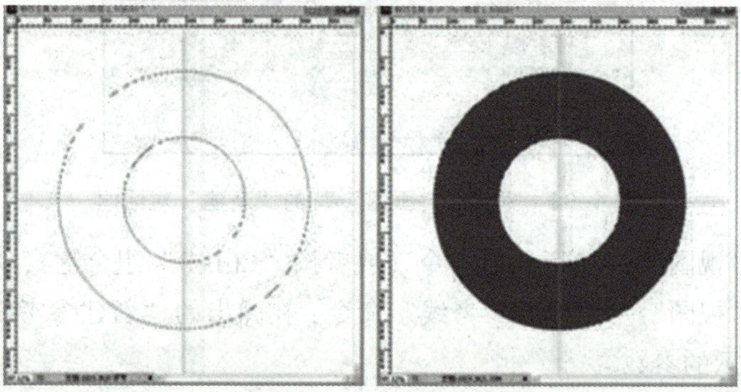

图 6-58　填充绘制形状

三、制作纹理

（1）在“图层”面板中单击“创建新图层”按钮，新建一个名为“图层 2”的图层。

（2）按住“D”键，恢复前景色和背景色为默认颜色。

（3）执行“滤镜”→“渲染”→“云彩”命令，为图像添加云彩效果；然后执行“滤镜”→“渲染”→“分层云彩”命令。添加滤镜后效果图如图 6-59 所示。

（4）执行“选择”→“色彩范围”命令，参数设置如图 6-60 所示。

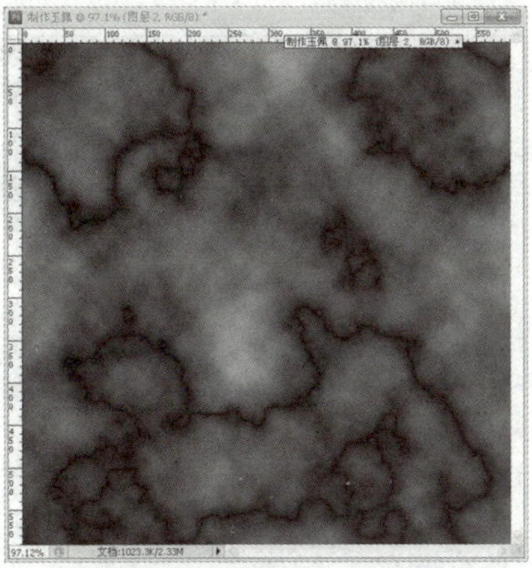

图 6-59　添加滤镜后效果图

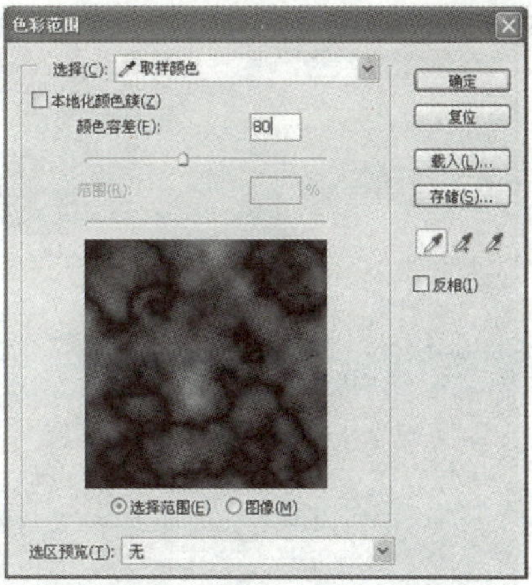

图 6-60　“色彩范围”对话框

（5）在“图层”面板中单击“创建新图层”按钮，新建一个名为“图层 3”的图层。

（6）为选区填充颜色（R0，G120，B55），填充后效果图如图 6-61 所示。按“Ctrl+D”组合键取消选择。

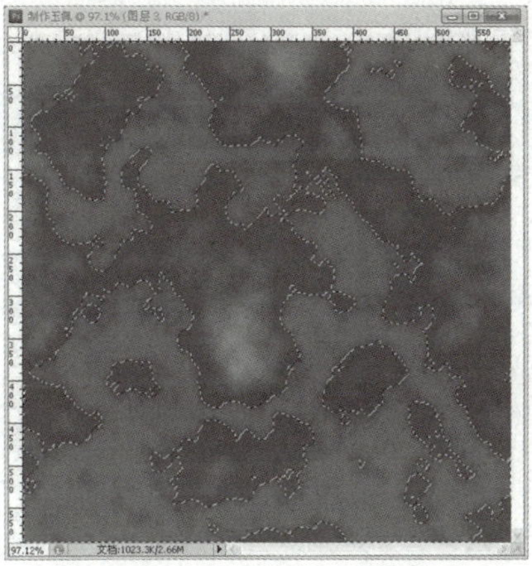

图 6-61　选区填充颜色后效果图

（7）在“图层”面板上单击“图层 2”，选择“渐变工具”，参数设置如图 6-62 所示。为“图层 2”填充渐变颜色，效果图如图 6-63 所示。

图 6-62　“渐变工具”选项栏

（8）选择“图层 3”为当前工作层，执行“图层”→“向下合并”命令（或者按“Ctrl+E”组合键），合并图层。

（9）按“Ctrl”键，同时点击“图层 1”缩览图，载入选区，如图 6-64 所示。

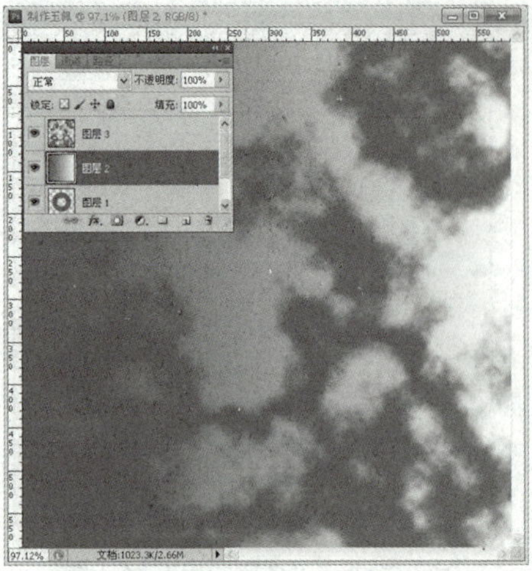

图 6-63　“图层 2”填充渐变颜色后效果图

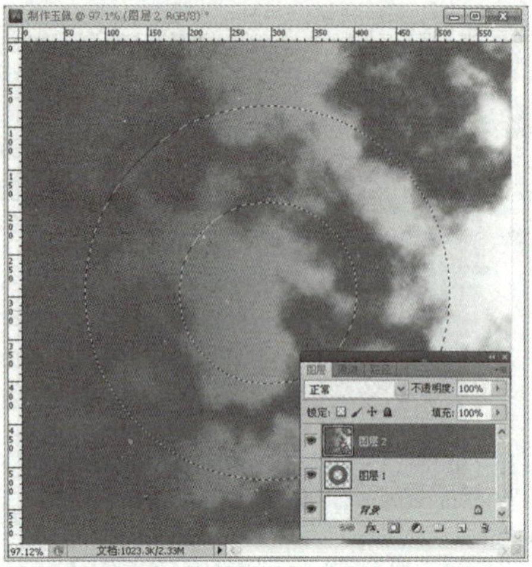

图 6-64　载入选区后效果图

(10) 执行“选择”→“反向”命令（或者按“Shift+Ctrl+I”组合键），对选区进行反选。按“Delete”键，删除选区内图像，效果图如图 6-65 所示。

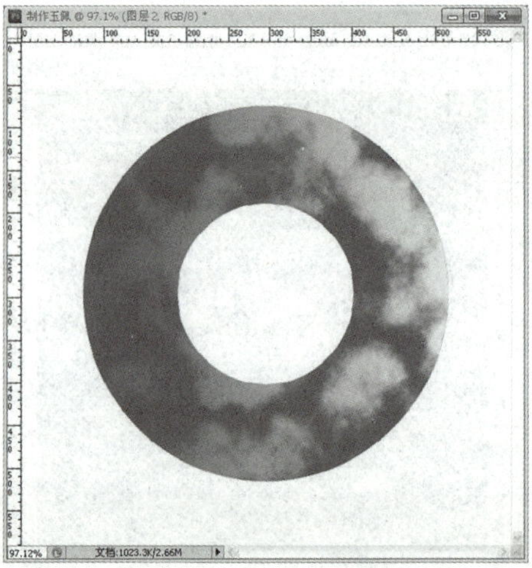

图 6-65　反选后效果图

四、添加图层样式

(1) 双击“图层 2”缩览图，弹出“图层样式”对话框，单击选中“投影”选项，参数设置如图 6-66 所示。

(2) 单击选中“内阴影”选项，设置颜色（R0，G255，B50），其他参数设置如图 6-67所示。

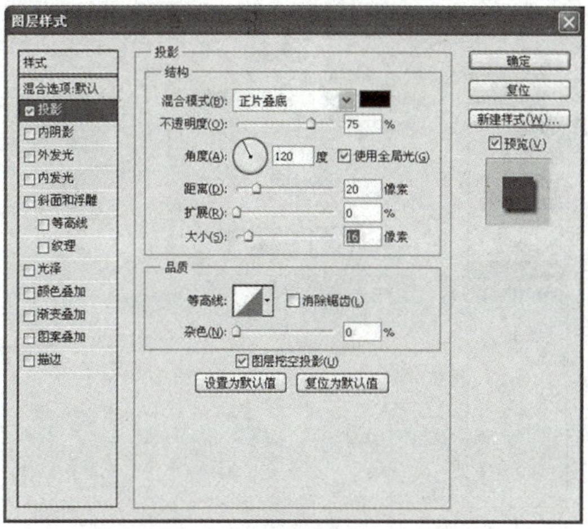

图 6-66　“投影”参数设置

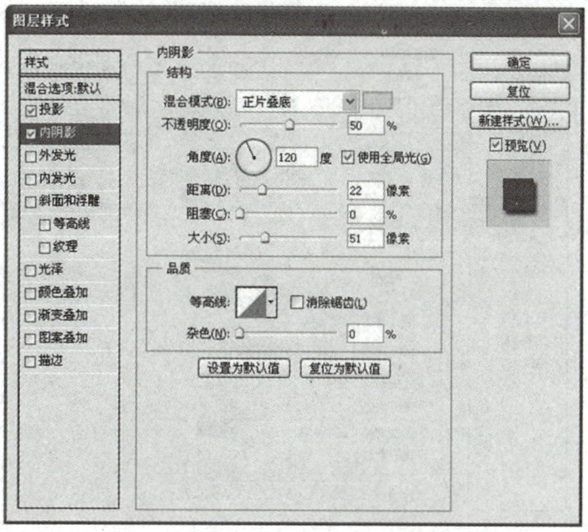

图 6-67　“内阴影”参数设置

（3）单击选中“外发光”选项，设置颜色（R45，G140，B0），其他参数设置如图6-68所示。

（4）单击选中“内发光”选项，设置颜色（R208，G255，B202），其他参数设置如图6-69所示。

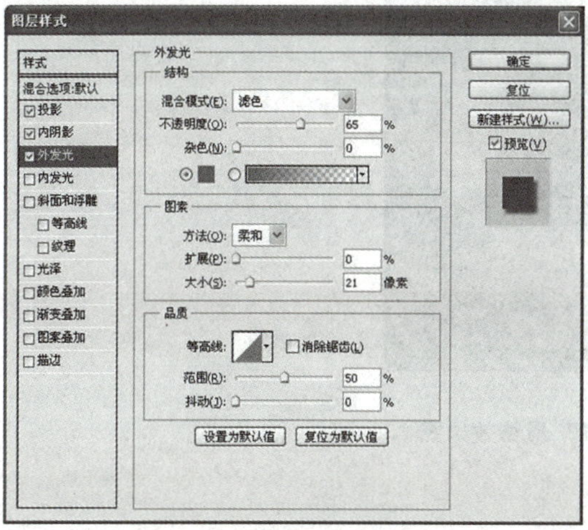

图 6-68　“外发光”参数设置

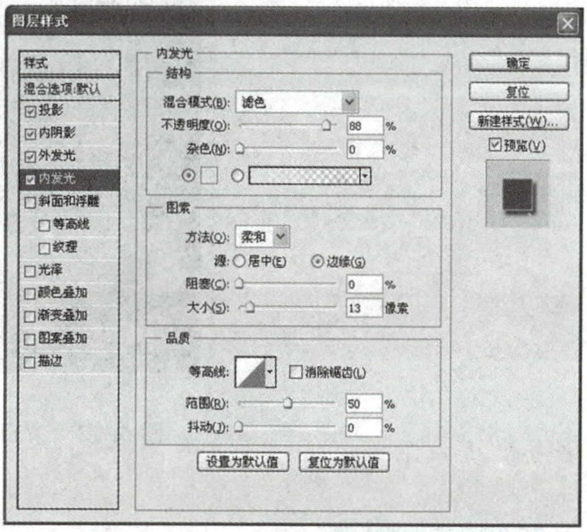

图 6-69　“内发光”参数设置

（5）单击选中“斜面和浮雕”选项，设置“高光模式”的颜色（R205，G230，B210），其他参数设置如图 6-70 所示。

（6）单击选中“光泽”选项，设置“混合模式”为“柔光”、颜色为“R0，G255，B145”，其他参数设置如图 6-71 所示。

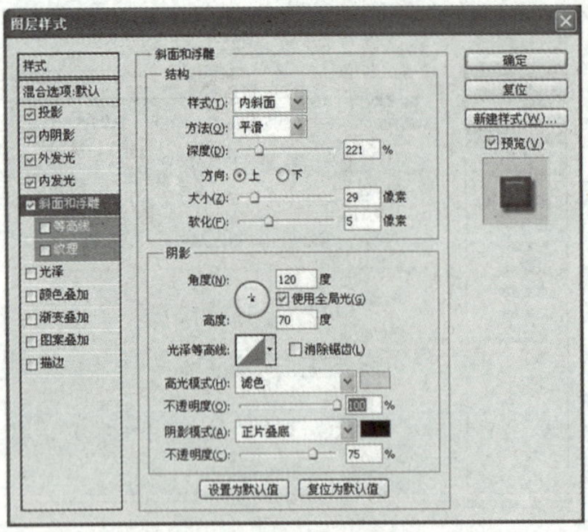

图 6-70 “斜面和浮雕”参数设置

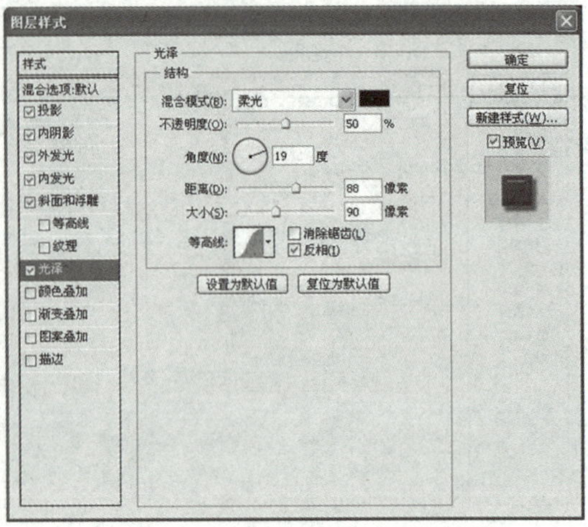

图 6-71 “光泽”参数设置

(7) 单击“确定”按钮，完成图层样式的设置，将“背景”图层填充为黑色，最终效果图如图 6-72 所示。

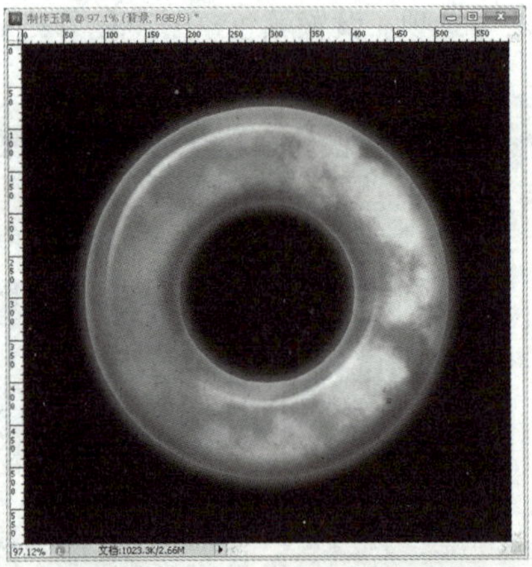

图 6-72 “玉佩”最终效果图

任务小结

在本任务中，主要使用了几种不同的图层样式来制作“玉佩”。需要注意的是，在制作图像过程中，不要过分依赖样式中的参数，因为图形的大小等因素可能导致效果不同，要根据具体情况来调整相关参数。

任务练习

制作“象棋子”，效果图如图 6-73 所示。

图 6-73　“象棋子”效果图

一、打开素材图片

打开素材图片“棋子”（图 6-74）。

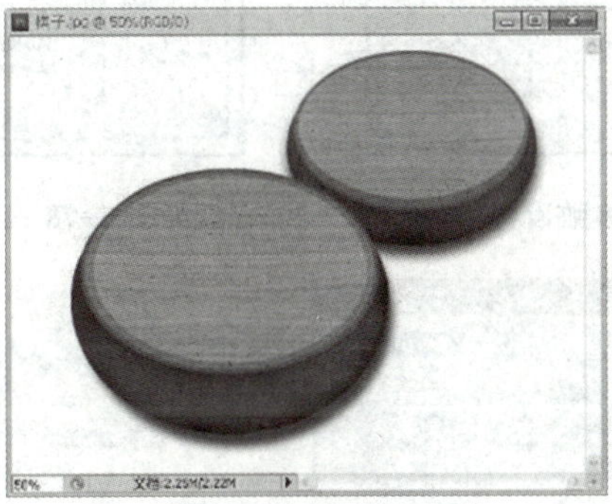

图 6-74　素材图片“棋子”

二、添加文字

输入文字“将”，对文字图层进行栅格化处理，并利用“自由变换”命令（或者按“Ctrl+T”组合键）对文字进行变形调整，如图 6-75 所示。以同样方法制作文字“兵”，如图6-76所示。

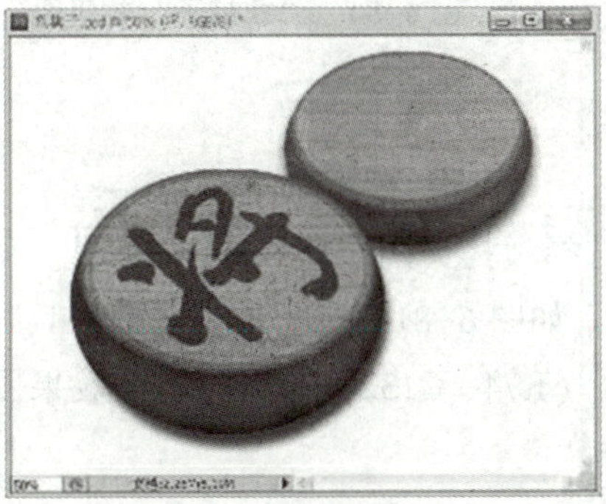

图 6-75　输入文字“将”

图 6-76　输入文字“兵”

三、添加图层样式

为“将”文字图层添加“内阴影”选项，如图 6-77 所示。单击选中“斜面和浮雕”选项，参数设置如图6-78所示。单击选中“颜色叠加”，设置颜色（R176，G52，B35），其他参数设置如图 6-79 所示。设置后效果图如图 6-80 所示。

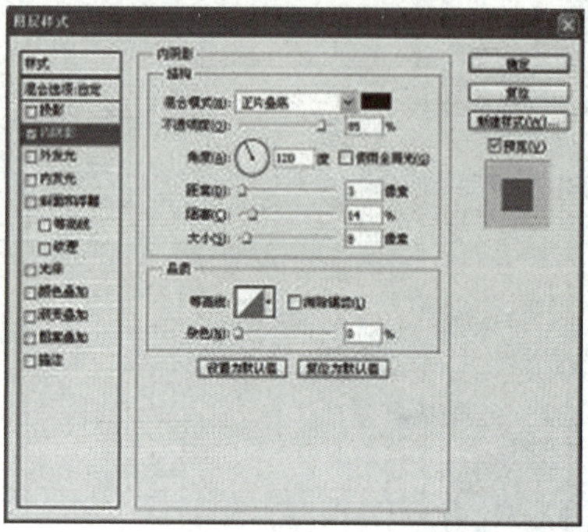

图 6-77 “内阴影”参数设置

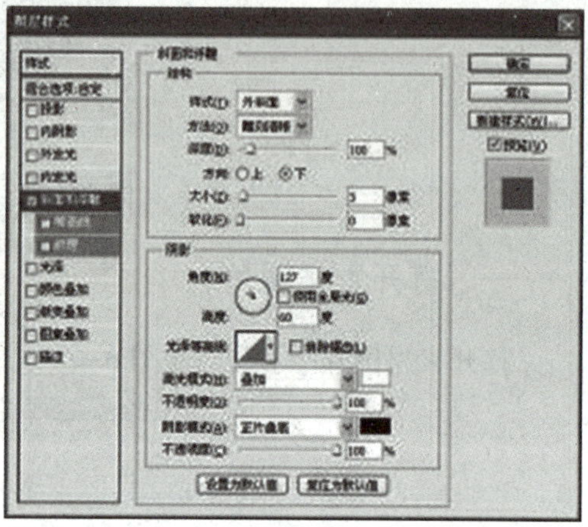

图 6-78 “斜面和浮雕”参数设置

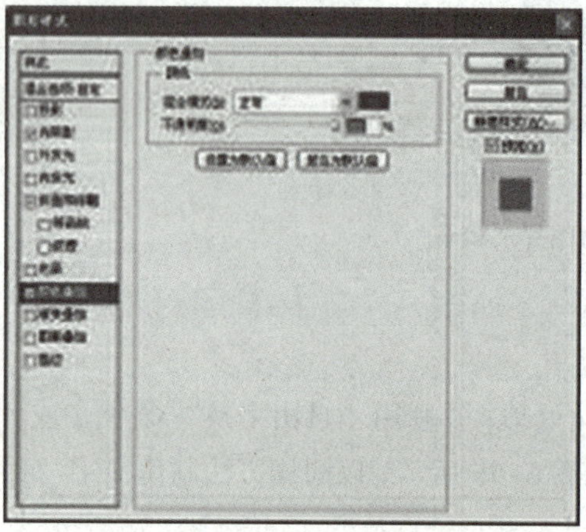

图 6-79 “颜色叠加”参数设置

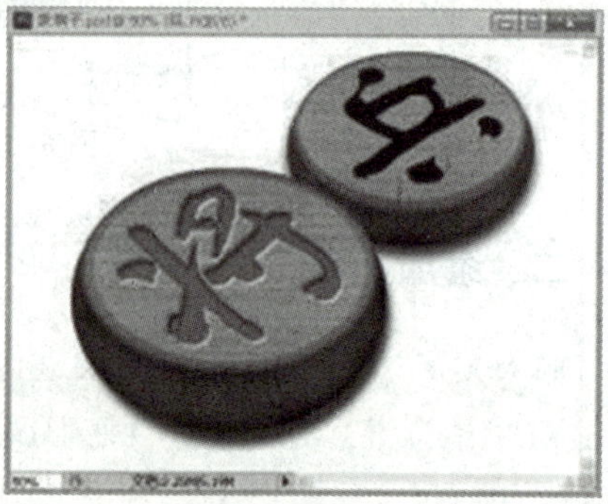

图 6-80 “象棋子”效果图

四、拷贝图层样式

在“将”所在的文字图层单击鼠标右键，选择“拷贝图层样式”；在“兵”所在的文字图层单击鼠标右键，选择“粘贴图层样式”，如图 6-81 所示。单击选中“兵”字所在的文字图层的“颜色叠加”选项，设置颜色（R74、G132、B97），最终效果图如图 6-82所示。

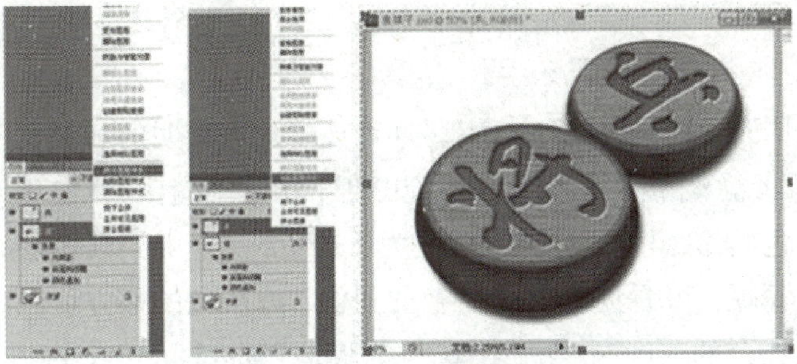

图 6-81　拷贝图层样式

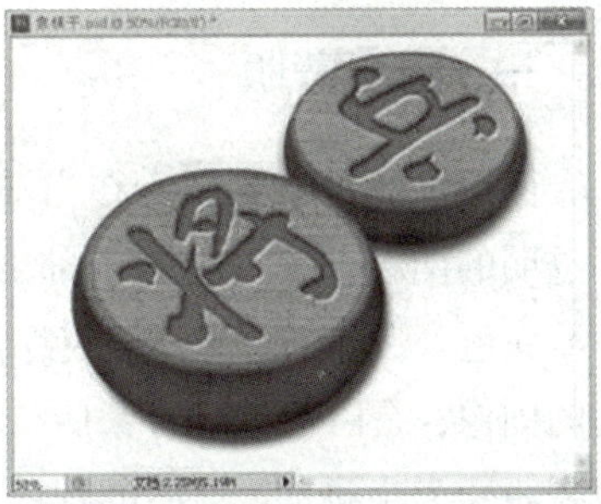

图 6-82　“象棋子”最终效果图

任务三　制作电影海报

任务要求

了解图层蒙版的概念和作用，熟练掌握图层蒙版的使用方法。练习制作电影海报，效果图如图 6-83 所示。

图 6-83　电影海报效果图

知识技能

了解图层蒙版的概念，认识图层蒙版与图层的区别及其作用，学会通过添加图层蒙版及设置相关参数来制作图像特殊效果的方法。

一、图层蒙版

图层蒙版可以理解为在当前图层上面覆盖一层玻璃片。这种玻璃片有透明的和黑色不透明的两种，前者显示全部，后者隐藏部分。利用各种绘图工具在蒙版上（即玻璃片）涂色（只能涂黑色、白色、灰色）：涂黑色的地方蒙版变为不透明，看不见当前图层上的图像；涂白色的地方蒙版变为透明，可看见当前图层上的图像；涂灰色的地方可以使蒙版变为半透明，透明的程度由涂色的灰度深浅决定。图层蒙版是 Photoshop CS6 中一项十分重要的功能，如图 6-84 至图 6-87 所示。

图 6-84　图像原始效果图

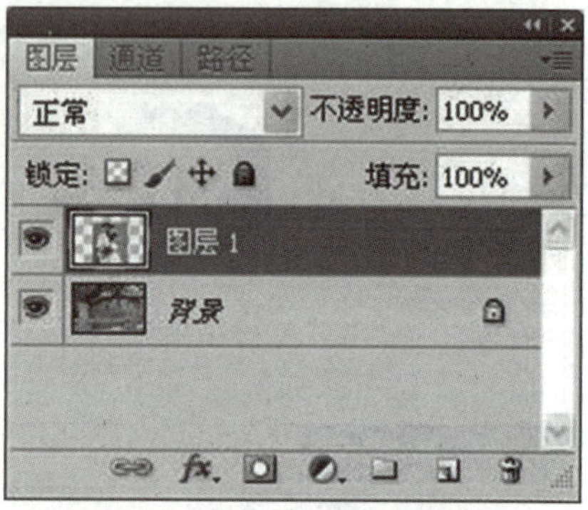

图 6-85　原始图像的图层内容

图 6-86　添加图层蒙版后的效果图

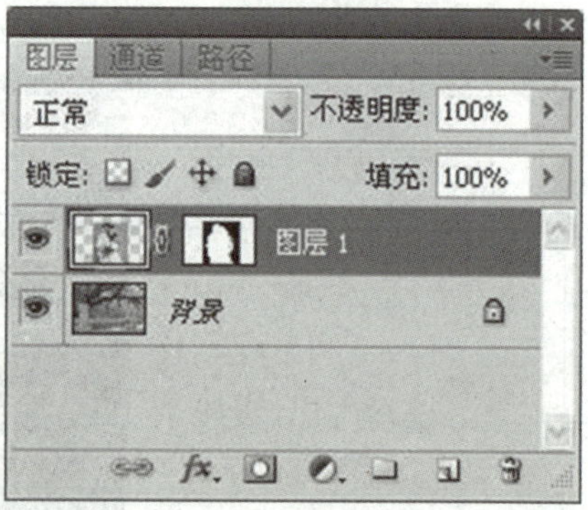

图 6-87　添加图层蒙版后的图层内容

二、图层蒙版与选区的区别

（1）蒙版虽然也是一种选区，但它与常规的选区不同。常规的选区表现了一种操作趋向，即将对所选区域进行处理；而蒙版却相反，它是对所选区域进行保护，让其免于操作，而对非掩盖的地方应用操作。

（2）添加、创建图层蒙版的方式有以下几种。

① 先制作选区，执行“选择”→“存储选区”命令或直接单击“通道”面板中的“将选区存储为通道”按钮。

② 利用“通道”面板，首先创建一个 Alpha 通道，然后用“绘图工具”或其他编辑工具在该通道上编辑，以产生一个蒙版。

③ 利用“图层”面板中的“添加图层蒙版”（ ）按钮。

④ 利用工具箱中的快速蒙版显示模式工具产生一个快速蒙版。

任务实施

一、打开素材图片

打开素材图片“背景 . psd”［图 6-88（a）］和“SC6-3. psd”［图 6-88（b）］。

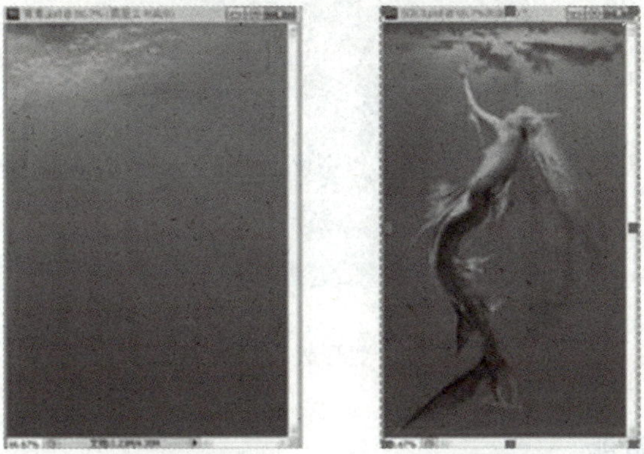

（a）素材图片“背景.psd”　　（b）素材图片“SC6-3.psd”

图 6-88　本任务所需的素材图片

二、调整图片颜色

（1）选择图片“SC6-3. psd”，使其处于工作状态，执行“图像”→“调整”→“匹配颜色”命令，参数设置如图 6-89 所示，设置后效果图如图 6-90 所示。

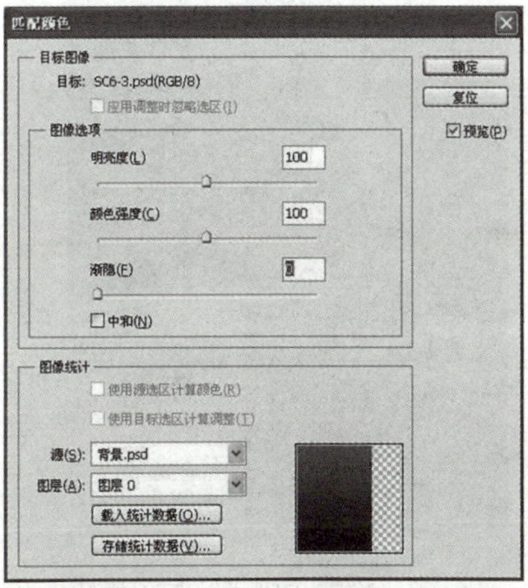

图 6-89　“匹配颜色”对话框

图 6-90　执行“匹配颜色”命令后效果图

（2）使用“移动工具”拖动“SC6－3. psd”图像到“背景 . psd”图像中，单击“编辑”→“自由变换”命令（或者按“Ctrl+T”组合键），对图像进行变形处理，变形后效果图如图 6-91 所示。

图 6-91　变形处理后效果图

三、添加图层蒙版

（1）单击“图层”面板下方的“添加图层蒙版”按钮，使用“画笔工具”在蒙版中涂抹黑色，将背景消除，如图 6-92 所示。

（2）选择“图层”面板中最上面的图层，按“Ctrl+Shift+Alt+E”组合键，执行“盖印可见图层”命令，并将该层的图层混合模式设置为“强光”，效果图如图 6-93 所示。

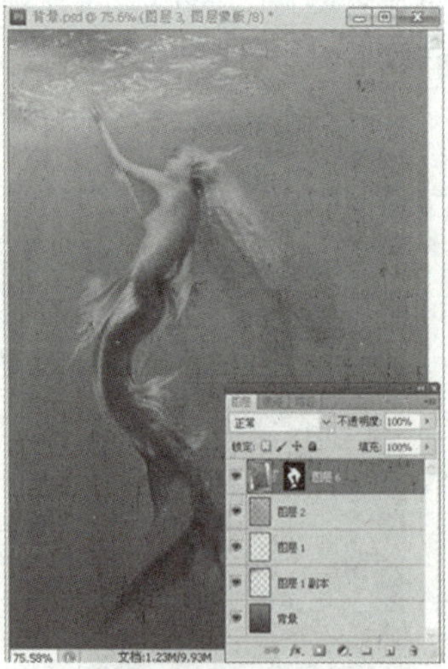

图 6-92　消除背景

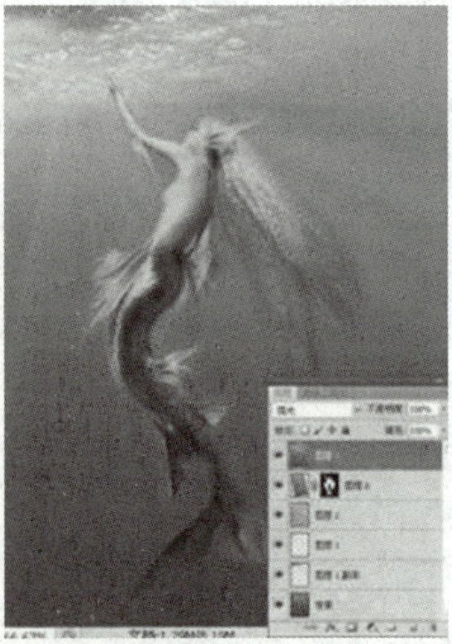

图 6-93　设置“强光”后效果图

（3）使用“横排文字工具”为画面添加标题及说明性文字，最终效果图如图 6-94 所示。

图 6-94　电影海报最终效果图

任务小结

图层蒙版对于制作合成的图像十分重要。在使用图层蒙版时，要将“画笔工具”与蒙版结合使用，才可以制作出这种合成效果。需要注意的是，“匹配颜色”命令仅适用于 RGB 模式。

任务练习

利用蒙版制作“撕边效果”，如图 6-95 所示。

图 6-95　“撕边效果”图

一、打开素材图片

依次打开素材图片（图 6-96）。移动“tu. psd”图像至“木纹理 . tif”图像中，如图 6-97 所示。按“Ctrl+J”组合键复制“图层 1”，隐藏“图层 1 副本”图层，选中“图层 1”，如图 6-98 所示。

（a）素材图片“木纹理.tif”　　（b）素材图片“tu.psd”

图 6-96　打开两幅素材图片

图 6-97　移动“tu. psd”图像

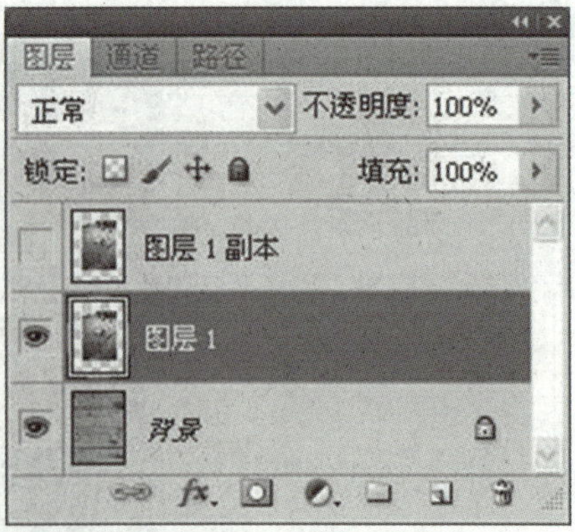

图 6-98　选中“图层 1”

二、添加图层蒙版

使用“多边形套索工具”绘制选区，形状如图 6-99 所示。为“图层 1”添加图层蒙版，效果图如图 6-100 所示。

图 6-99　绘制一个多边形选区

图 6-100　为“图层 1”添加图层蒙版

三、制作撕边效果

(1) 单击“图层 1”的图层蒙版层，执行“喷色描边”命令，如图 6-101 所示。打开“喷溅”对话框，执行“喷溅”命令，如图 6-102 所示。

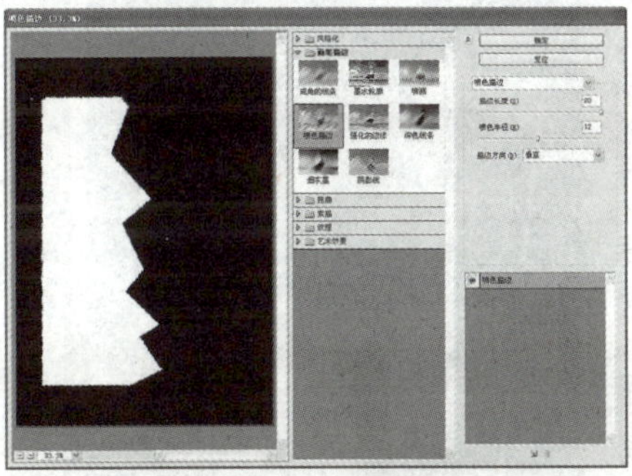

图 6-101　“喷色描边”对话框

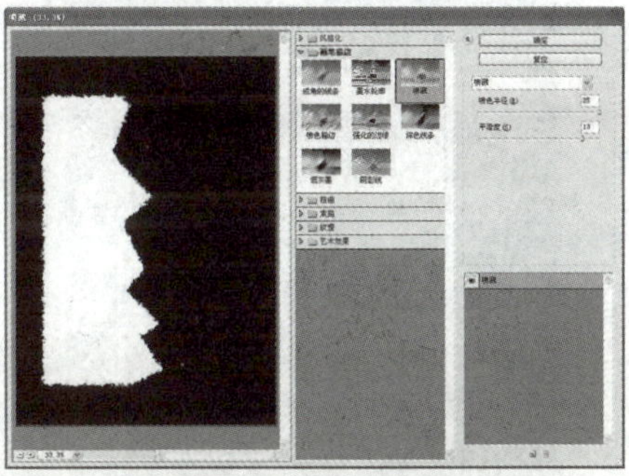

图 6-102　“喷溅”对话框

(2) 显示“图层 1 副本”图层，并确定该图层为工作层。按住“Ctrl”键单击“图层 1”图层蒙版缩览图，将其载入选区，如图 6-103 所示。执行“选择”→“反向”命令，反转选区，选中“图层 1 副本”图层，单击“添加图层蒙版”按钮，为其添加图层蒙版，如图 6-104 所示。

图 6-103　载入“图层 1”图层蒙版缩览图

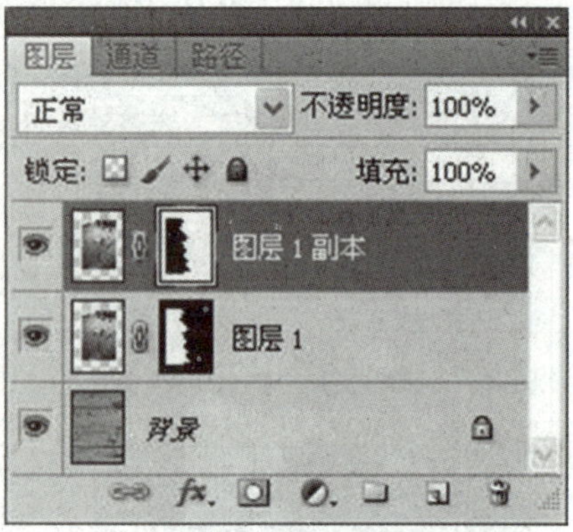

图 6-104　为“图层 1 副本”添加图层蒙版

四、添加图层样式

选择“图层 1”，按“Ctrl+T”组合键，调整图像的位置，效果图如图 6-105 所示。添加“投影”效果，右键单击“图层 1”缩览图，在弹出的快捷菜单中选择“拷贝图层样式”命令；然后选择并右击“图层 1 副本”图层，在弹出的快捷菜单中选择“粘贴图层样式”命令，如图 6-106 所示。

图 6-105　调整图像的位置

图 6-106　粘贴图层样式

五、完善图像

在工具箱中单击“加深工具”，加深图像底部颜色（如图 6-107 所示），完善后最终效果图如图 6-108 所示。

图 6-107　加深图像底部颜色

图 6-108　完善后最终效果图

任务四　制作“创意水果动物”

任务要求

练习制作“创意水果动物”。学会利用图层混合模式、图层蒙版、“曲线”命令、“亮度/对比度”命令等制作水果与动物的合成图像，效果图如图 6-109 所示。

图 6-109　“创意水果动物”效果图

知识技能

图层混合模式是 Photoshop CS6 中的核心功能之一，也是在图像处理中最为常用的一种技术手段。使用图层混合模式可以创建各种图层特效，实现充满创意的平面设计作品。

图层混合模式决定当前图层中的像素与其下面图层中的像素以何种模式进行混合，简称混合模式。

Photoshop CS6 中有 27 种图层混合模式，每种模式都有各自的运算公式。因此，对同样的两幅图像，设置不同的图层混合模式，得到的图像效果也是不同的。根据各混合模式的基本功能，大致将图层混合模式分为六大类，如图 6-110 所示。

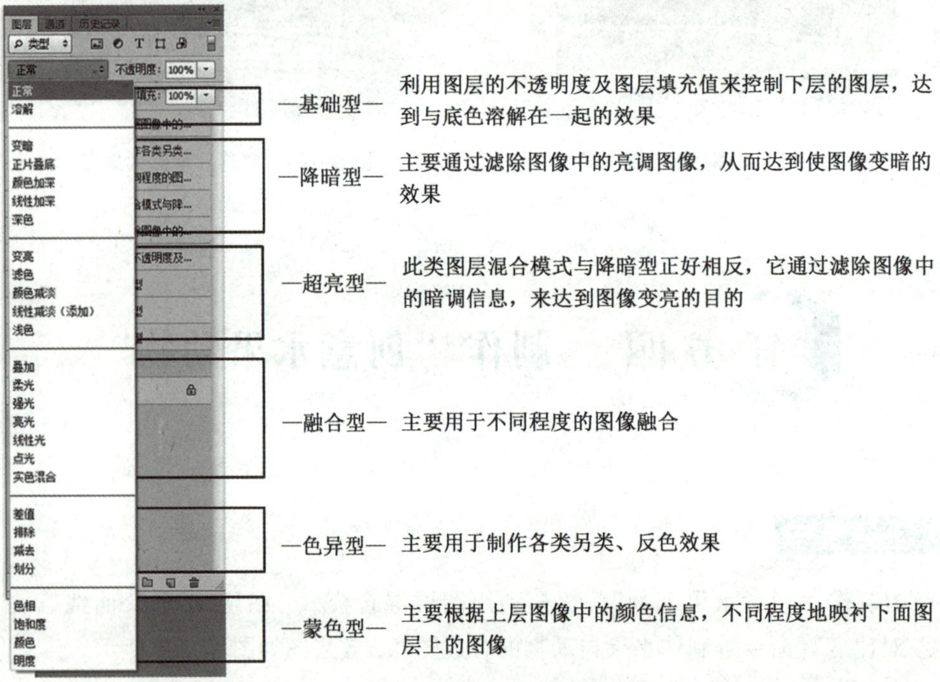

图 6-110　图层混合模式分类

任务实施

一、打开素材图片

(1) 依次打开本任务所需要的两幅素材图片（图 6-111）。

（a）素材图片“水果.tif”

（b）素材图片“海狮.tif”

图 6-111　两幅素材图片

（2）使用“移动工具”拖动“海狮 . tif”图像至“水果 . tif”图像中，自动生成“图层 1”，效果图如图 6-112 所示。

图 6-112　移动素材图片“海狮 . tif”

二、设置图层混合模式

（1）打开“图层”面板，设置“图层 1”的图层混合模式为“变暗”（如图 6-113 所示），即可得到如图 6-114 所示的效果图。

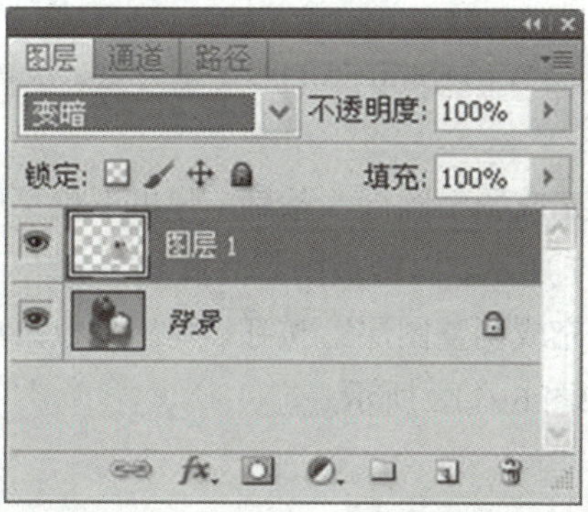

图 6-113　设置“变暗”

图 6-114　“变暗”后效果图

（2）选中“图层 1”图层，单击“添加图层蒙版”按钮，为其添加图层蒙版，并使用“画笔工具”涂抹，如图 6-115 所示。

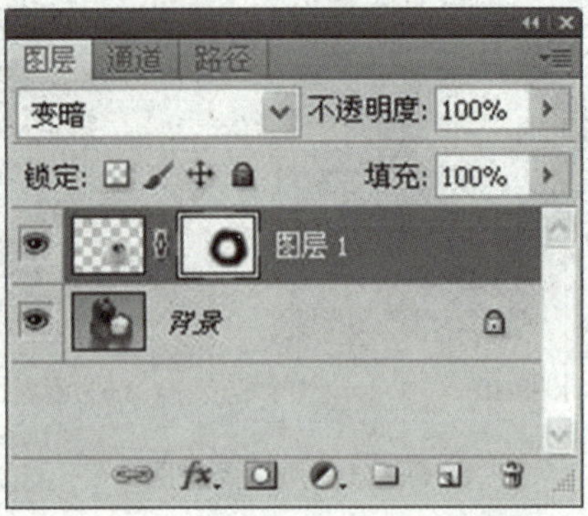

图 6-115　添加图层蒙版并涂抹

（3）按“Ctrl+J”组合键复制“图层 1”，设置“图层 1 副本”的图层混合模式为“柔光”，效果图如图 6-116 所示。

图 6-116　设置“柔光”

三、美化图像

（1）选择“图层”面板中最上面的图层，按“Ctrl+Shift+Alt+E”组合键，执行“盖印可见图层”命令。

（2）在“图层”面板中单击“创建新的填充或调整图层”按钮，弹出下拉菜单，并在其中选择“曲线”命令，调整参数如图 6-117 所示，以增加图像亮度。

（3）在“图层”面板中单击“创建新的填充或调整图层”按钮，弹出下拉菜单，并在其中选择“亮度/对比度”命令，调整参数如图 6-118 所示。

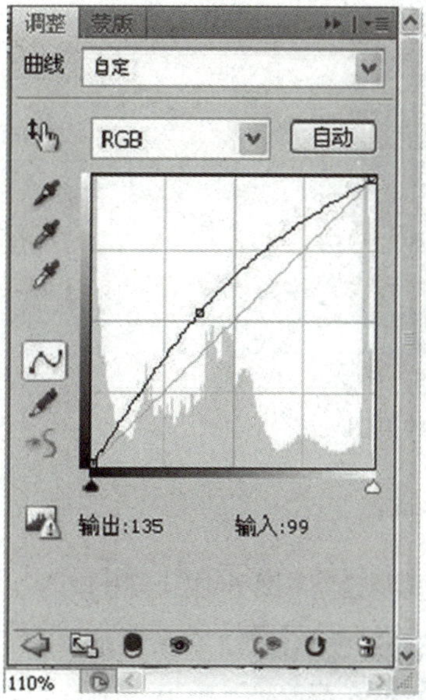

图 6-117 调整参数（一）

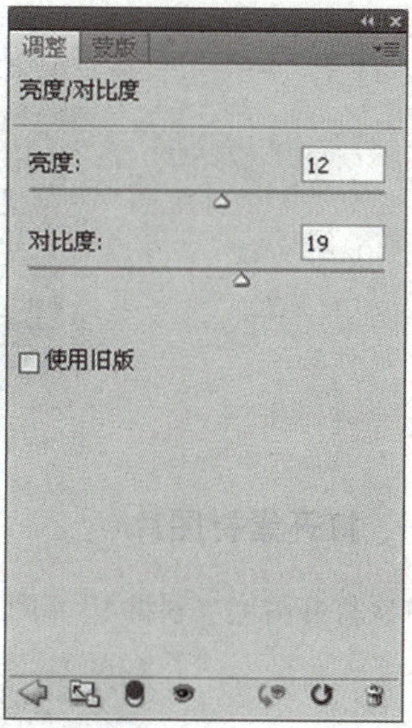

图 6-118 调整参数（二）

（4）最终制作效果图如图 6-119 所示。

图 6-119 “创意水果动物”最终效果图

任务小结

本任务的目的在于学会使用混合模式和图层蒙版对动物和水果图像进行初期合成，使用“曲线”命令和“亮度/对比度”命令使动物与水果图像相互融合。通过练习，熟练掌握结合多种工具完成图像特效的制作技巧。

任务练习

利用图层知识制作节水主题公益广告，其制作效果图如图 6-120 所示。

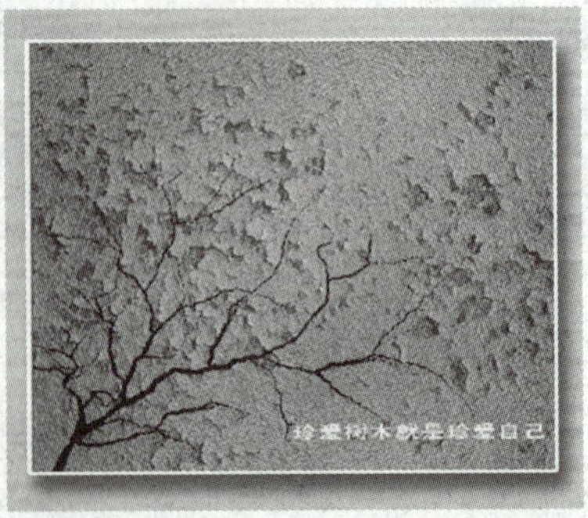

图 6-120　节水主题公益广告效果图

一、打开素材图片

依次打开图片“素材 1”［图 6-121（a）］及“素材 2”［图 6-121（b）］。

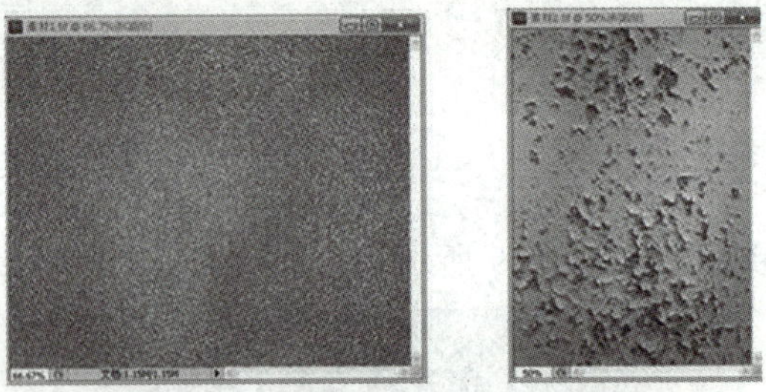

（a）素材图片“素材1”　　（b）素材图片“素材2”

图 6-121　“素材 1”及“素材 2”

二、合成图像

将“素材 2”图像拖动到“素材 1”图像中，自动生成“图层 1”，如图 6-122 所示。选择“图层 1”，按“Ctrl+T”组合键，右键单击画布，在弹出的菜单中执行“旋转 90 度（顺时针）”命令，变换后图像如图 6-123 所示。

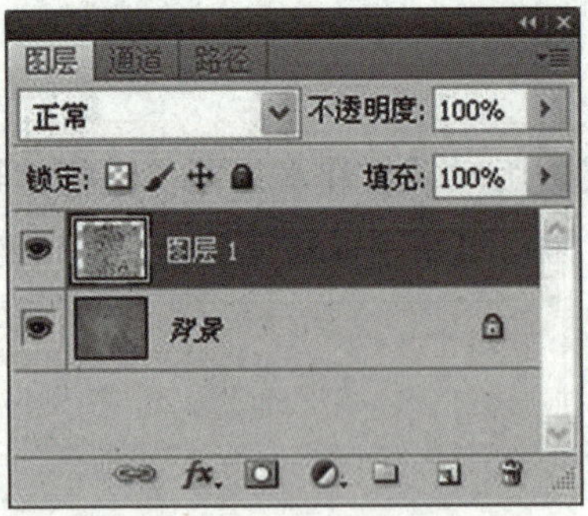

图 6-122　移动图像生成图层

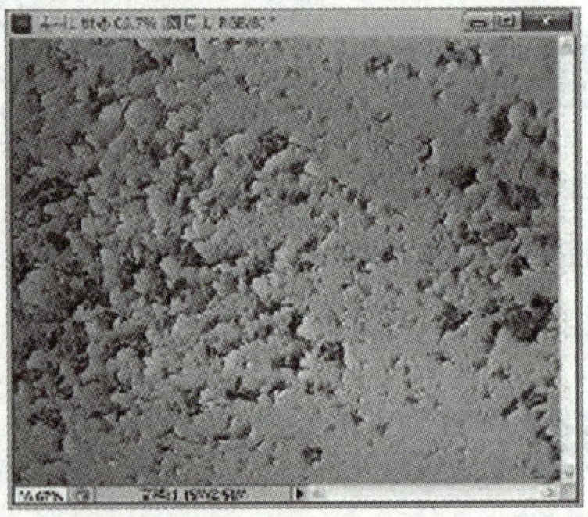

图 6-123　顺时针旋转图像

三、设置图层混合模式

将“图层 1”的图层混合模式设为“正片叠底”，如图 6-124 所示，设置后效果图如图 6-125 所示。按“Ctrl+J”组合键，复制“图层 1”，设置“图层 1 副本”的图层混合模式为“点光”、“不透明度”为“25%”，如图6-126所示。

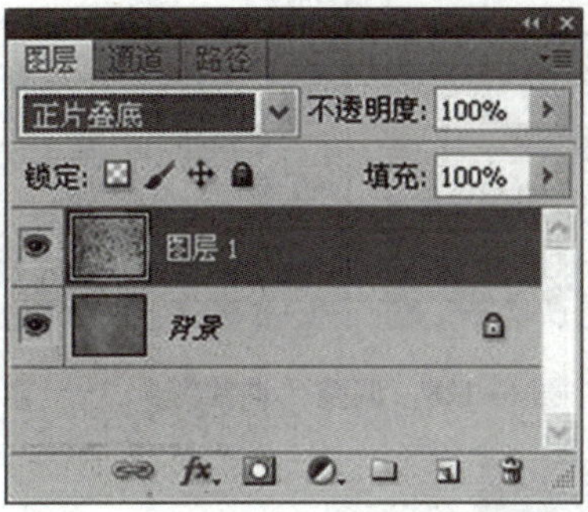

图 6-124　设置“正片叠底”

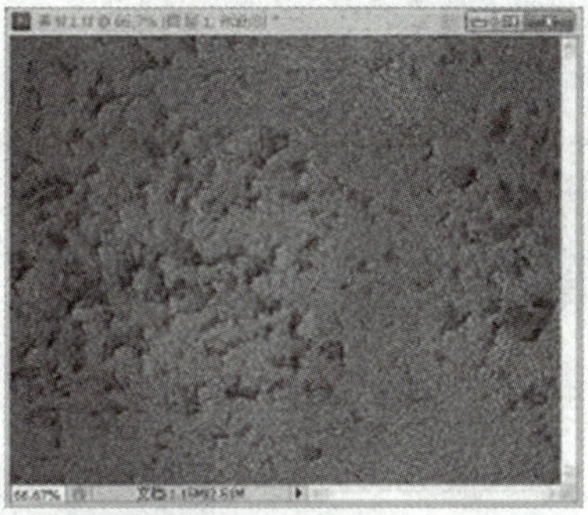

图 6-125　设置“正片叠底”后效果图

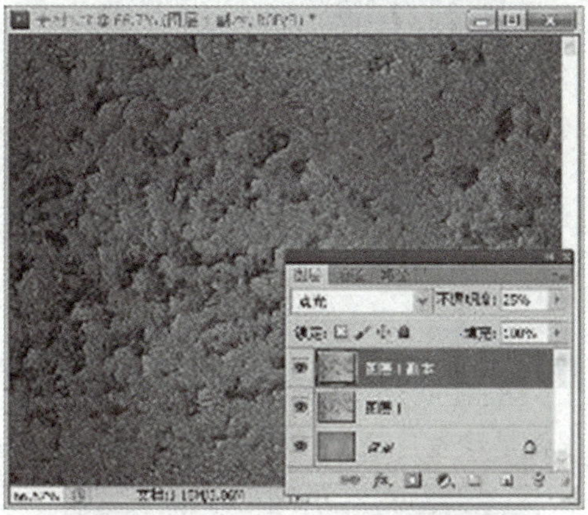

图 6-126　设置“点光”后效果图

四、调整图像整体色调

利用“移动工具”将素材图片“树枝”拖到正在操作的文件中，如图6-127所示。在“图层”面板中单击“创建新的填充或调整图层”按钮，弹出下拉菜单，并在其中选择“曲线”命令，调整参数如图6-128所示，调整色调后效果图如图6-129所示。

图 6-127　移动“树枝”图像

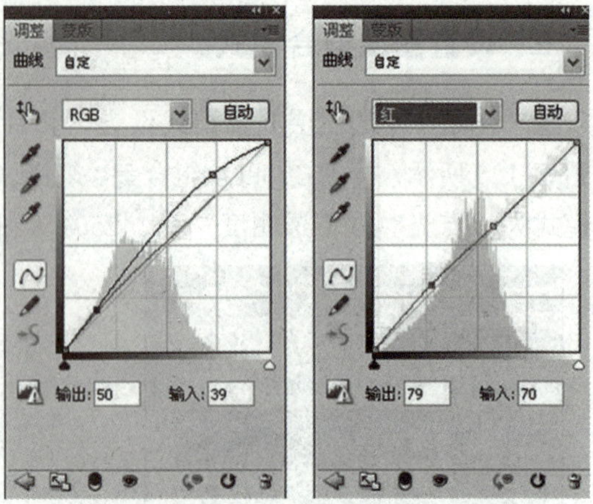

图 6-128　调整“曲线”

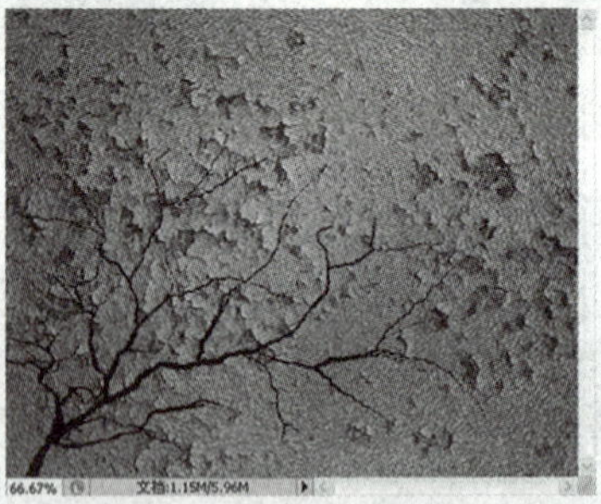

图 6-129　调整色调后效果图

五、添加文字

输入文字“珍爱树木就是珍爱自己”，最终效果图如图 6-130 所示。

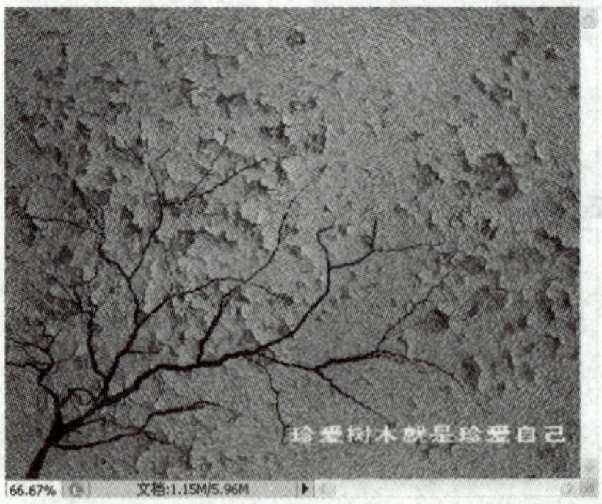

图 6-130　节水主题公益广告最终效果图

任务五　合成“海啸”图像

任务要求

通过练习，进一步掌握图层的相关操作及图层蒙版的作用，熟练使用图层调整层及各种工具进行图像合成，从而完成“海啸”图像的制作，其完成效果图如图 6-131 所示。

图 6-131　合成“海啸”图像效果图

知识技能

练习为图像添加新的填充和调整图层，进一步掌握图层蒙版和图层混合模式在图像合成中的应用，熟练掌握多种工具结合完成图像特效的制作技巧。

调整图层是 Photoshop CS6 处理图像合成中常用的功能之一，通过“图层”面板下方按钮组中的“创建新的填充或调整图层”按钮，完成“图像”→“调整”菜单中的大部分命令；而且相比较使用“图像”→“调整”菜单中的命令来调整图层的方法，此方法不会直接更改当前图层内容，而是在图层上新建一个调整层，随时可以就图像效果进行重新编辑和设置，以便于达到自己想要的效果。

任务实施

一、打开素材图片

依次打开三幅素材图片（图 6-132）。

（a）素材图片“海浪1”　（b）素材图片“建筑素材”　（c）素材图片“海浪2”

图 6-132　三幅素材图片

二、创建调整图层

(1) 确定“海浪 1”图像正处于编辑状态，在“图层”面板中单击“创建新的填充或调整图层”按钮，弹出下拉菜单，并在其中选择“色阶”命令，调整参数如图 6-133 所示。

(2) 在“图层”面板中单击“创建新的填充或调整图层”按钮，弹出下拉菜单，并在其中选择“色相/饱和度”命令，调整参数如图 6-134 所示。

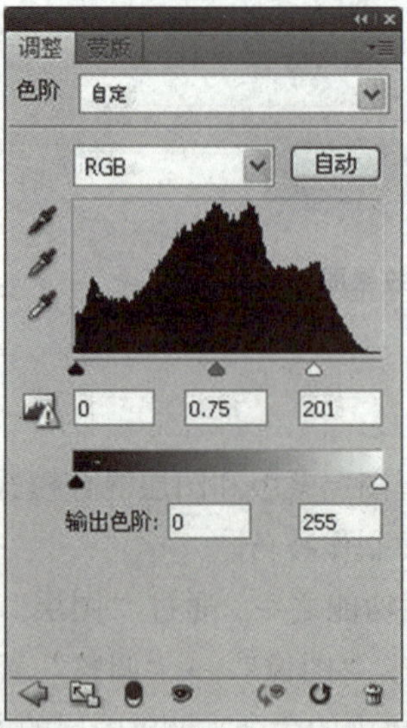

图 6-133　“色阶”对话框（八）

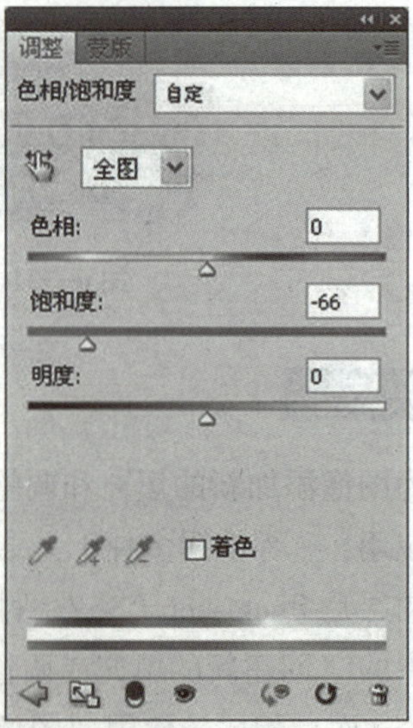

图 6-134　“色相/饱和度”对话框（六）

(3) 利用“移动工具”将“建筑素材”图像拖到正在操作的“海浪 1”图像中，自动生成“图层 1”，如图 6-135 所示。

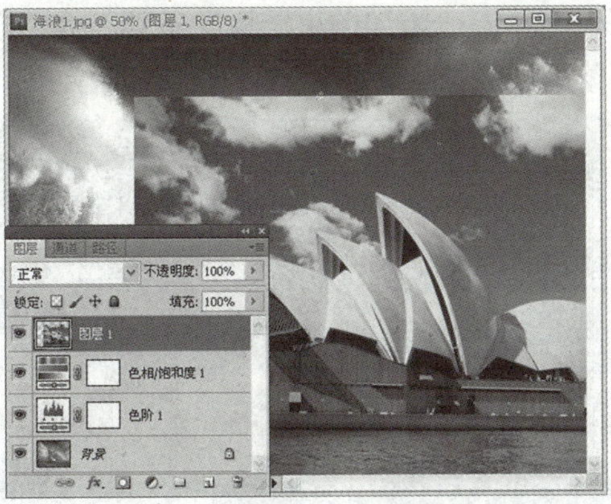

图 6-135　移动“建筑素材”图像

（4）在“图层”面板中单击“添加图层蒙版”按钮，给“图层 1”添加图层蒙版，并利用“画笔工具”在蒙版层涂抹，效果图如图 6-136 所示。

图 6-136　“图层 1”添加图层蒙版并涂抹后效果图

（5）利用“移动工具”将“海浪 2”图像拖到正在操作的“海浪 1”图像中，自动生成“图层 2”，如图 6-137 所示。

图 6-137　移动“海浪 2”图像

（6）在“图层”面板中单击“添加图层蒙版”按钮，给“图层 2”添加图层蒙版，并利用“画笔工具”在蒙版层涂抹，效果图如图 6-138 所示。

图 6-138　“图层 2”添加图层蒙版并涂抹后效果图

（7）在“图层”面板中单击“创建新的填充或调整图层”按钮，弹出下拉菜单，并在其中选择“色相/饱和度”命令，调整参数如图 6-139 所示。利用“画笔工具”在该调整图层的蒙版层涂抹，效果图如图 6-140 所示。

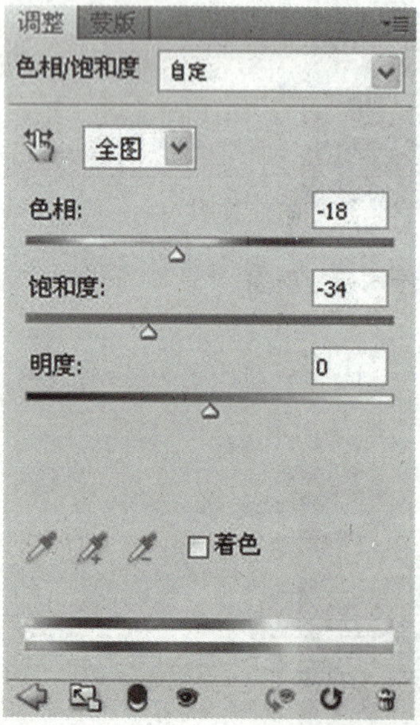

图 6-139　“色相/饱和度”对话框（七）

图 6-140　在“色相/饱和度 2”的蒙版层涂抹

（8）继续在“图层”面板中单击“创建新的填充或调整图层”按钮，弹出下拉菜单，并在其中选择“色相/饱和度”命令，调整参数如图 6-141 所示。利用“画笔工具”在该调整图层的蒙版层涂抹，效果图如图 6-142 所示。

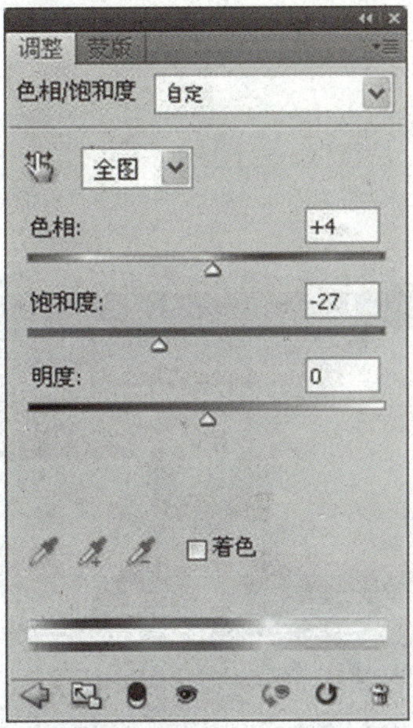

图 6-141　“色相/饱和度”对话框（八）

图 6-142　在“色相/饱和度 3”的蒙版层涂抹

三、盖印图层并进行调整

（1）选择“图层”面板中最上面的图层，按“Ctrl+Shift+Alt+E”组合键，执行“盖印可见图层”命令，如图 6-143 所示。

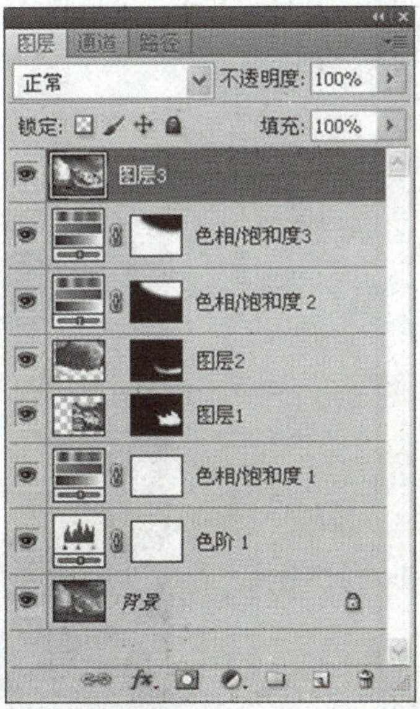

图 6-143　对“图层 3”执行“盖印可见图层”命令

（2）在“图层”面板中单击“创建新的填充或调整图层”按钮，弹出下拉菜单，并在其中选择“色相/饱和度”命令，调整参数如图 6-144 所示。利用“画笔工具”在该调整图层的蒙版层涂抹，效果图如图 6-145 所示。

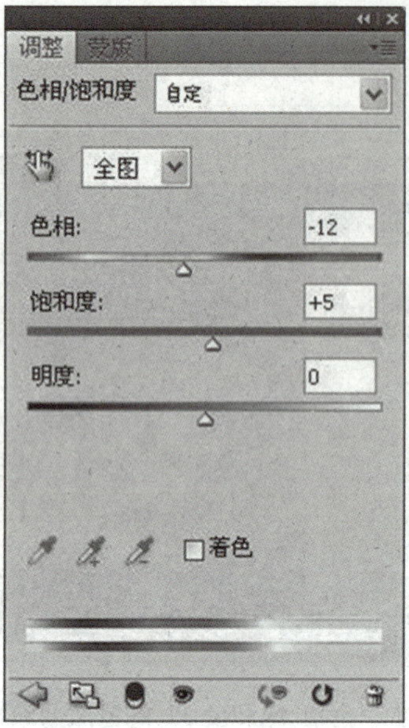

图 6-144 “色相/饱和度”对话框（九）

图 6-145 涂抹后效果图（一）

（3）在“图层”面板中单击“创建新的填充或调整图层”按钮，弹出下拉菜单，并在其中选择“色相/饱和度”命令，调整参数如图 6-146 所示，调整后效果图如图6-147所示。

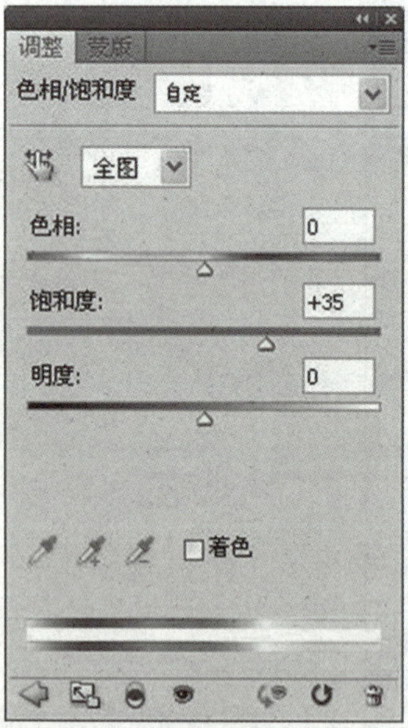

图 6-146 “色相/饱和度”对话框（十）

图 6-147 涂抹后效果图（二）

四、制作“海啸”效果

(1) 单击“图层”面板下方的“新建图层”按钮，创建“图层 4”，并填充黑色，如图 6-148 所示。

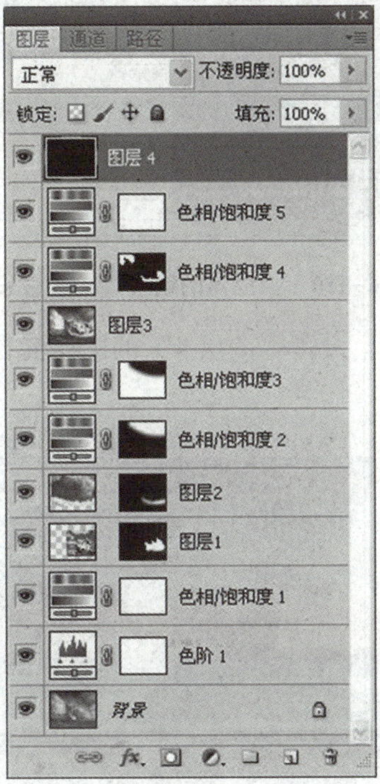

图 6-148 创建“图层 4”

(2) 执行“滤镜”→“杂色”→“添加杂色”命令，参数设置如图 6-149 所示。

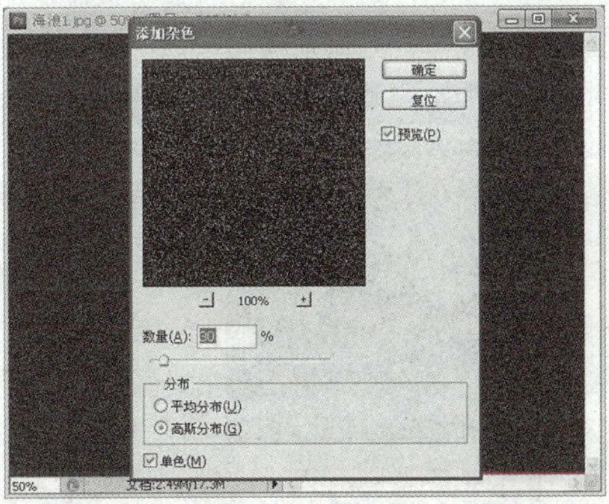

图 6-149 为“图层 4”“添加杂色”

(3) 执行“滤镜”→“画笔描边”→“成角的线条”命令，参数设置如图 6-150 所示。

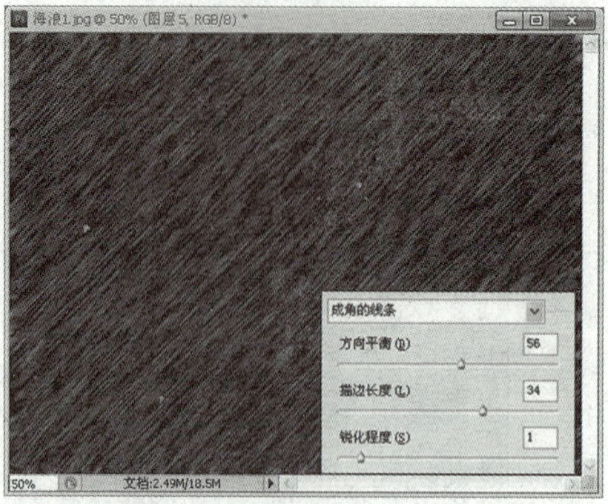

图 6-150　“成角的线条”的参数设置

（4）打开“图层”面板，设置“图层 4”的图层混合模式为“滤色”，如图 6-151 所示。

图 6-151　设置“图层 4”的图层混合模式

（5）执行“滤镜”→“模糊”→“高斯模糊”命令，参数设置如图 6-152 所示。

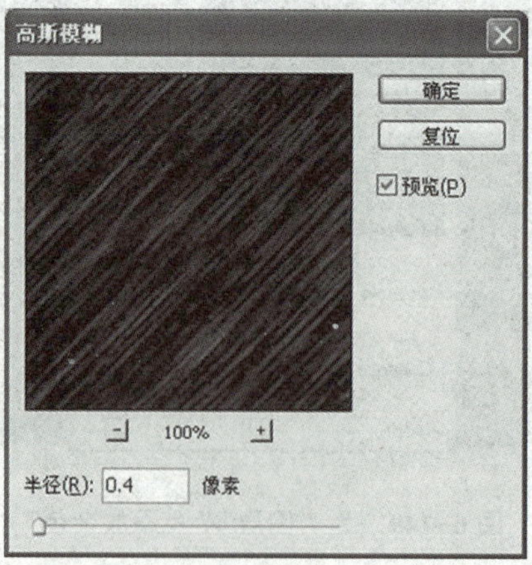

图 6-152　设置“高斯模糊”参数

（6）复制“图层 4”，如图 6-153 所示。

图 6-153　复制“图层 4”

五、添加文字

图像合成后，还要为其添加文字信息，最终效果图如图 6-154 所示。

图 6-154　合成“海啸”图像最终效果图

任务小结

通过本任务的学习，掌握图层的相关知识。调整图层是较为常用的一种特殊图层，它可以在图层上创建效果，而不改变原有的图层；可以将颜色和色调调整应用于图像，而不会更改图像的像素值。在调整图层上会自动添加一个图层蒙版，可以随时对不满意的效果进行更改。

任务练习

应用图层的相关知识，完成“黑白照片上色”任务练习，其制作效果图如图 6-155 所示。

图 6-155 “黑白照片上色”效果图

一、创建调整图层

打开素材图片（图 6-156），在“图层”面板中单击“创建新的填充或调整图层”按钮，弹出下拉菜单，并在其中选择“色相/饱和度”命令，参数设置如图 6-157 所示。利用“画笔工具”在调整图层的蒙版层涂抹，效果图如图 6-158 所示。

图 6-156 黑白照片

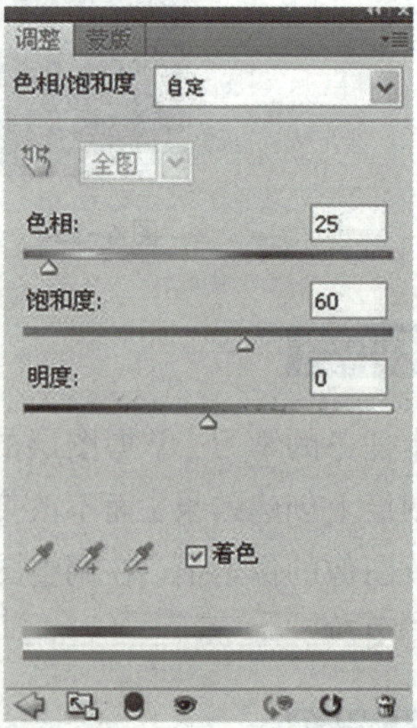

图 6-157 “色相/饱和度”对话框（十一）

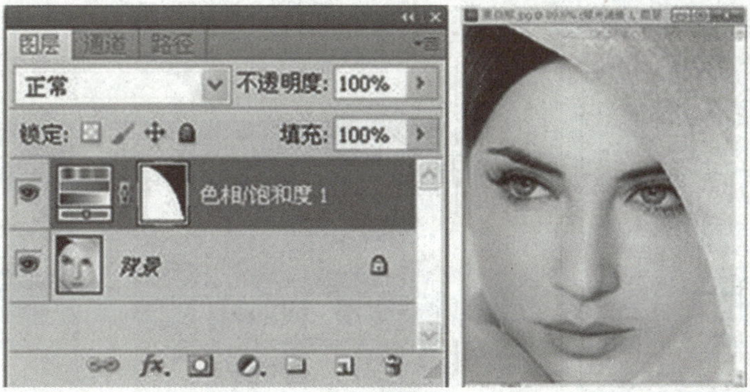

图 6-158 “图层”面板及效果图（一）

二、上色

在“图层”面板中单击“创建新的填充或调整图层”按钮，弹出下拉菜单，并在其中选择“照片滤镜”命令，参数保持默认值，如图 6-159 所示。利用“画笔工具”在调整图层的蒙版层涂抹，效果图如图 6-160 所示。

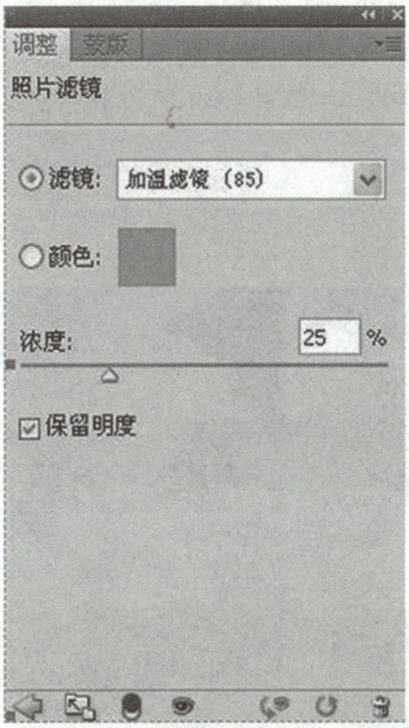

图 6-159 “照片滤镜”面板

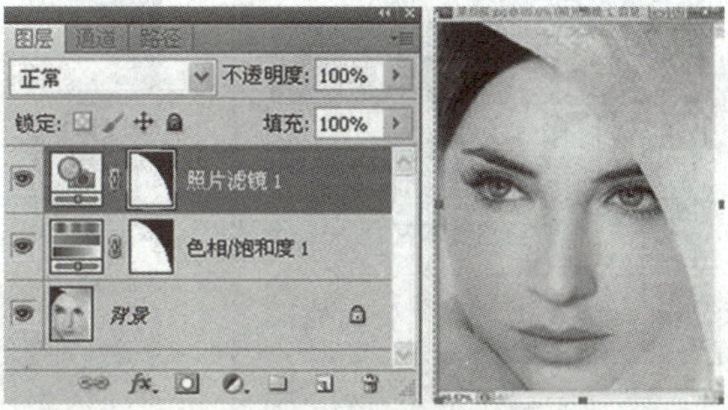

图 6-160 “图层”面板及效果图（二）

三、美化人像

按“Ctrl+Alt+2”组合键，载入图像高光选区（如图 6-161 所示）。创建“图层 1”并填充白色，如图 6-162 所示。

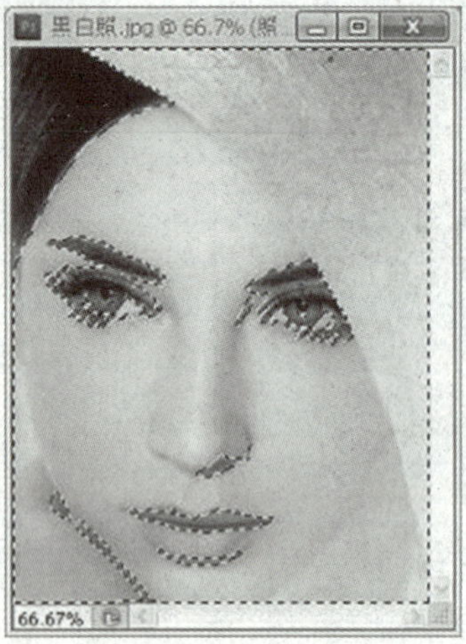

图 6-161　载入图像高光选区

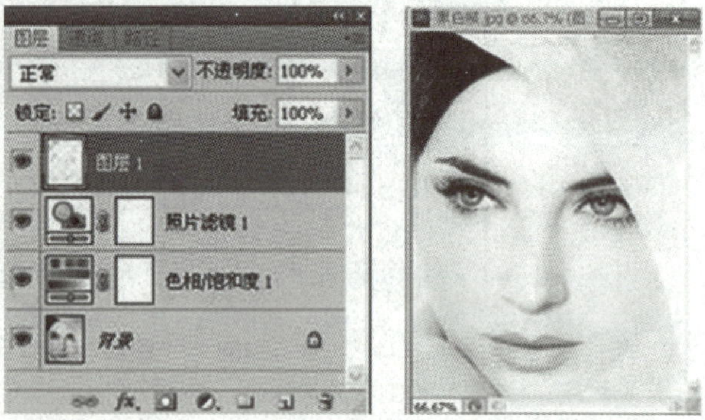

图 6-162　创建“图层 1”并填充白色

四、进一步美化人像

设置该图层的图层混合模式为“柔光”，并添加图层蒙版；利用“画笔工具”在蒙版层涂抹，如图 6-163 所示。使用“钢笔工具”沿“嘴唇”区域绘制，鼠标左键单击“图层”面板下方的“创建新图层”按钮，创建“图层 2”，并填充粉红色（R237，G38，B98），效果图如图6-164所示。

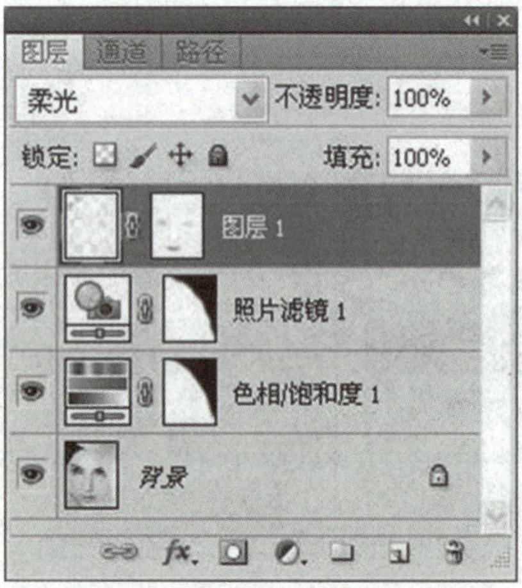

图 6-163　“图层”面板的设置

图 6-164　绘制“嘴唇”图像并填充粉红色

五、修饰唇部

执行“添加杂色”命令，打开“添加杂色”面板，参数设置如图 6-165 所示；设置“图层 2”的图层混合模式为“柔光”、“不透明度”为“65%”，设置后效果图如图 6-166所示。保持“图层 2”选区存在，在“图层”面板中单击“创建新的填充或调整图层”按钮，弹出下拉菜单，并在其中选择“色彩平衡”命令，参数设置如图 6-167 所示。此时图像效果图如图 6-168 所示。

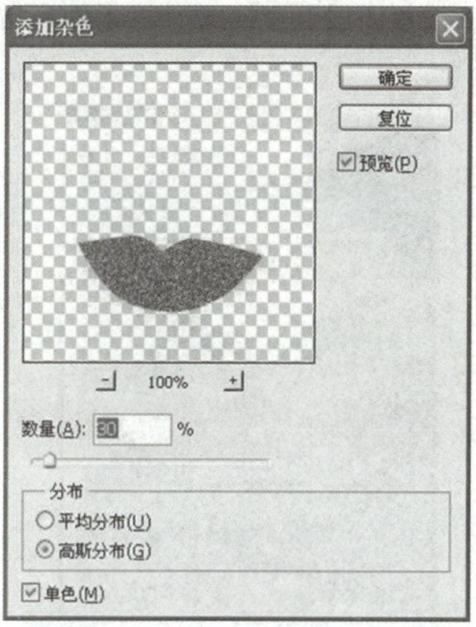

图 6-165 设置“添加杂色”参数

图 6-166 设置参数后的效果图（一）

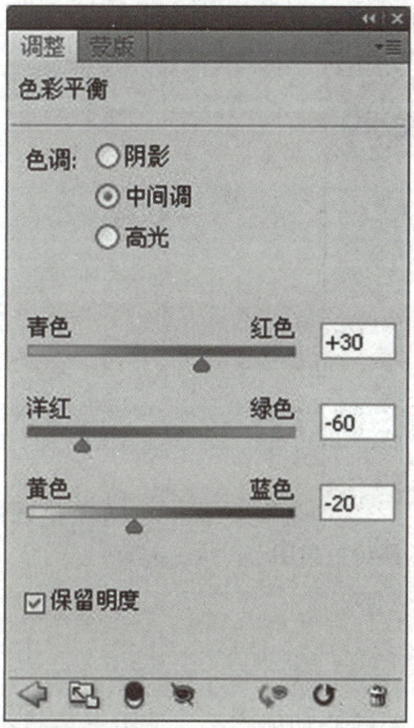

图 6-167 “色彩平衡”对话框（六）

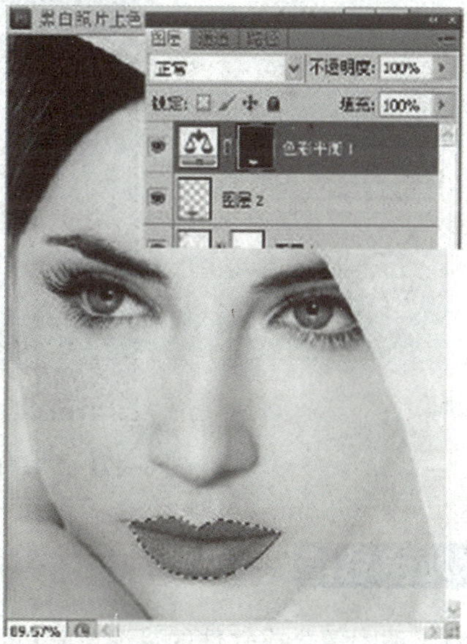

图 6-168 设置参数后的效果图（二）

六、调整图像

创建“图层 3”，选择“画笔工具”（柔角 60 像素），在文件窗口中涂抹“眼睛”区域，颜色设置（R2，G129，B255），更改图层混合模式为“色相”、“不透明度”为“85%”，如图 6-169 所示。创建“图层 4”，选择“画笔工具”在“脸部”区域涂抹橘红色（R254，G67，B1），效果图如图 6-170 所示。设置图层混合模式为“颜色”，最终效果图如图 6-171 所示。

图 6-169　设置参数后的效果图（三）

图 6-170　涂抹橘红色后效果图

图 6-171　“黑白照片上色”最终效果图

项目总结

图层是图像合成软件的灵魂，是 Photoshop CS6 的核心功能之一，是用来装载各种图像的载体。通过完成本项目中的任务练习，理解并掌握图层的基本操作、图层样式、图层蒙版、图层混合模式的应用技巧。在合成图像时，要准确、灵活地运用图层，再利用通道和滤镜等知识使创意得到发挥，从而实现理想的设计效果。

项目实训

实训一　设计公益海报

通过设计如图 6-172 所示的公益海报，进一步掌握在合成图像过程中对图层知识的理解及应用。

图 6-172　公益海报效果图

一、制作思路

首先打开素材图片，然后使用“快速选择工具”和“魔棒工具”等工具选取图像并进行“羽化”，且将选出来的图像移动到“背景”图像中，最后输入文字。

二、制作步骤

（1）打开素材图片“大地干旱”，执行“图像”→“调整”→“亮度/对比度”命令，参数设置如图 6-173 所示。

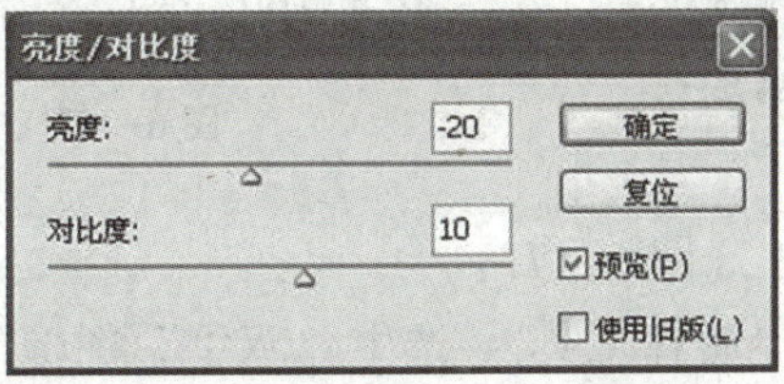

图 6-173　“亮度/对比度”对话框（三）

（2）利用“矩形选框工具”绘制选区，执行“选择”→“修改”→“羽化”命令（或者按“Shift+F6”组合键），参数设置如图 6-174 所示。

（3）执行“图像”→“调整”→“色彩平衡”命令，参数设置如图 6-175 所示。

图 6-174　“羽化”矩形选区

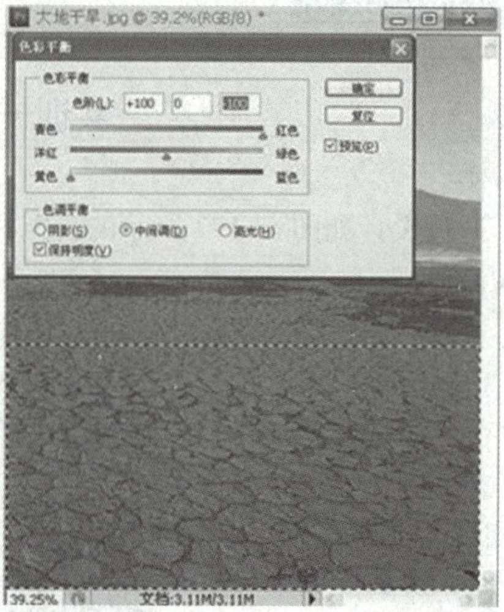

图 6-175　设置“色彩平衡”参数

（4）单击“图层”面板下方的“创建新图层”按钮，创建“图层 1”。选择工具箱中的“渐变工具”，设置参数，并设置“不透明度”为“45%”，并在“图层 1”中填充设置的渐变色，如图 6-176 所示。

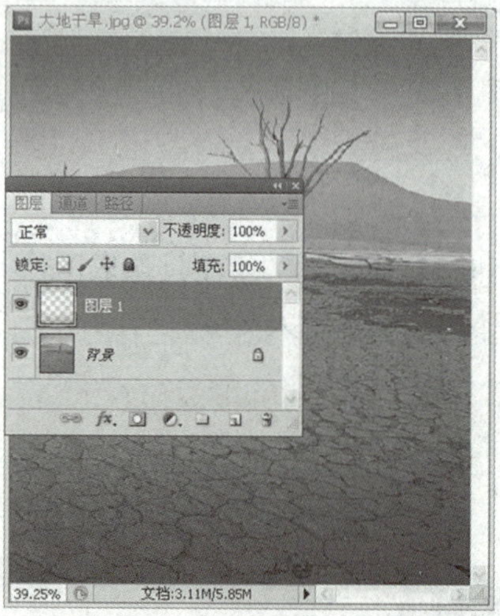

图 6-176　在“图层 1”中填充设置的渐变色

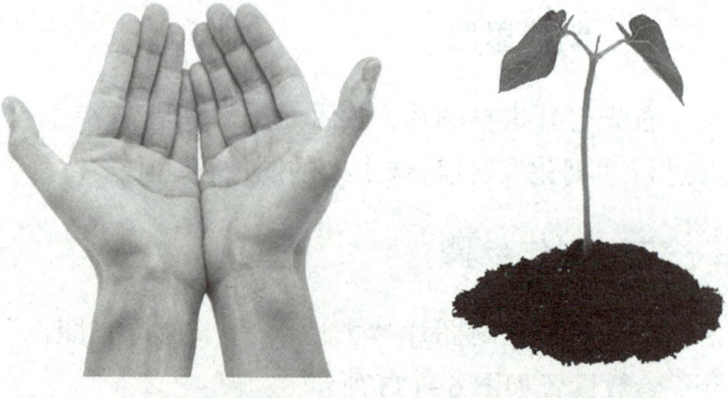

（a）素材图片“双手”　　（b）素材图片“植物”

图 6-177　打开所需图片

（5）依次打开素材图片（图 6-177）。

（6）在工具箱中单击“魔棒工具”，选中“双手”图像的白色区域，再按“Shift+Ctrl+I”组合键反向选区，然后利用“移动工具”将“双手”图像拖到当前正在操作的文件中，移动图像后效果图如图 6-178 所示。

（7）按“Ctrl+T”组合键，调出自由变换框，对“双手”图像进行变形，调整到合适大小。在“图层”面板中单击“添加图层蒙版”按钮，为该图层添加图层蒙版，并利用“渐变工具”在蒙版层填充渐变，如图 6-179 所示。

图 6-178　移动“双手”图像

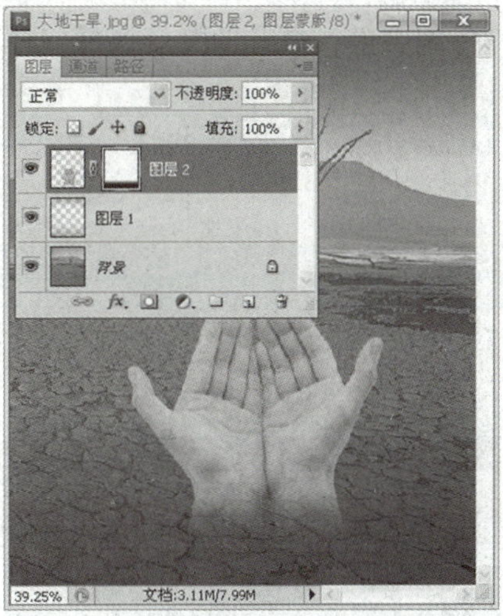

图 6-179　为“图层 2”添加图层蒙版并在蒙版层填充渐变

（8）在工具箱中单击“魔棒工具”，选中“植物”图像的白色区域，再按“Shift+Ctrl+I”组合键反向选区，然后利用“移动工具”将“植物”图像拖到当前正在操作的文件中，移动图像后效果图如图 6-180 所示。

（9）按“Ctrl+T”组合键，调出自由变换框，对“植物”图像进行变形，调整到合适大小。执行“图像”→“调整”→“亮度/对比度”命令，参数设置如图 6-181 所示。

图 6-180　移动“植物”图像

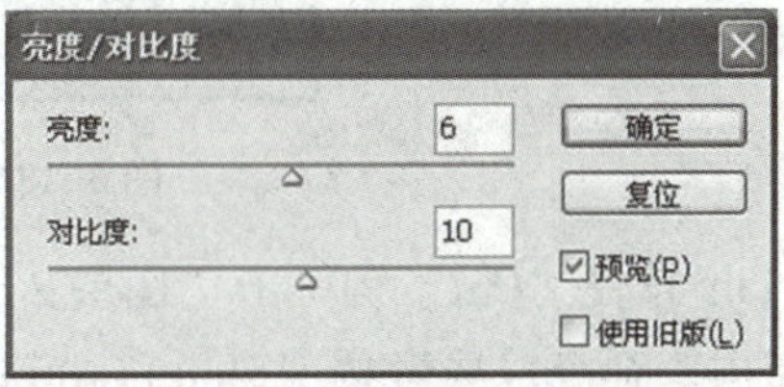

图 6-181　“亮度/对比度”对话框（四）

（10）执行“图像”→“调整”→“色彩平衡”命令，参数设置如图 6-182 所示。

（11）按“Ctrl+J”组合键，复制“图层 3”，将“图层 3”设置为当前工作层，点击

“图层”面板上的“锁定透明像素”（

），为“图层 3”填充黑色。按“Ctrl+T”组合键，调出自由变换框，对“图层 3”进行变形处理，效果图如图 6-183 所示。

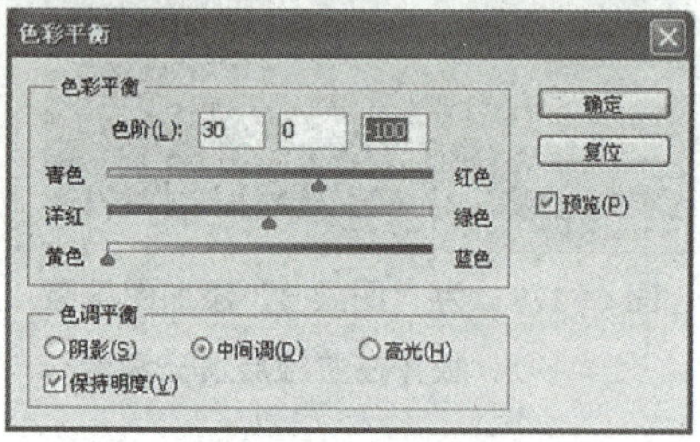

图 6-182　设置“色彩平衡”参数

图 6-183　“图层 3”填充黑色并做变形处理

（12）再次单击“图层”面板上的“锁定透明像素”，取消锁定。执行“滤镜”→“模糊”→“高斯模糊”命令，“半径”的设置如图 6-184 所示。

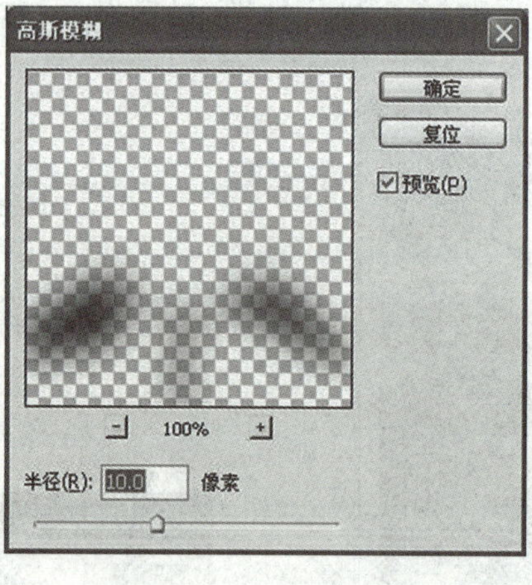

图 6-184　设置“半径”

（13）按住“Ctrl”键单击“图层 2”缩览图，载入“图层 2”选区。执行“选择”→“反向”命令（或者按“Shift+Ctrl+I”组合键），按“Delete”键删除多余的“植物”，然后调整图层的“不透明度”为“80%”，如图 6-185 所示。

图 6-185 调整图层的“不透明度”

图 6-186 输入标题后效果图

（14）输入标题，并为文字图层添加“投影”样式和“斜面和浮雕”样式，参数设置为默认值，效果图如图 6-186 所示。

（15）打开素材图片“海水”，利用“移动工具”将其拖到当前正在操作的文件中，如图6-187所示。

（16）执行“图层”→“创建剪贴蒙版”命令（或者按“Alt+Ctrl+G”组合键），为图像添加剪贴蒙版，效果图如图 6-188 所示。

图 6-187 移动“海水”图像

图 6-188 创建剪贴蒙版后效果图

（17）执行“图像”→“调整”→“色相/饱和度”命令（或者按“Ctrl+U”组合键），参数设置如图 6-189 所示。

（18）输入其余文字，最终效果图如图 6-190 所示。

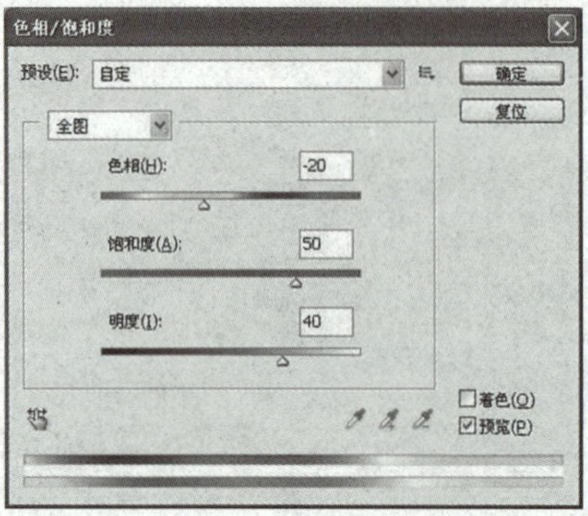

图 6-189 “色相/饱和度”对话框（十二）

图 6-190 公益海报最终效果图

实训二 制作非主流照片

练习制作非主流照片，完成效果图如图 2-6-191 所示。

图 6-191 非主流照片效果图

一、制作思路

在具体制作过程中，通过设置图层蒙版、图层混合模式等使素材图片完美合成，然后利用调整图层改变照片色调，最后添加相关文字。

二、制作步骤

（1）执行“文件”→“新建”命令（或者按“Ctrl+N”组合键），弹出“新建”对话框，参数设置如图 6-192 所示。

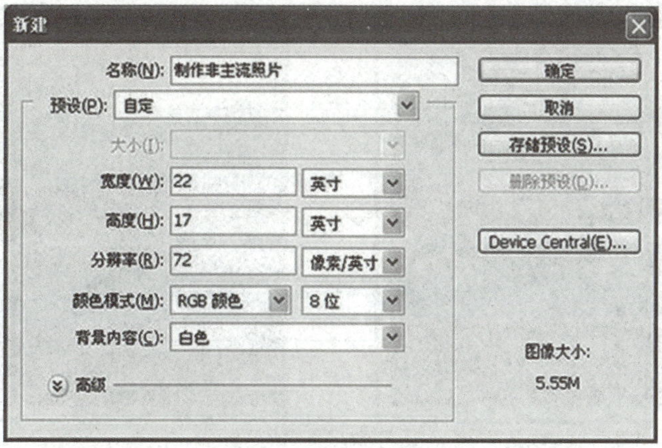

图 6-192 “制作非主流照片”的“新建”对话框

（2）执行“文件”→“打开”命令（或者按“Ctrl+O”组合键），打开图片“素材1”。使用“移动工具”拖动“素材1”图像到当前正在编辑的文档中，并按“Ctrl+T”组合键，调出自由变换框，对“素材1”图像进行变形处理，调整到合适大小，效果图如图 6-193 所示。

（3）继续执行“文件”→“打开”命令（或者按“Ctrl+O”组合键），打开素材图片“素材2”。使用“移动工具”拖动“素材2”图像到当前正在编辑的文档中，更改图层混合模式为“变暗”，效果图如图 6-194 所示。

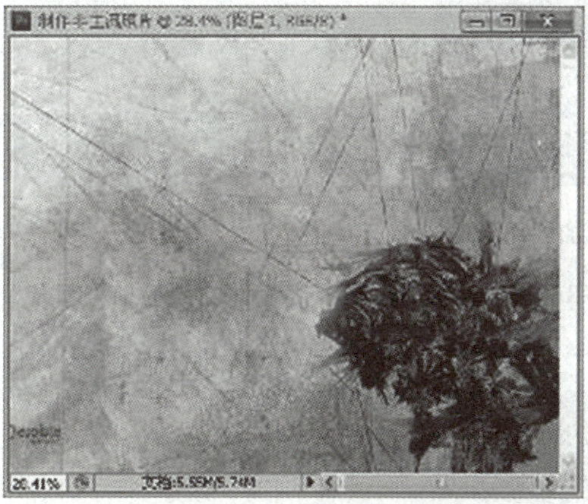

图 6-193 移动“素材1”图像

图 6-194 “变暗”后效果图（一）

（4）继续执行“文件”→“打开”命令（或者按“Ctrl+O”组合键），打开素材图片“素材3”。使用“移动工具”拖动“素材3”图像到当前正在编辑的文档中，效果图如图 6-195 所示。更改图层混合模式为“变暗”，效果图如图 6-196 所示。

图 6-195　移动“素材 3”图像

图 6-196　“变暗”后效果图（二）

（5）在“图层”面板中单击“添加图层蒙版”按钮，为“图层 1”添加图层蒙版，并利用“画笔工具”在蒙版层涂抹，如图 6-197 所示。

图 6-197　为“图层 1”添加图层蒙版且涂抹

（6）继续在“图层”面板中单击“添加图层蒙版”按钮，为“图层 2”添加图层蒙版，并利用“画笔工具”在蒙版层涂抹，如图 6-198 所示。

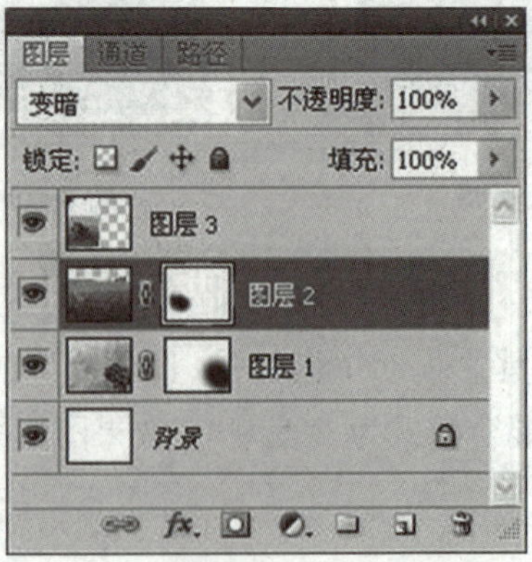

图 6-198　为“图层 2”添加图层蒙版且涂抹

(7) 选择“图层 3”为当前工作层，选择“椭圆选框工具”，在工具选项条上选择“路径按钮”，绘制如图 6-199 所示的路径。

(8) 在“图层”面板中单击“创建新的填充或调整图层”按钮，弹出下拉菜单，并在其中选择“渐变映射”命令。在弹出的对话框中，单击“渐变类型”选择框，设置渐变类型颜色值为从“1f4b11”到“7a5e09”，然后单击“确定”按钮，得到“渐变映射 1”图层，设置“渐变映射 1”图层的图层混合模式为“点光”，此时图像效果图如图6-200所示。

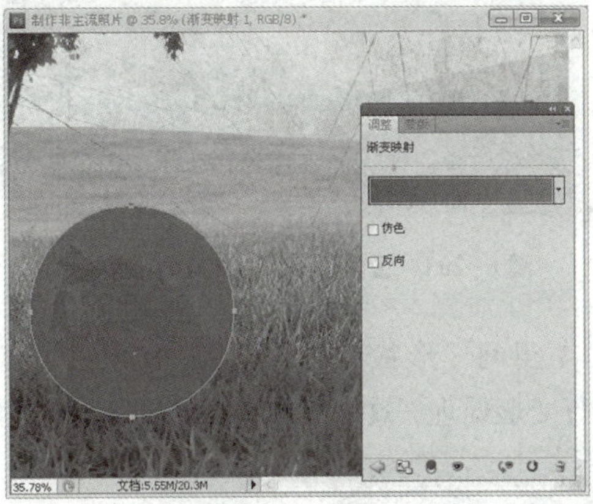

图 6-199 路径

图 6-200 “渐变映射”后效果图

(9)“渐变映射 1”图层的其他参数设置如图 6-201 所示。

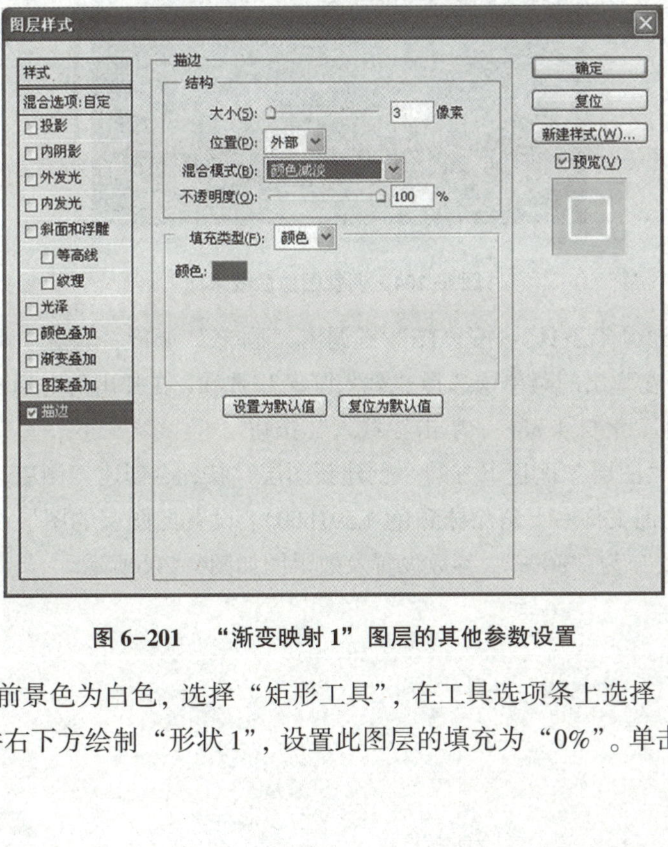

图 6-201 “渐变映射 1”图层的其他参数设置

(10) 设置前景色为白色，选择“矩形工具”，在工具选项条上选择“形状图层”按钮，在当前文件右下方绘制“形状 1”，设置此图层的填充为“0%”。单击“图层”面板底部的“添加图层样式”按钮，在弹出的菜单中选择“描边”命令，设置颜色为“8e6310”，效果图如图 6-202 和图 6-203 所示。

图 6-202　绘制“形状 1”

图 6-203　设置颜色（8e6310）后效果图

（11）按“Ctrl+J”组合键，复制“形状 1”，得到“形状 1 副本”。按“Ctrl+T”组合键，调出自由变换框，对“形状 1 副本”进行变形处理，效果图如图 6-204 所示。

图 6-204　调整图像后效果图

（12）选择“画笔工具”，按“F5”键调出“画笔”调板，单击“画笔”调板板右上方三角按钮，在弹出的菜单中选择“载入画笔”选项，在弹出的对话框中选择随书附送光盘中的文件“素材 4. abr”，单击“载入”按钮。

（13）单击“图层”面板下方的“创建新图层”按钮，创建“图层 4”。选择上一步载入的画笔在当前文件右上角涂抹颜色（591b00），设置此图层的图层混合模式为“叠加”、“不透明度”为“80%”，参数设置及效果图如图6-205所示。

图 6-205　“图层 4”的相关参数及效果图

（14）在“图层”面板中单击“创建新的填充或调整图层”按钮，弹出下拉菜单，并在其中选择“渐变”命令，在弹出的对话框中，单击“渐变类型”选择框，设置渐变类型颜色值为从“fdb72f”到“透明”，单击“确定”按钮得到“渐变填充 1”图层，得到的效果图如图6-206所示。

（15）设置“渐变填充 1”图层的图层混合模式为“正片叠底”，得到的效果图如图6-207所示。

图 6-206　“渐变填充 1”图层效果图

图 6-207　为“渐变填充 1”图层设置“正片叠底”后效果图

（16）选择“横排文字工具”，输入数字“1985”，设置适当的字体字号、文字颜色（6f580a），设置该图层的图层混合模式为“颜色加深”，得到如图 6-208 所示效果图。

（17）输入其他文字，并得到相应的文字图层，根据需要设置不同的图层样式及图层混合模式，最终效果图如图 6-209 所示。

图 6-208　调整数字图层

图 6-209　非主流照片最终制作效果图

项目七

应用滤镜制作特效

项目描述

滤镜、蒙版和通道是应用 Photoshop CS6 进行图像处理的三大核心技术。

滤镜的操作虽然简单，但要应用滤镜制作出好的图像效果却并不容易，这需要设计者既要具有一定的美学基础，又要具有对滤镜的熟练应用能力。本项目主要介绍 Photoshop CS6 中常用的渲染滤镜、模糊滤镜和扭曲滤镜。

项目目标

利用不同的滤镜技术，可以制作出丰富的图像效果。滤镜种类很多，在本项目中重点介绍渲染滤镜、模糊滤镜、扭曲滤镜及图层混合模式和图层样式的应用，完成“制作‘火球’”“制作‘七彩的水晶花’”“制作‘仿真木质地板’”“制作‘动感咖啡’”等任务。

〔重点〕

（1）理解不同滤镜的效果特点和功能。

（2）熟练掌握各类滤镜的基本操作方法。

（3）学会应用滤镜中的命令参数设置创建所需要的图像效果。

（4）综合应用滤镜技术设计图像作品。

〔难点〕

（1）综合运用滤镜技术解决实际问题。

（2）熟练运用图像处理技术，培养设计能力。

任务一　制作“火球”

任务要求

本任务主要通过使用“云彩”、“分层云彩”和“球面化”等滤镜，再结合Photoshop CS6强大的图层混合和色彩调整功能及图层样式，制作“火球”，完成效果图如图7-1所示。

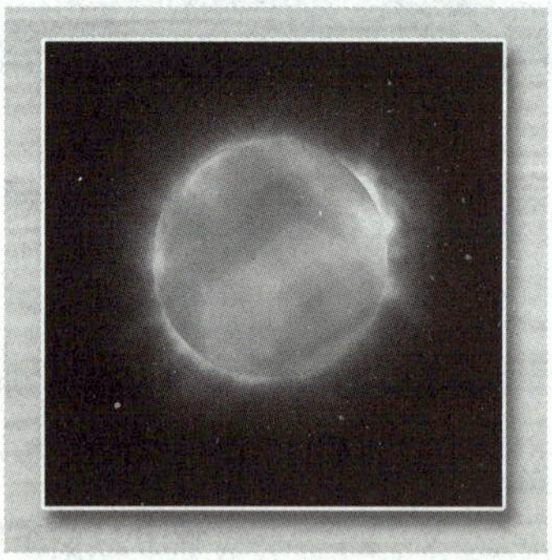

图7-1　“火球”效果图

知识技能

一、“云彩”滤镜

“云彩”滤镜是使用前景色和背景色产生一种抽象的云彩效果。通过介于前景色和背景色之间的随机值生成柔和的云彩效果，如果按住“Alt”键使用“云彩”滤镜，将会生成色彩相对分明的云彩效果。图7-2和图7-3分别为原图及其“云彩”滤镜效果图。

图7-2　原图（一）

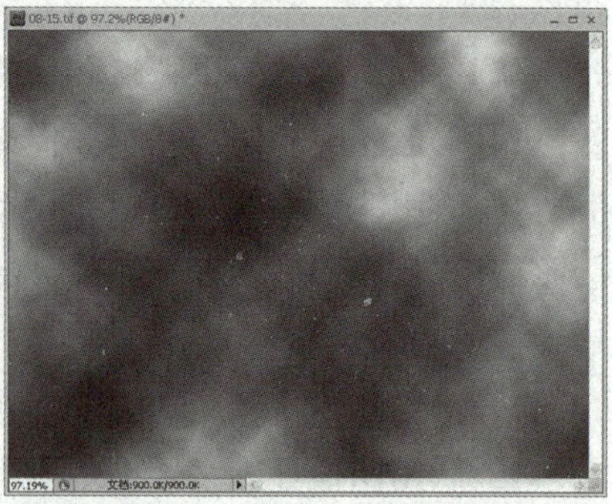

图7-3　“云彩”滤镜效果图

二、“分层云彩”滤镜

“分层云彩”滤镜可以产生云状图案的反白图像效果。通过介于前景色和背景色之间的随机值生成云彩图案，产生类似负片的效果，此滤镜不能应用于 Lab 模式的图像。图 7-4 和图 7-5 分别为原图及其“分层云彩”滤镜效果图。

图 7-4　原图（二）

图 7-5　“分层云彩”滤镜效果图

“云彩”滤镜与“分层云彩”滤镜的不同之处在于前者只依据前景色和背景色产生图像，而后者除了颜色以外，还参照原有的图像。因此，“云彩”滤镜在连续使用多次后的效果和第一次执行后的效果看起来差不多，而“分层云彩”滤镜连续使用的次数越多，图像中的“云雾”边缘就会越发显得锐利。在实际应用中，一般会多次执行“分层云彩”滤镜以产生较强烈的效果。

三、“球面化”滤镜

“球面化”滤镜属于扭曲滤镜组，它可以使选区中心的图像产生凸出或凹陷的球体效果，类似“挤压”滤镜的效果。该滤镜需要设置参数，其中，“数量”指控制图像变形的强度，正值产生凸出效果，负值产生凹陷效果，范围是-100%~100%；“正常”指在水平和垂直方向上共同变形；“水平优先”指只在水平方向上变形；“垂直优先”指只在垂直方向上变形。图 7-6 和图 7-7 分别为“球面化”滤镜对话框及“球面化”滤镜效果图。

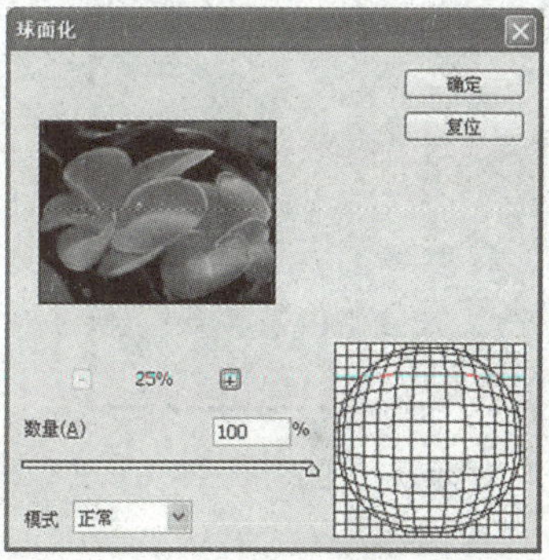

图 7-6　“球面化”对话框（一）

图 7-7　“球面化”滤镜效果图

任务实施

一、新建文件

依次单击“文件”→“新建”命令（或者按“Ctrl+N”组合键），弹出“新建”对话框，参数设置如图 7-8 所示。

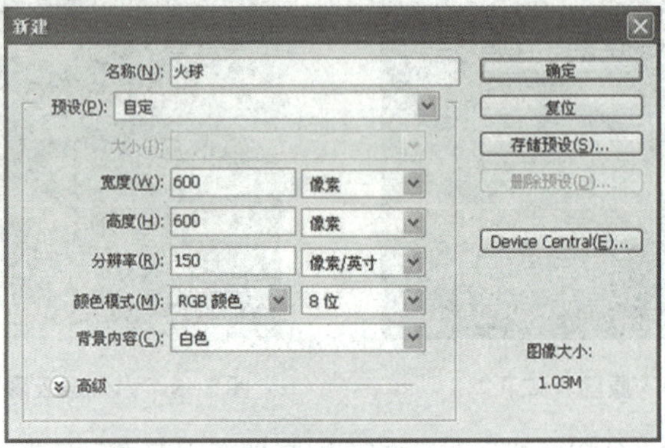

图 7-8　“火球”的“新建”对话框

二、填充文档背景

（1）在工具箱中单击“设置前景色”按钮，打开“拾色器（前景色）”对话框，如图7-9所示，把前景色设置为黑色，单击“确定”按钮。

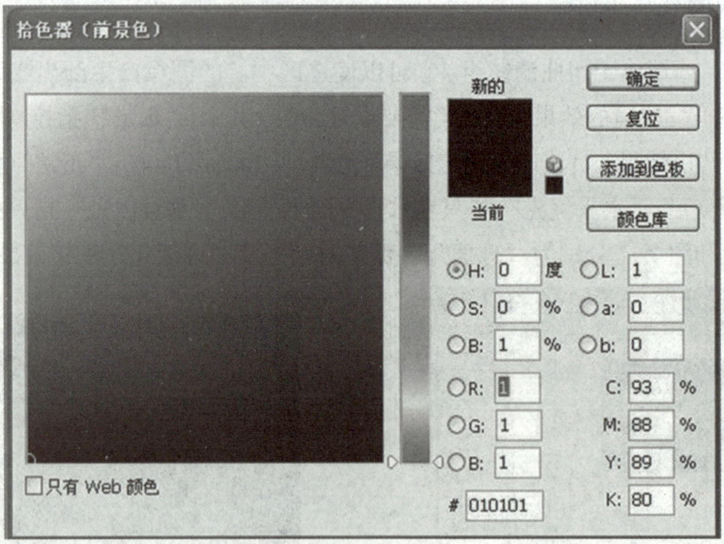

图 7-9　“拾色器（前景色）”对话框（三）

（2）依次单击“编辑”→“填充”命令（也可以按“Alt+Backspace”或者“Alt+Delete”组合键直接完成前景色填充），打开“填充”对话框（如图 7-10 所示），选择使用“前景色”进行填充，完成后效果图如图 7-11 所示。

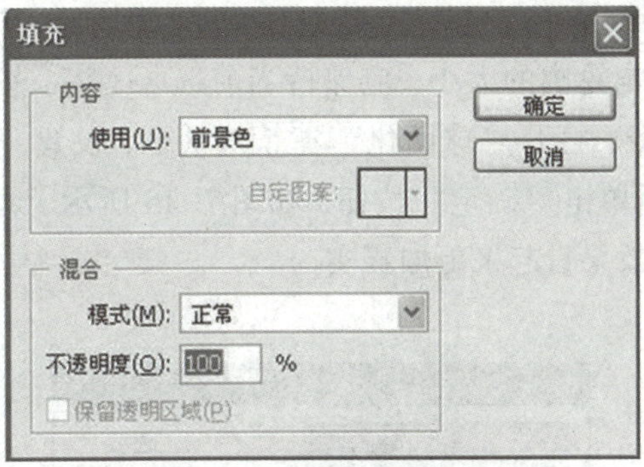

图 7-10 “填充”对话框（三）

图 7-11 用黑色填充文档效果图

三、创建橙红色“球形”

（1）在工具箱中单击“椭圆选框工具”（或者按快捷键“M”），配合按下“Shift”键和“Alt”键，在图像中央拖动鼠标画一个正圆选区，这个正圆选区的大小将确定“火球”的轮廓大小，完成后效果图如图 7-12 所示。

（2）在“图层”面板中单击“创建新图层”按钮，创建一个新图层，默认名称为“图层 1”，如图 7-13 所示。

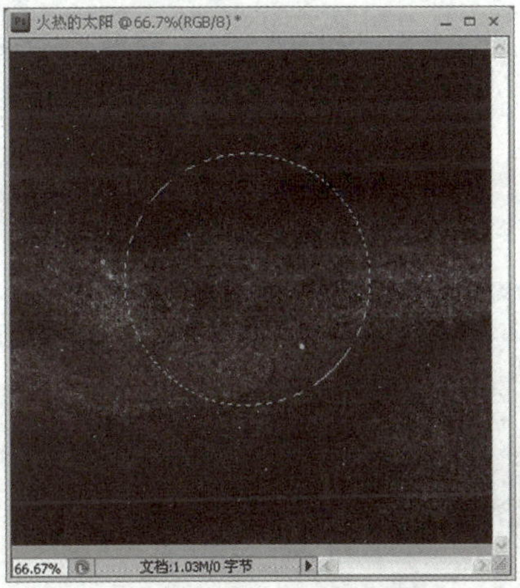

图 7-12 绘制正圆选区，确定“火球”轮廓

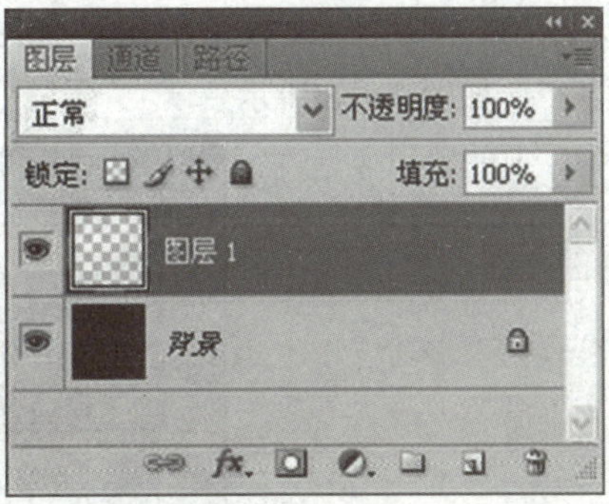

图 7-13 在“图层”面板中创建“图层 1”

（3）在工具箱中单击“设置前景色”按钮，打开“拾色器（前景色）”对话框，把前景色设置为红色（#CC3300）。打开“拾色器（背景色）”对话框，把背景色设置为橙红色（#CC66000）。

四、创建“火球”球面化滤镜效果

（1）依次单击“滤镜”→“渲染”→“云彩”命令，在选区内产生随机云彩效果作为“火球”的基色，效果图如图 7-14 所示。

（2）对图像进行球面化处理。为了不影响轮廓的大小，应保持当前选区不变，然后执行“滤镜”→“扭曲”→“球面化”命令，打开“球面化”滤镜对话框，设置“数量”为“100%”、“模式”为“正常”，然后单击“确定”按钮，如图 7-15 所示。这一步的操作可以产生球面扩张的效果，使最终效果看起来更加真实。

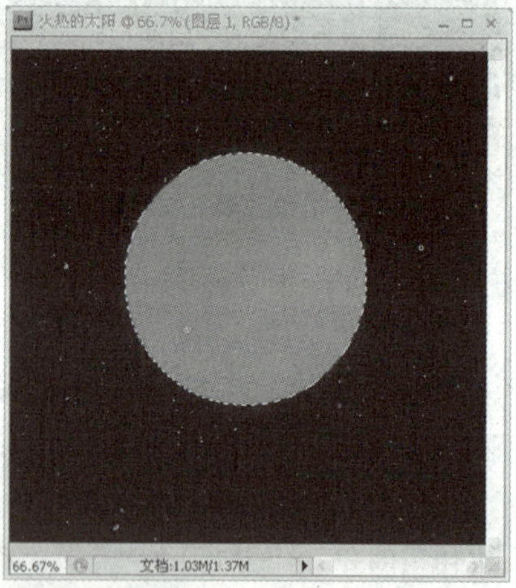

图 7-14 “火球”的基色

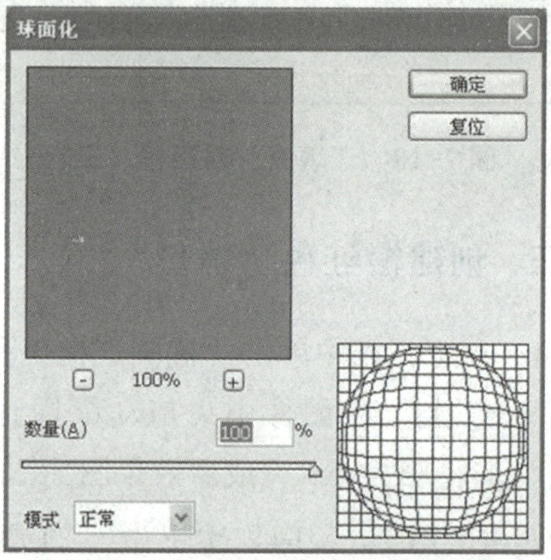

图 7-15 “球面化”对话框（二）

五、创建“火球”的云彩效果

（1）在“图层”面板中单击“创建新图层”按钮，创建一个新图层，默认名称为“图层 2”，如图 7-16 所示。

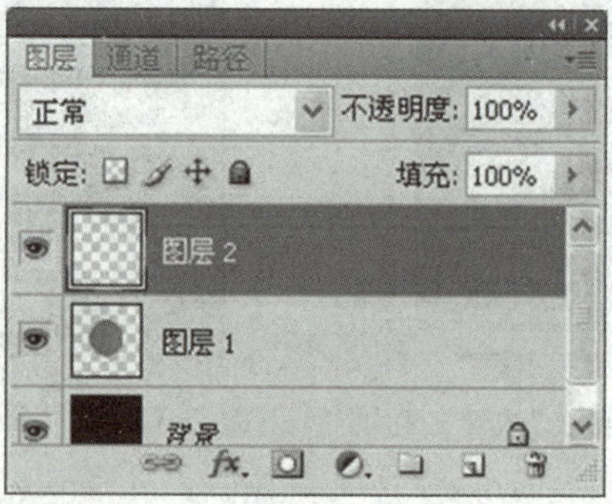

图 7-16 在“图层”面板中创建“图层 2”

（2）在工具箱中单击“默认前景和背景色”按钮（或者按快捷键“D”），将前景色和背景色复位为默认的黑色和白色，然后执行“滤镜”→“渲染”→“云彩”命令，在新的图层上制作云彩效果图，如图 7-17 所示。

（3）连续执行两次“滤镜”→“渲染”→“分层云彩”命令，产生随机分布的分层云彩效果图，如图 7-18 所示。

图 7-17　“火球”的云彩效果图

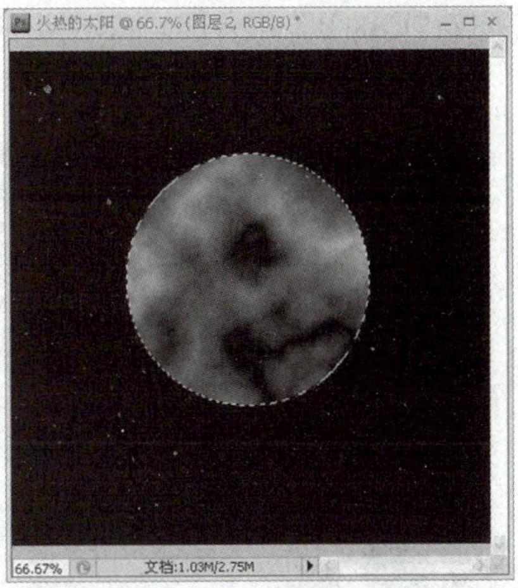

图 7-18　“火球”的分层云彩效果图

（4）对图像进行球面化处理。保持当前选区不变，然后执行“滤镜”→“扭曲”→“球面化”命令，打开“球面化”滤镜对话框，设置“数量”为“100%”、“模式”为“正常”，然后单击“确定”按钮，如图 7-19 所示。

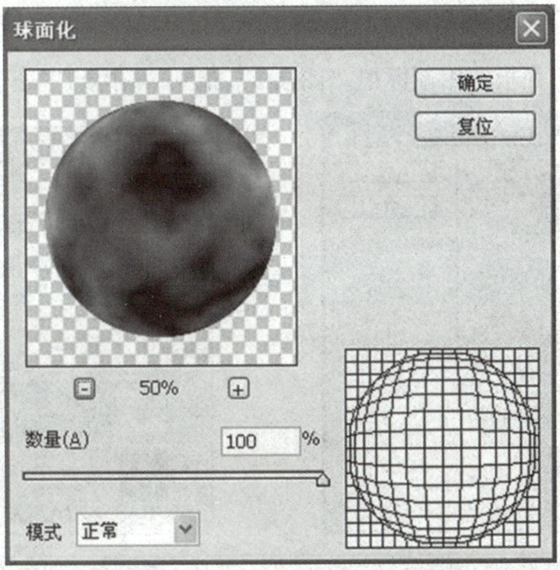

图 7-19　“球面化”对话框（三）

六、创建模糊效果

（1）在“图层”面板中单击“创建新图层”按钮，创建一个新图层，默认名称为

“图层 3”，如图 7-20 所示。

(2) 设置前景色为红色（#ff6633），然后执行“编辑”→“填充”命令（或者按“Alt+Backspace”组合键），用前景色填充选区。执行“选择”→“取消选择”命令（或者按“Ctrl+D”组合键），取消当前选区，完成效果图如图 7-21 所示。

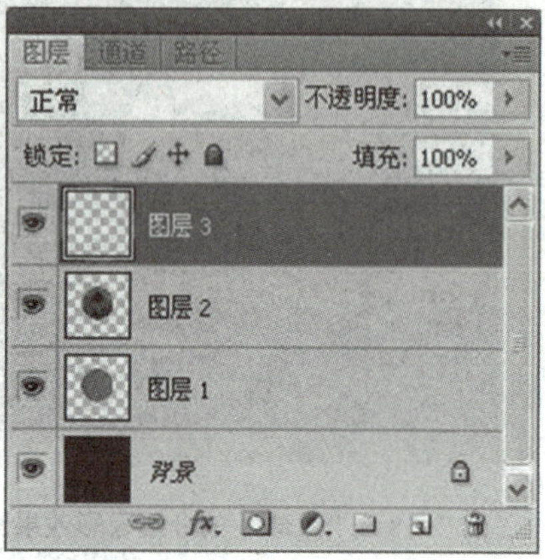

图 7-20　在“图层”面板中创建“图层 3”

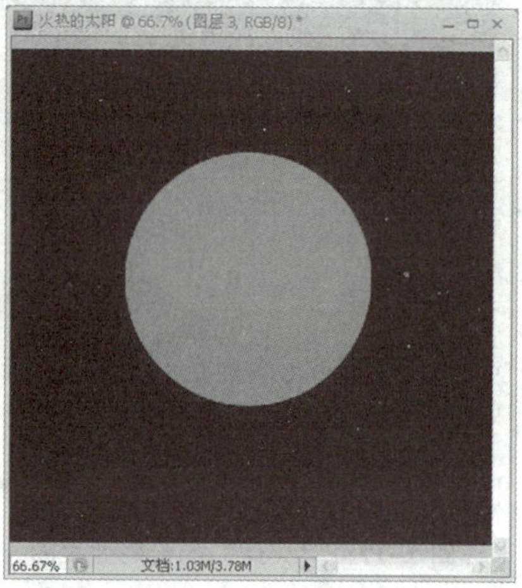

图 7-21　“图层 3”填充效果图

(3) 保持“图层 3”为当前层，执行“滤镜”→“模糊”→“高斯模糊”命令，打开“高斯模糊”滤镜对话框，设置“半径”为“50 像素”，然后单击“确定”按钮，如图 7-22 所示。

(4) 在“图层”面板中用鼠标把“图层 3”拖到“图层 1”下方，如图 7-23 所示。

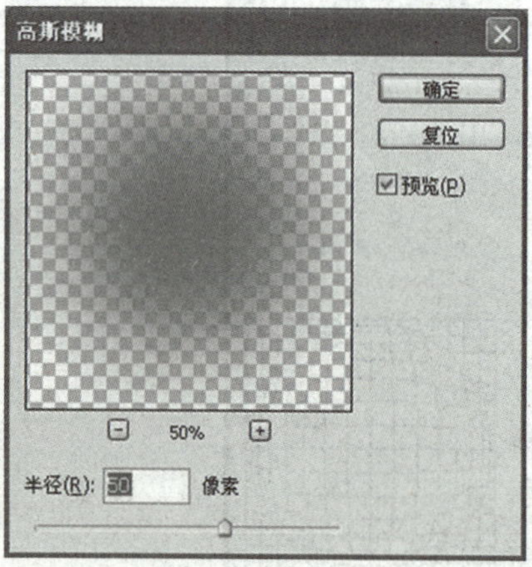

图 7-22　“高斯模糊”对话框（一）

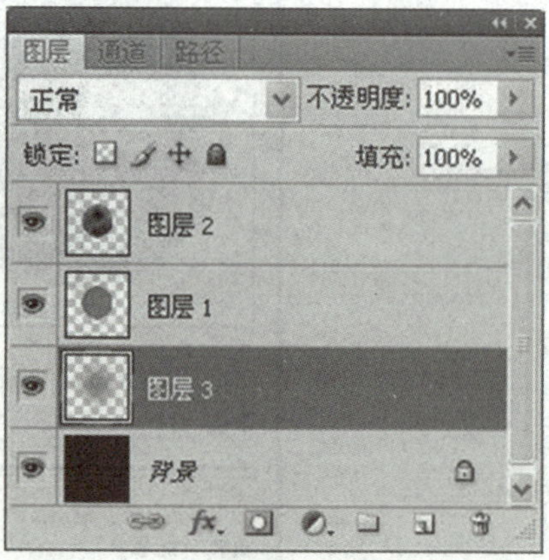

图 7-23　调整“图层 3”位置

(5) 在“图层”面板中点击选择“图层 2”的“设置图层混合模式”下拉菜单按钮，在其中选择“颜色减淡”（如图 7-24 所示），此时图像效果图如图 7-25 所示。

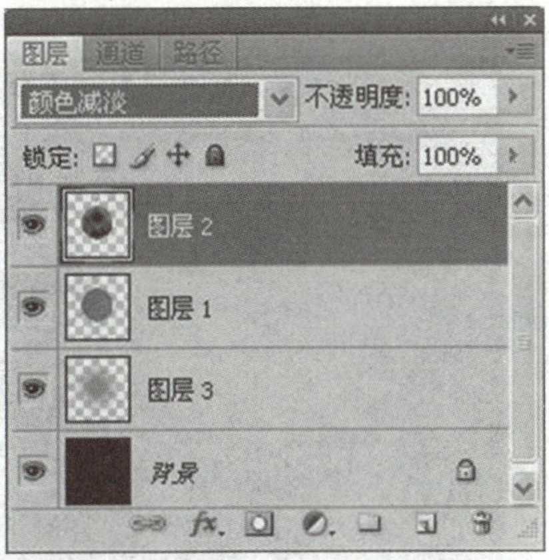

图 7-24　“颜色减淡”混合模式（一）

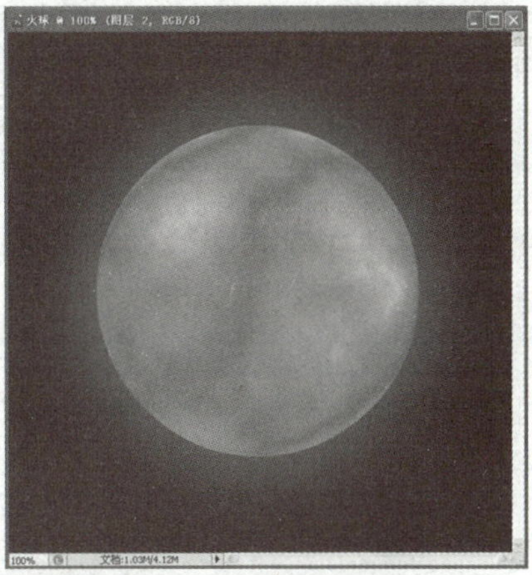

图 7-25　“颜色减淡”效果图（一）

七、创建发光效果

（1）在“图层”面板中单击“创建新图层”按钮，创建一个新图层，默认名称为“图层 4”，如图 7-26 所示。

（2）在工具箱中单击“默认前景和背景色”按扭（或者按快捷键“D”），将前景色和背景色复位为默认的黑色和白色，然后执行“滤镜”→“渲染”→“云彩”命令，在新的图层上制作云彩效果，效果图如图 7-27 所示（或者按“Ctrl+F”组合键重复多次执行该滤镜，直到效果满意为止）。

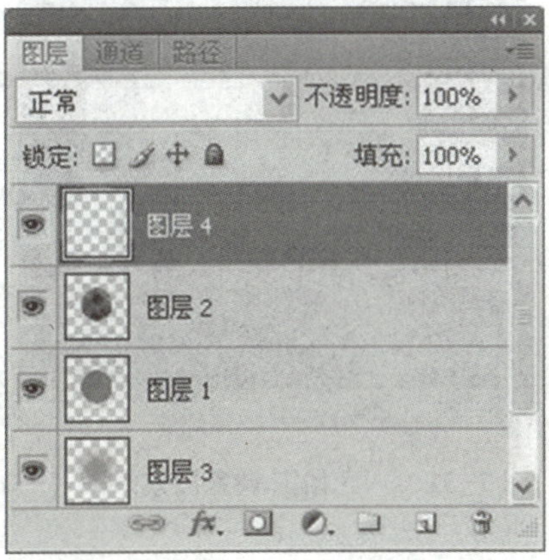

图 7-26　在“图层”面板中创建“图层 4”

图 7-27　在新的图层上制作云彩效果图

（3）在“图层”面板中点击选择“图层 4”，单击“图层 4”的“设置图层混合模式”下拉菜单按钮，在其中选择“颜色减淡”（如图 7-28 所示），并将图层的“不透明度”设置为“40%”，使图像自然融合，此时图像效果图如图 7-29 所示。

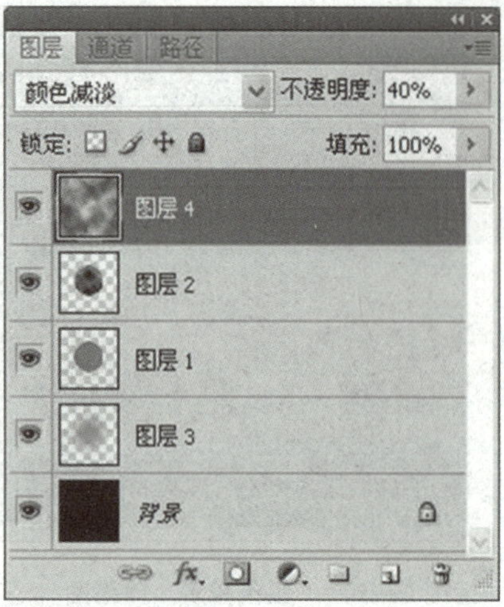

图 7-28 “颜色减淡”混合模式（二）

图 7-29 “颜色减淡”效果图（二）

八、调整“火球”颜色

（1）执行“图像”→“调整”→“色阶”命令（或者按“Ctrl+L”组合键），打开“色阶”对话框，设置“输入色阶”参数为“（95，0.62，215）”，如图 7-30 所示。“色阶”调整后效果图如图 7-31 所示。

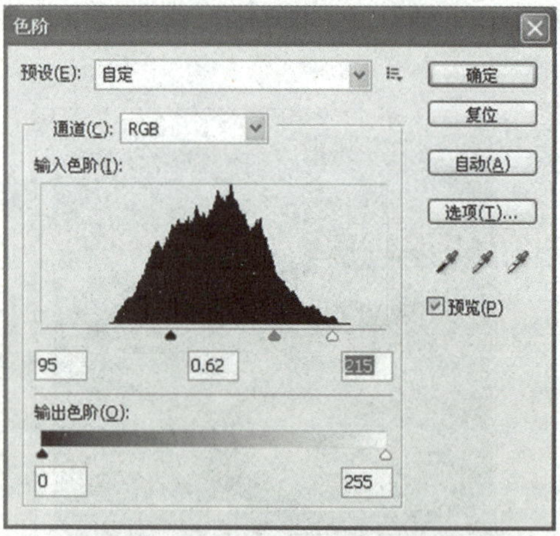

图 7-30 “色阶”对话框（九）

图 7-31 “色阶”调整后效果图（一）

（2）在“图层”面板中单击“创建新图层”按钮，创建一个新图层，默认名称为“图层 5”。先执行“滤镜”→“渲染”→“云彩”命令和“滤镜”→“渲染”→“分层云彩”命令，再将“图层 5”的图层混合模式设置为“颜色减淡”，如图 7-32 所示。

（3）执行“图像”→“调整”→“色阶”命令（或者按“Ctrl+L”组合键），打开“色阶”对话框，设置“输入色阶”参数为“（50，0，230）”，完成后单击“确定”按钮，效果图如图 7-33 所示。

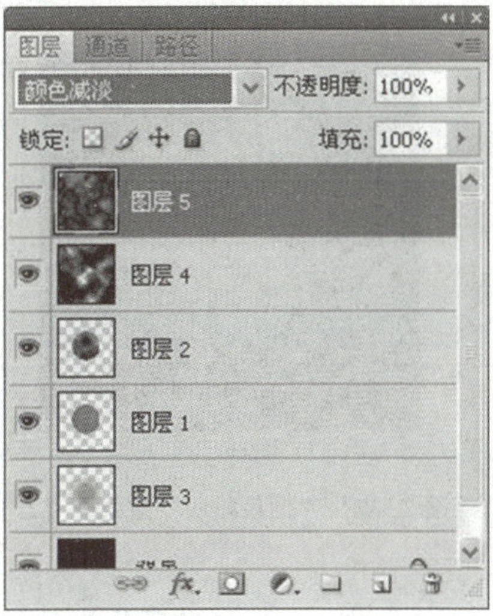

图 7-32 “颜色减淡”混合模式（三）

图 7-33 “色阶”调整后效果图（二）

九、再次创建“火球”的云彩效果

（1）在“图层”面板中新建“图层 6”，执行“滤镜”→“渲染”→“云彩”命令，即在“图层 6”上产生随机的云彩效果。为了使随机效果更具表现力，执行 6 次“滤镜”→“渲染”→“分层云彩”命令，直到出现如图 7-34 所示的效果为止。

（2）按住“Ctrl”键单击“图层”面板中“图层 1”的缩览图，将“图层 1”的轮廓载入选区，然后按“Delete”键将选区内的图像挖空，效果图如图 7-35 所示。

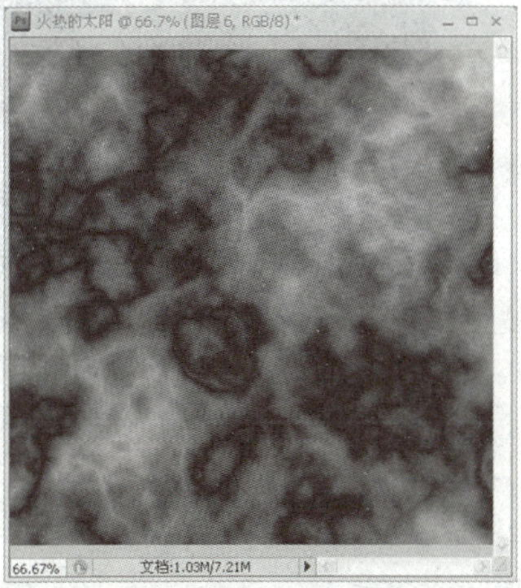

图 7-34 多次执行命令后效果图

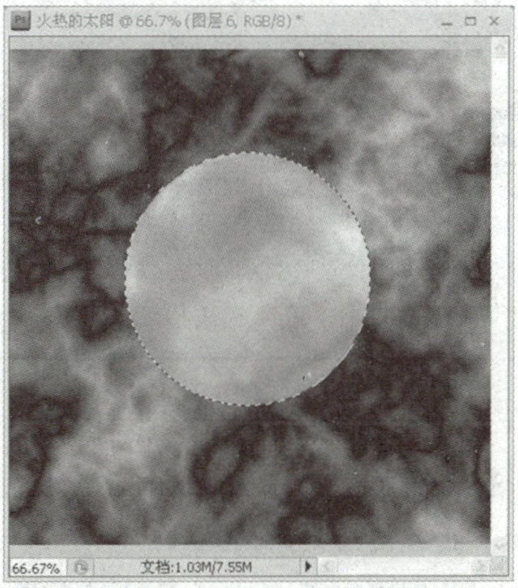

图 7-35 将“图层 6”挖空后效果图

（3）在“图层”面板中将“图层 6”的图层混合模式改为“颜色减淡”（如图7-36 所示），图像效果图如图 7-37 所示。

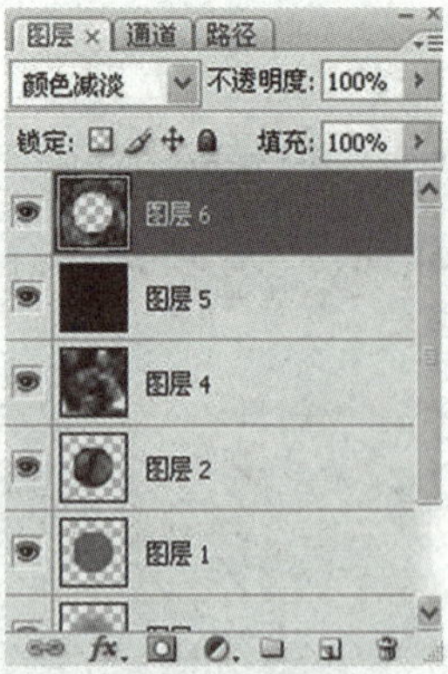

图 7-36 “颜色减淡”混合模式（四）

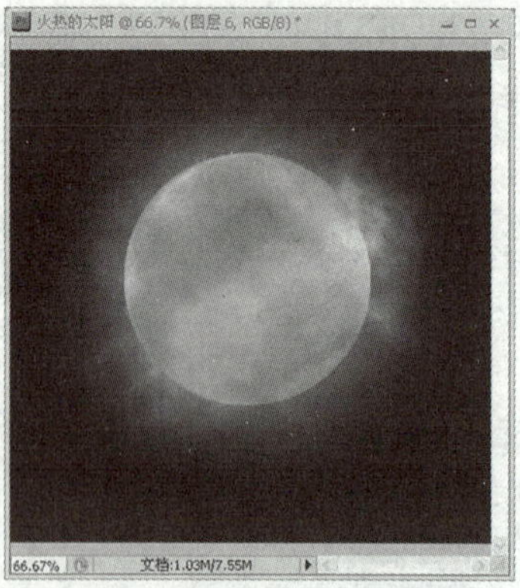

图 7-37 “颜色减淡”效果图（三）

十、完成“火球”的制作

在“图层”面板中单击选择“图层 1”，执行“图层”→“图层样式”→“外发光”命令，打开“图层样式”对话框。设置“外发光”参数如下：“混合模式”为“线性光”、“不透明度”为“23%”、“大小”为“35 像素”；其他参数保持默认设置（如图 7-38 所示）。设置完成后单击“确定”按钮，最终效果图如图 7-39 所示。

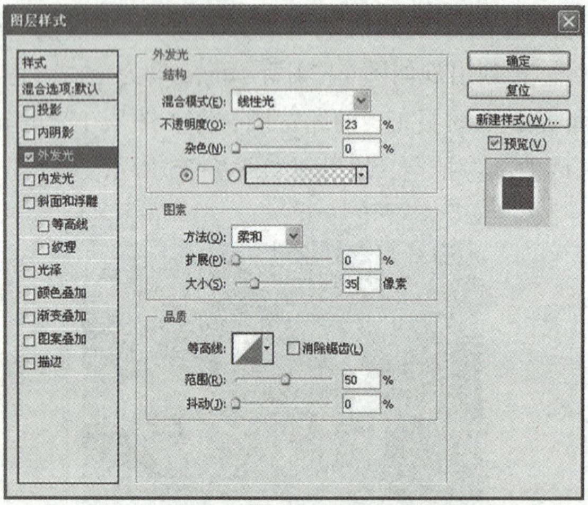

图 7-38 设置“外发光”参数

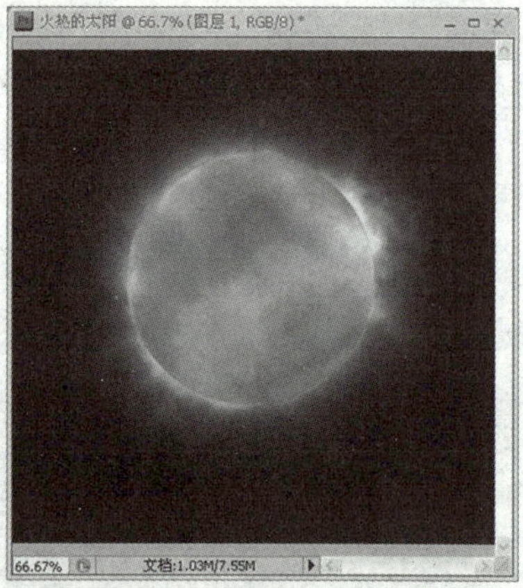

图 7-39 “火球”最终效果图

☆技巧提示：

(1) 滤镜使用中的问题。

① 上一次刚选取执行过的滤镜会出现在“滤镜”菜单顶部。

② 滤镜只限应用于当前的可视图层。

③ 不能将滤镜应用于位图模式或索引颜色的图像。

④ 有些滤镜只对 RGB 模式图像起作用。

(2) 使用滤镜的快捷键。

①“Ctrl+F”组合键：重复执行相同的滤镜命令。

②“Ctrl+Alt+L”组合键：打开上一次执行滤镜命令的对话框。

③“Ctrl+Shift+L”组合键：将执行滤镜以后的效果与原图像进行混合。

任务小结

本任务主要学习应用渲染滤镜，包括“云彩”滤镜、“分层云彩”滤镜和“球面化”滤镜。其中“分层云彩”滤镜的效果是随机的，同一种滤镜或不同种滤镜都可以重复应用，从而产生滤镜叠加效果，使设计效果更具创意。

任务练习

应用滤镜图像处理技术创建神奇的“闪电效果”，完成效果图如图 7-40 所示。

图 7-40 “闪电效果”图

一、制作“闪电”

新建文件（如图 7-41 所示），使用黑白渐变填充文档（如图 7-42 所示），执行“分层云彩”命令（如图 7-43 所示），再执行“反向”命令（如图 7-44 所示）。执行“色阶”命令，设置“输入色阶”参数为“（0，0. 10，255）”，调整后效果图如图 7-45 所示。

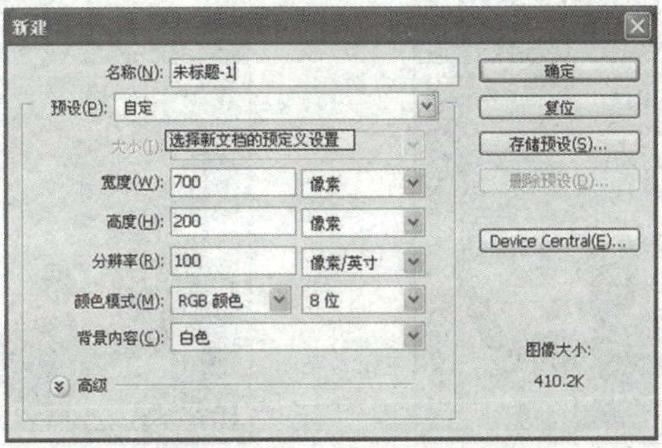

图 7-41 “闪电”的“新建”对话框

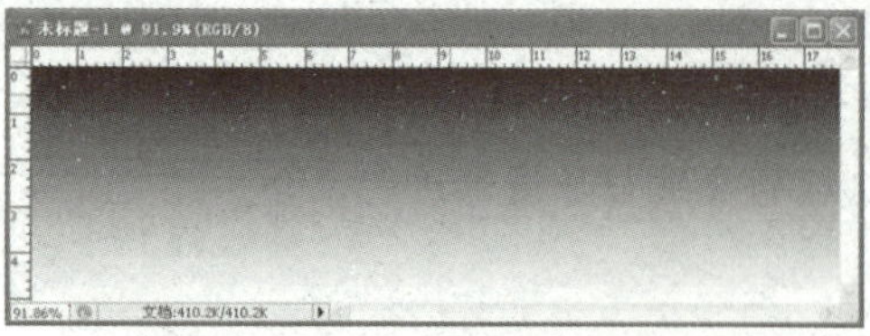

图 7-42　黑白渐变填充效果图

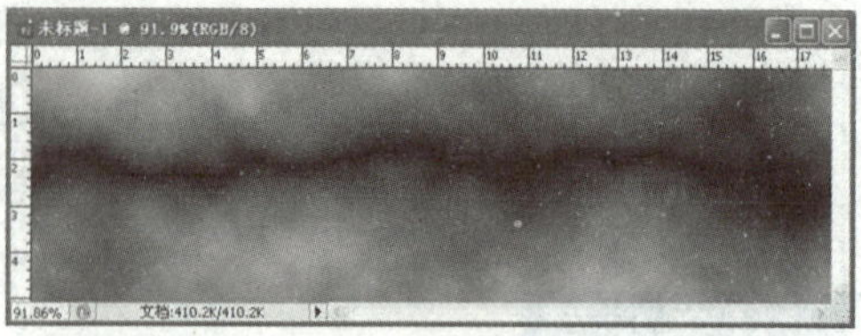

图 7-43　执行“分层云彩”滤镜后效果图

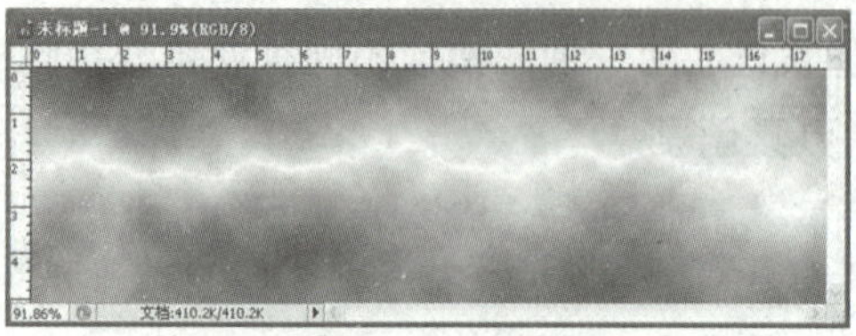

图 7-44　执行“反向”命令后效果图

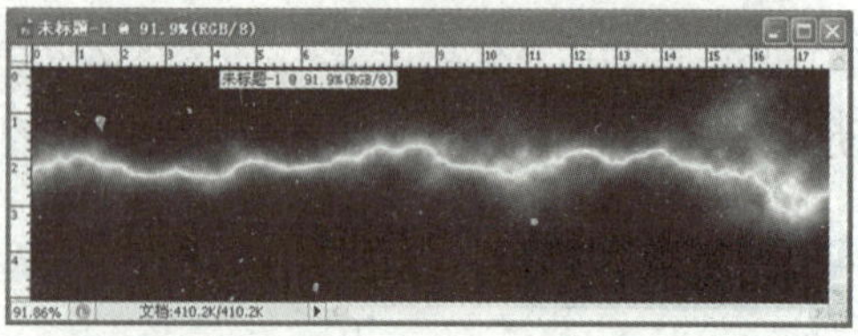

图 7-45　执行“色阶”命令后效果图

二、合成“闪电”与“人物”

打开素材图片“人物 . tif”，将其拖入文档（如图 7-46 所示），激活“闪电”图层，按“Ctrl+T”组合键，调整为“人物”拿着“闪电”的效果，如图 7-47 所示。设置“闪电”图层的图层混合模式为“滤色”，使图像自然融合，效果图如图 7-48 所示。重复上述操作，效果图如图 7-49 所示。

图 7-46　移动素材图片“人物 . tif”

图 7-47　“人物”拿着“闪电”

图 7-48　融合后效果图

图 7-49　合成效果图

三、调整颜色

执行“色相/饱和度”命令，参数调整如图 7-50 所示，调整后效果图如图 7-51 所示。新建“图层 2”，使用”画笔工具”绘制“人物”头部和胳膊处，如图 7-52 所示。设置“图层 2”的图层混合模式为“叠加”，最终效果图如图 7-53 所示。

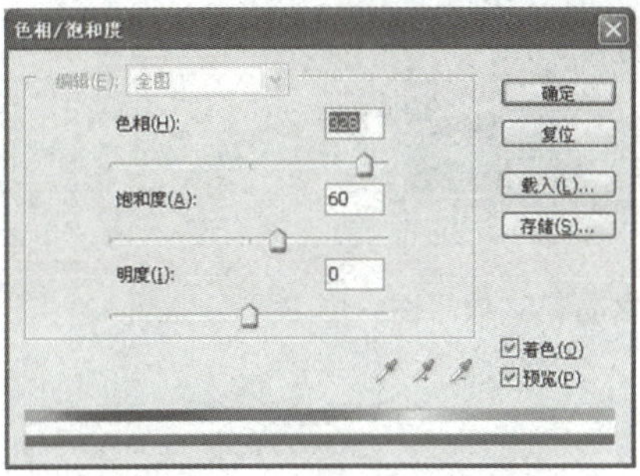

图 7-50 “色相/饱和度”对话框（十三）

图 7-51 调整图像颜色后效果图

图 7-52 绘制后效果图

图 7-53 最终合成效果图

任务二 制作“七彩的水晶花”

任务要求

本任务是首先学习使用“波浪”滤镜使黑白渐变图像产生对称波纹，然后使用“极坐标”滤镜使波纹向四周发散，通过“铬黄”滤镜产生类似金属光泽的效果，最后使用图层的颜色混合模式功能进行着色。“七彩的水晶花”制作效果图如图 7-54 所示。

图 7-54　“七彩的水晶花”效果图

知识技能

扭曲滤镜是一种破坏性的滤镜，它以几何方式扭曲图像。扭曲滤镜包括“波浪”、“波纹”、“玻璃”、“海洋波纹”、“极坐标”、“挤压”、“镜头校正”、“扩散亮光”、“切变民”、“球面化”、“水波”、“旋转扭曲”和“置换”13 种滤镜。本任务主要掌握“波浪”滤镜、“极坐标”滤镜及“铬黄”滤镜的使用技巧。

一、“波浪”滤镜

“波浪”滤镜的作用是使原图（图 7-55）产生不同幅度的波浪效果。在“波浪”对话框（如图 7-56 所示）中，“生成器数”用于调整图像生成波浪的数目，控制产生波的数量，范围是 1~999，参数值越大，波浪越密；“波长”用于调整图像产生波浪的长度；“波幅”用于调整图像生成波浪上下波动的幅度；“比例”可设置图像水平和垂直缩放比例；“未定义区域”有“折回”和“重复边缘像素”两个选项；“类型”有“正弦”、“三角形”和“方形”三个选项。

图 7-55　原图（三）

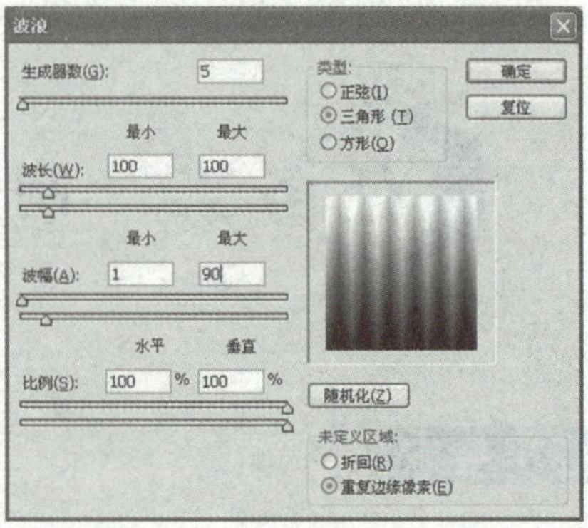

图 7-56　“波浪”对话框（一）

二、"极坐标"滤镜

"极坐标"滤镜的作用是可将原图（图 7-57）的坐标从平面坐标转换为极坐标或从极坐标转换为平面坐标。"平面坐标到极坐标"为将图像从平面坐标转换为极坐标；"极坐标到平面坐标"为将图像从极坐标转换为平面坐标。对话框及设置效果图如图 7-58 至图 7-60 所示。

图 7-57　原图（四）

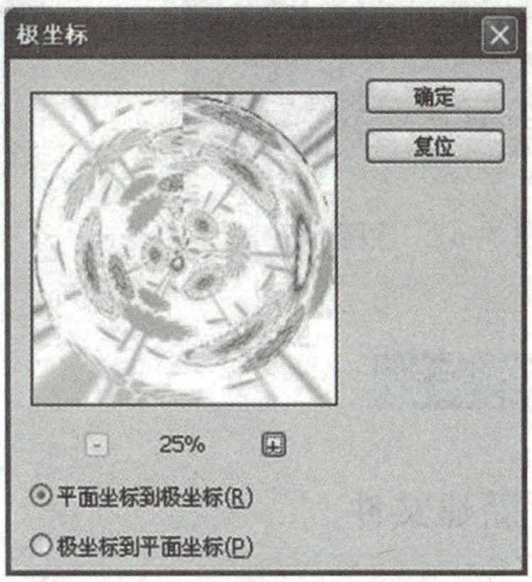

图 7-58　"极坐标"对话框（一）

图 7-59　平面坐标到极坐标效果图

图 7-60　极坐标到平面坐标效果图

三、"铬黄"滤镜

"铬黄"滤镜的作用是将原图（图 7-61）处理成银质的铬黄液态金属效果，亮部为高反射点，暗部为低反射点（产生一种发亮的液态金属感觉）。其中，"细节"控制图像的细腻程度，"平滑度"控制图像的平滑度，如图 7-62 所示。

图 7-61　原图（五）

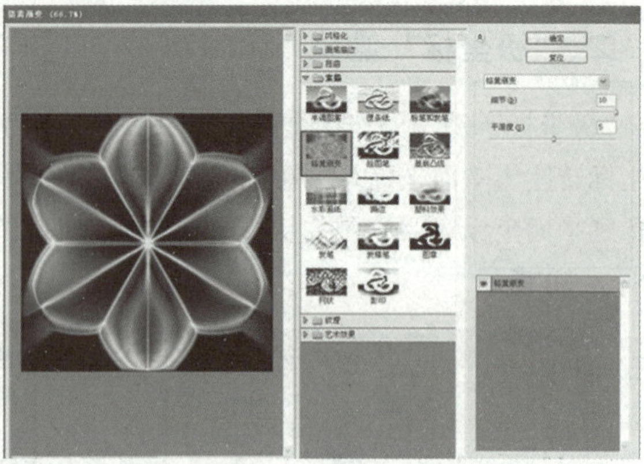

图 7-62　“铬黄”对话框

任务实施

一、新建文件

（1）执行“文件”→“新建”命令（或者按“Ctrl+N”组合键），弹出“新建”对话框，参数设置如图 7-63 所示。

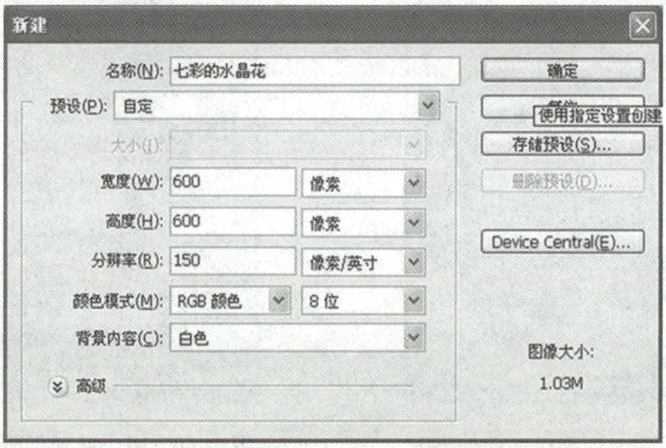

图 7-63　“七彩的水晶花”的“新建”对话框

（2）在工具箱中单击“渐变工具”（或者按快捷键“G”），使用黑白渐变填充新建文档，效果图如图 7-64 所示。

图 7-64 使用黑白渐变填充文档

二、创建“水晶花”形状

(1) 执行“滤镜”→“扭曲”→“波浪”命令,“波浪”滤镜的参数设置如图 7-65所示,执行后效果图如图 7-66 所示。

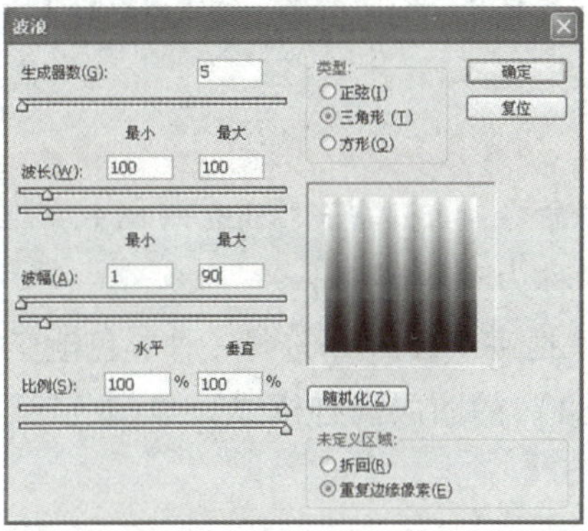

图 7-65 “波浪”对话框(二)

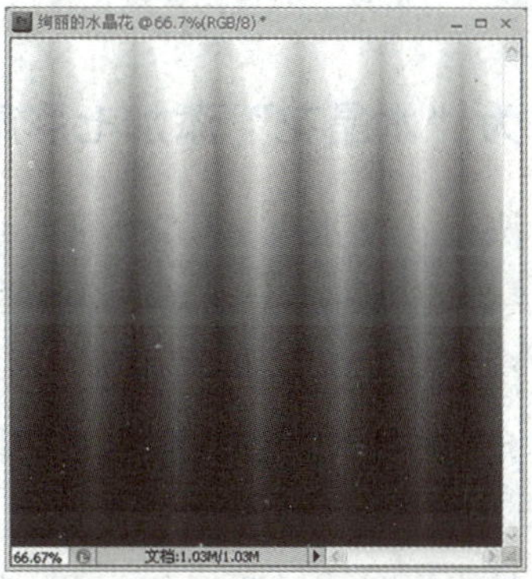

图 7-66 “波浪”滤镜效果图

(2) 执行“滤镜”→“扭曲”→“极坐标”命令,“极坐标”滤镜的参数设置如图 7-67 所示,执行后效果图如图 7-68 所示。

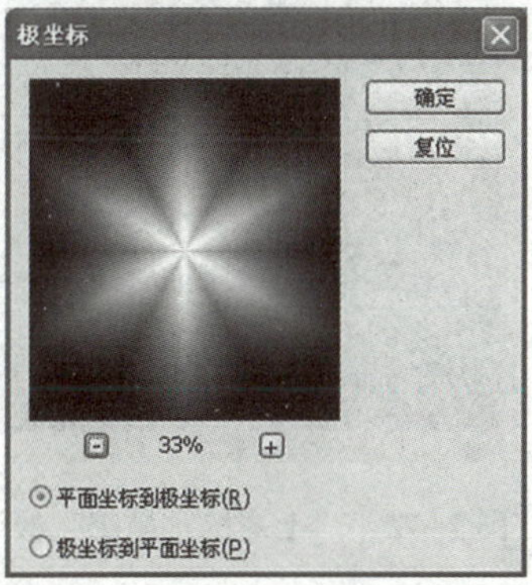

图 7-67 “极坐标”对话框(二)

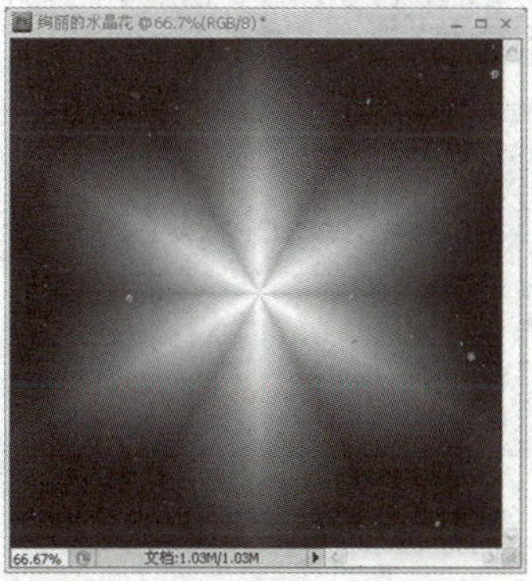

图 7-68 “极坐标”滤镜效果图

三、制作“水晶花”质感

执行“滤镜”→“素描”→“铬黄”命令，“铬黄”滤镜的参数设置如图 7-69 所示，执行后效果图如图 7-70 所示。

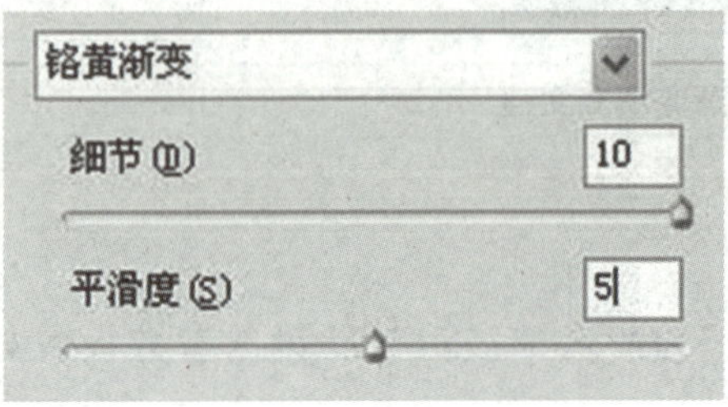

图 7-69　“铬黄”对话框参数设置（一）

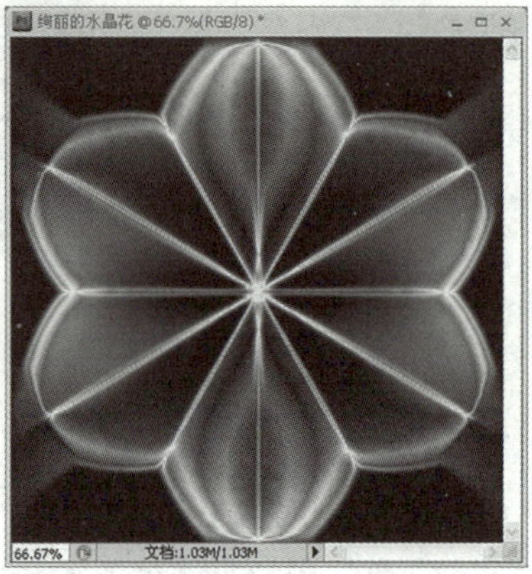

图 7-70　“铬黄”滤镜效果图（一）

四、为“水晶花”添加七彩颜色

（1）执行“图层”→“新建”→“图层”命令（或者按“Shift+Ctrl+N”组合键），在“背景”图层上创建一个新图层，默认名称为“图层 1”。

（2）在工具箱中单击“渐变工具”（或者按快捷键“G”），选择一种彩色渐变把新建图层填充，并且在“图层”面板中修改“图层 1”的图层混合模式为“颜色”，如图 7-71所示。

（3）最终完成效果图如图 7-72 所示。

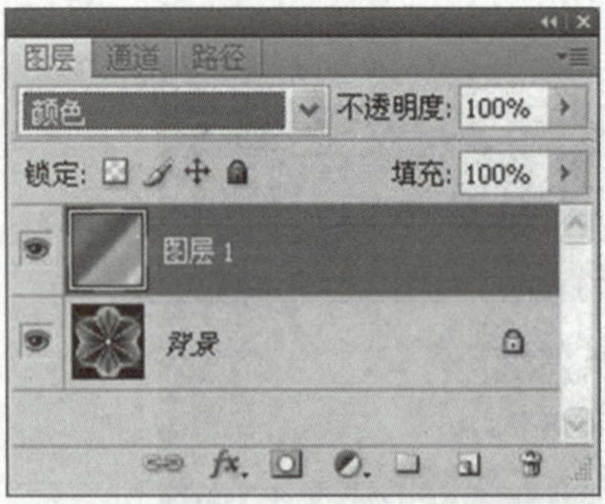

图 7-71　修改“图层 1”的图层混合模式

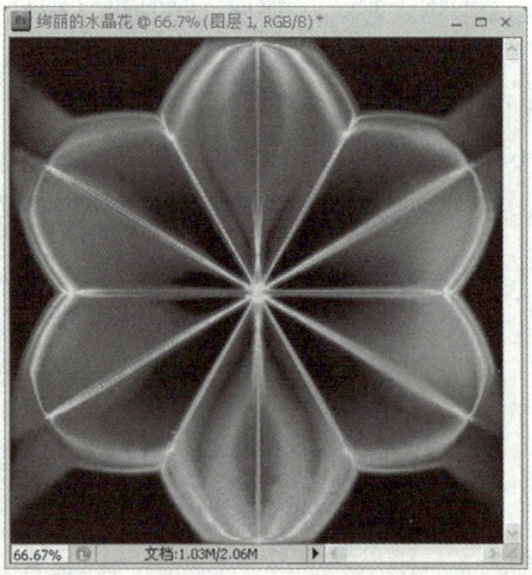

图 7-72　“七彩的水晶花”最终效果图

任务小结

在 Photoshop CS6 中，通过对不同的滤镜的混合操作，能够制作出各类不同特色的图像。本任务主要通过练习使用“波浪”、“极坐标”和“铬黄”滤镜，在不需要绘制任何图形的前提下，制作出“七彩的水晶花”图像。

任务练习

应用滤镜图像处理技术创作漂亮的“水晶花效果”，完成效果图如图 7–73 所示。

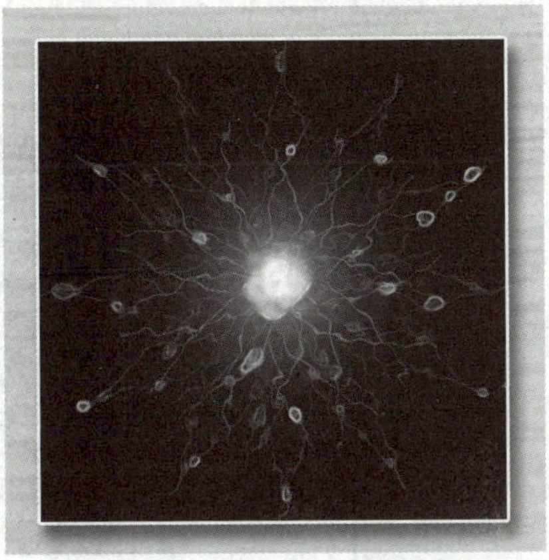

图 7–73　“水晶花效果”图

一、新建文件

按“Ctrl+N”组合键新建文档（如图 7–74 所示），填充黑色背景如图 7–75 所示。

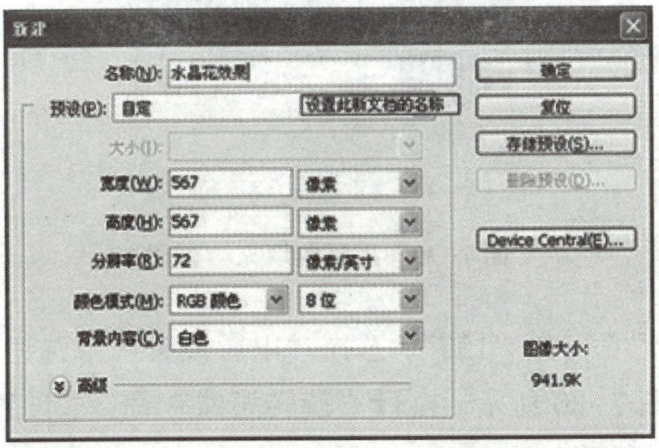

图 7–74　“水晶花效果”的“新建”对话框

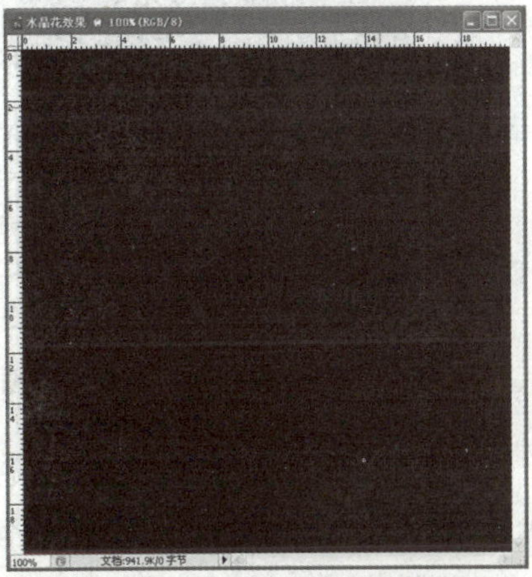

图 7–75　为文档填充黑色背景

二、制作“水晶花”形状

(1) 执行“镜头光晕”命令，参数设置如图 7-76 所示，执行后效果图如图 7-77 所示。执行“晶格化”命令，设置“单元格大小”为“10”，得到的效果图如图 7-78 所示。创建“图层 1”，并用黑色填充，如图 7-79 所示。

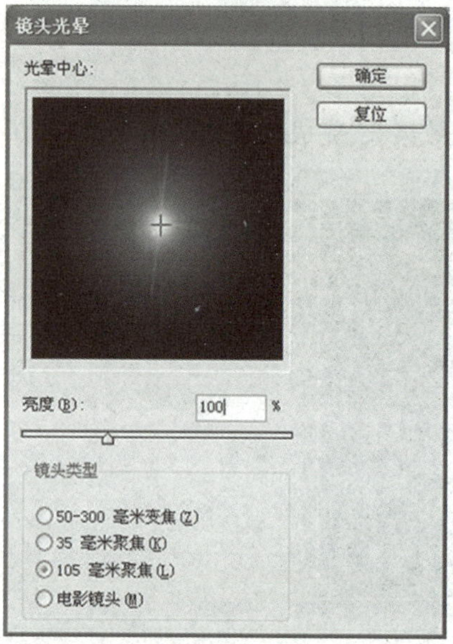

图 7-76　“镜头光晕”对话框（一）

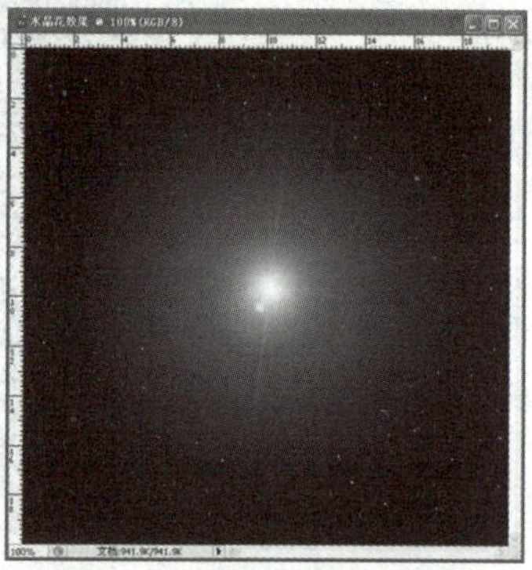

图 7-77　“镜头光晕”滤镜效果图（一）

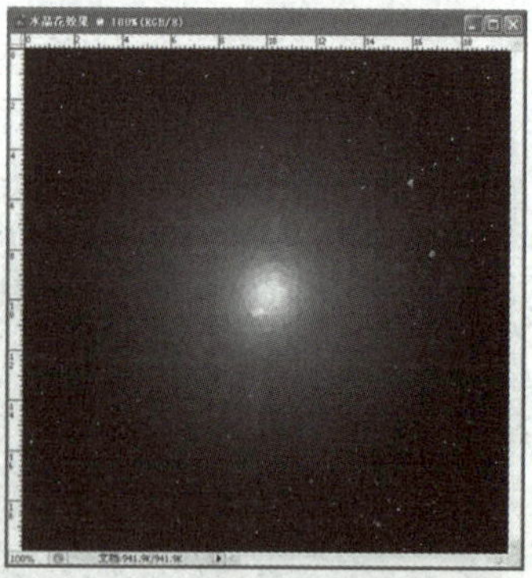

图 7-78　“晶格化”滤镜效果图

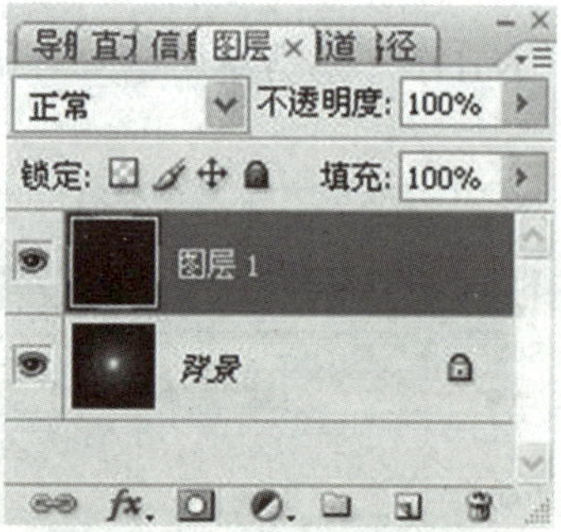

图 7-79　用黑色填充“图层 1”

(2) 执行“镜头光晕”命令，设置“亮度”为“150”，选择“电影镜头”单选钮，然后单击“确定”按钮，得到的效果图如图 7-80 所示。执行“旋转扭曲”命令，设置“角度”为“50”，得到的效果图如图 7-81 所示。

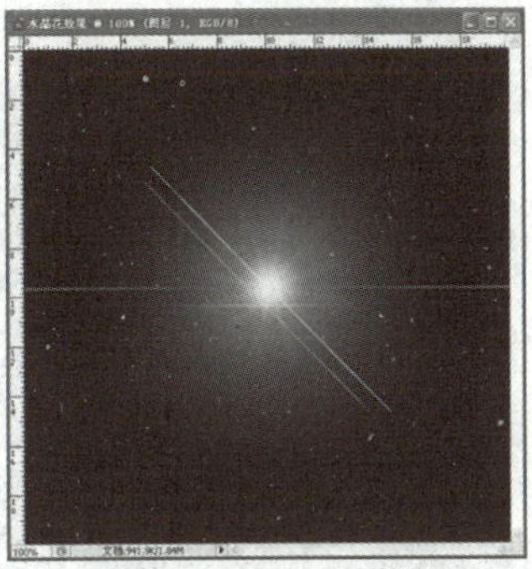

图 7-80 “镜头光晕”滤镜效果图（二）

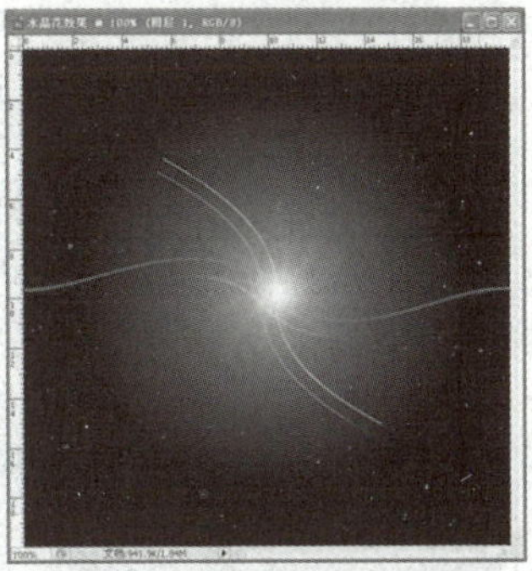

图 7-81 “旋转扭曲”滤镜效果图

（3）按“Ctrl+J”组合键，将“图层 1”复制为“图层 1 副本”，设置图层混合模式为“变亮”，得到的效果图如图 7-82 所示。执行“水平翻转”，得到的效果图如图 7-83 所示。并按“Ctrl+E”组合键，将“图层 1 副本”与“图层 1”合并，并设置合并后的图层混合模式为“变亮”，得到的效果图如图 7-84 所示。按“Ctrl+T”组合键，在工具属性栏将“旋转角度”设置为“30”，得到的效果图如图 7-85 所示，连续按两次“Enter”键确认操作，旋转图像效果图如图 7-86 所示。按住“Ctrl+Shift+Alt”组合键的同时，连续按 5 次“T”键，旋转复制图像，得到的效果图如图 7-87 所示。

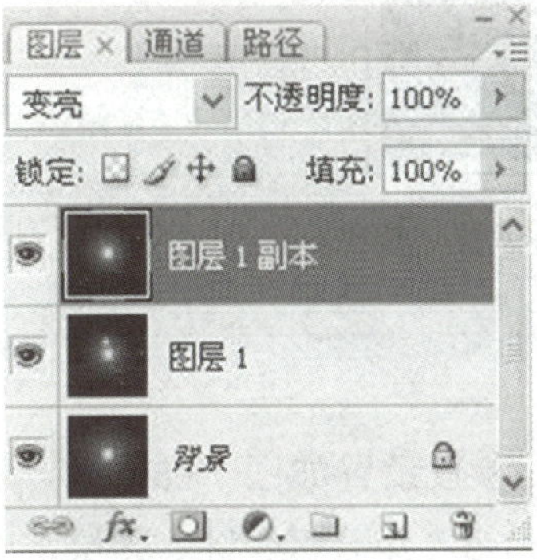

图 7-82 将“图层 1”复制为“图层 1 副本”

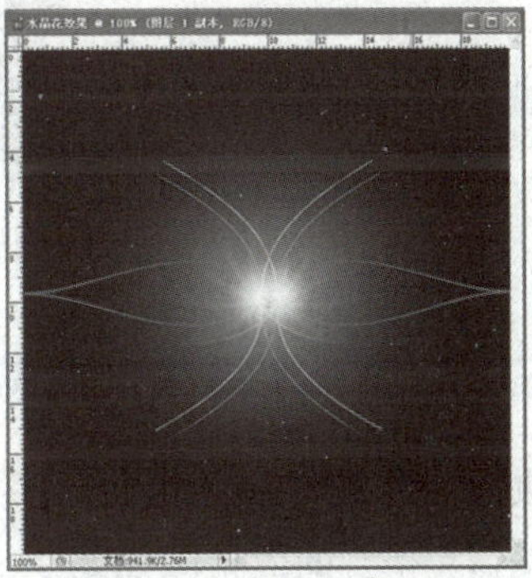

图 7-83 “水平翻转”后效果图

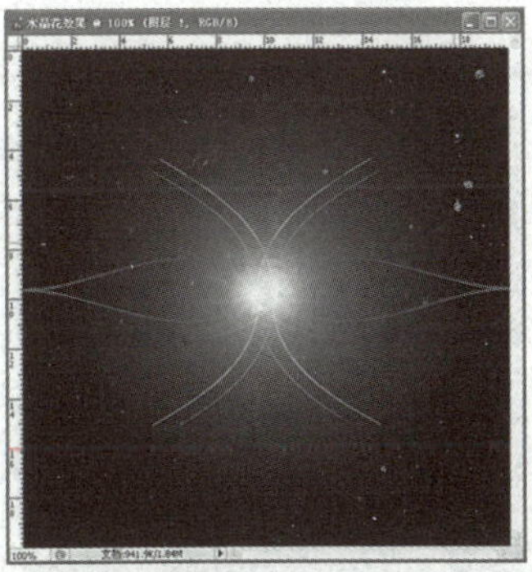

图 7-84 合并两个图层后效果图

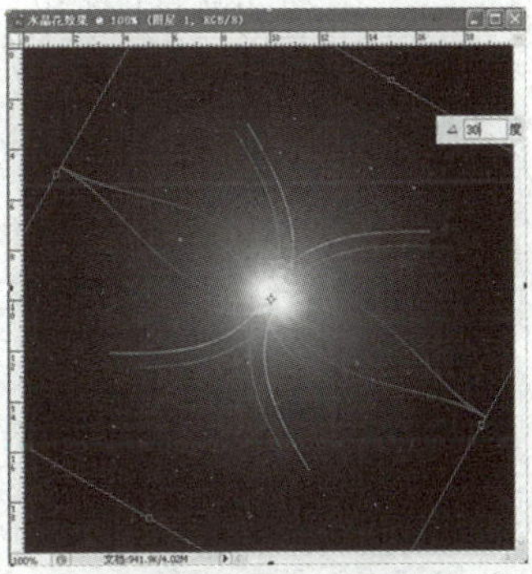

图 7-85 旋转后效果图

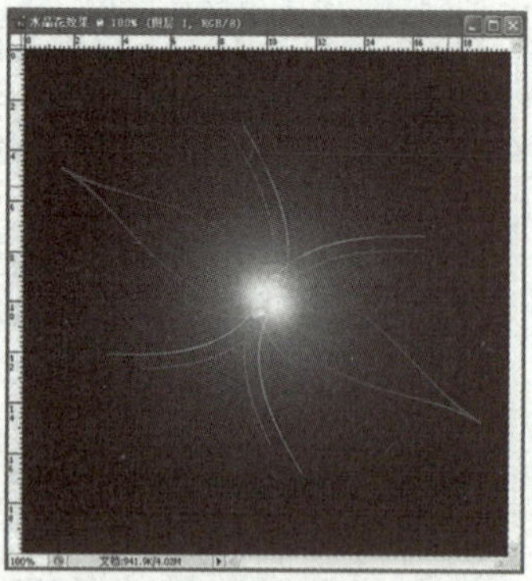

图 7-86　旋转图像效果图

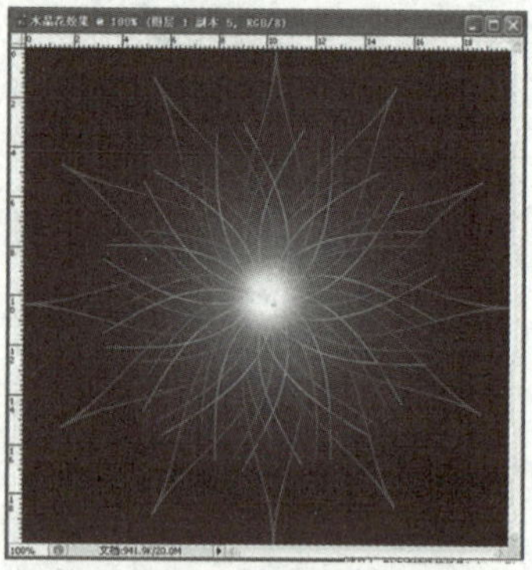

图 7-87　旋转复制图像效果图

合并花瓣图层，并设置图层混合模式为“变亮”，如图 7-88 所示。

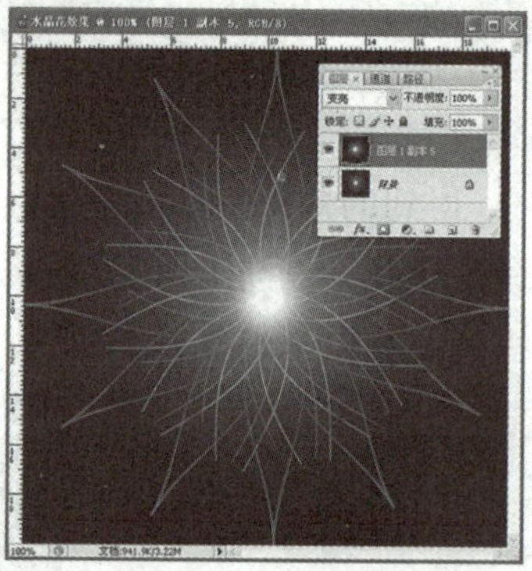

图 7-88　合并花瓣图层并设置“变亮”

三、添加“水晶花”质感

执行“滤镜”→“扭曲”→“玻璃”命令，参数设置如图 7-89 所示，单击“确定”按钮，得到的效果图如图 7-90 所示。按“Ctrl+J”组合键，将“图层 1 副本 5”复制为“图层 1 副本 6”。执行“滤镜”→“风格化”→“照亮边缘”命令，参数设置如图 7-91 所示，得到的效果图如图 7-92 所示。

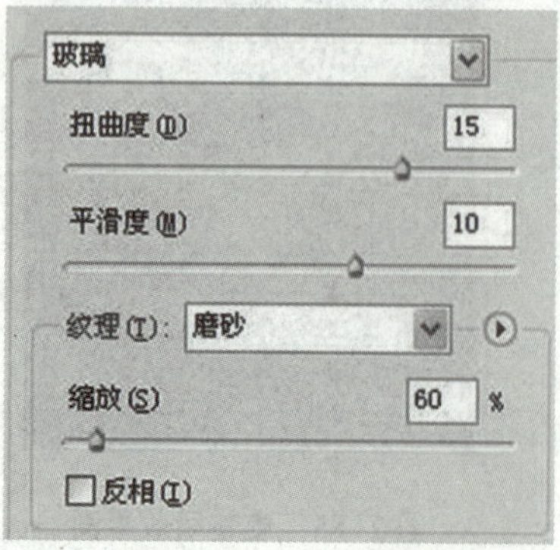

图 7-89　“玻璃”对话框参数设置

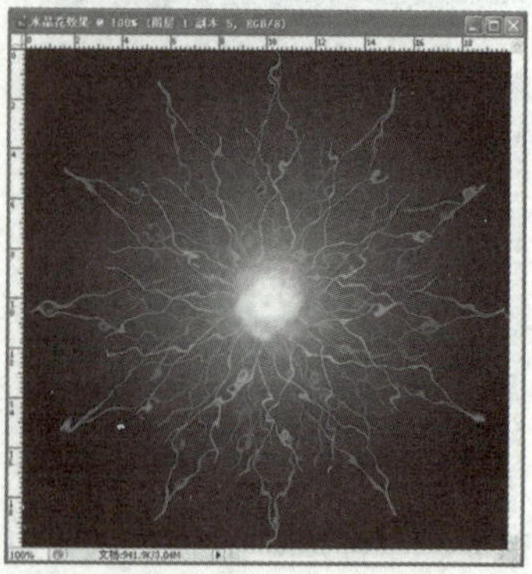

图 7-90　“玻璃”滤镜效果图

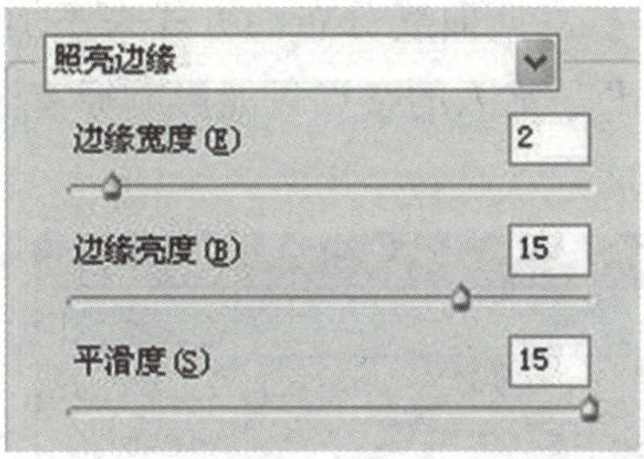

图 7-91 “照亮边缘”对话框参数设置

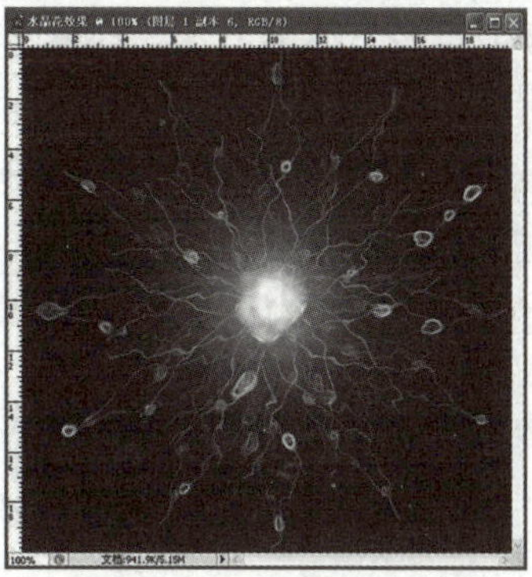

图 7-92 “照亮边缘”滤镜效果图

任务三 制作“仿真木质地板”

任务要求

本任务主要通过使用“添加杂色”滤镜、“动感模糊”滤镜、“高斯模糊”滤镜模仿木纹基本效果，再通过“铬黄渐变”滤镜和“液化”滤镜的修饰制作自然的纹理效果，最后使用色彩调整功能及图层样式进行细微调整。“仿真木质地板”的制作完成效果图如图 7-93 所示。

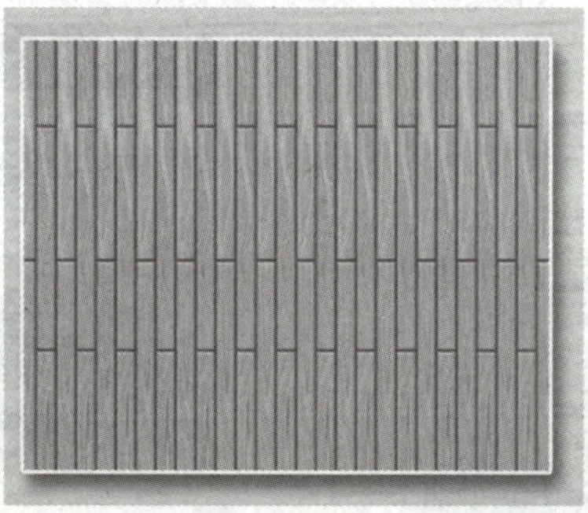

图 7-93 “仿真木质地板”效果图

知识技能

一、“添加杂色”滤镜

“添加杂色”滤镜的作用是可随机地将杂点混合到原图（图 7-94）中，并可使混合时产生的色彩有漫散效果，该滤镜对话框如图 7-95 所示。“数量”表示杂纹颜色分布的离散程度，范围为 1%~999%；在“平均分布”模式下，可以随机加入杂点，其杂点的颜色是统一平均分布；在“高斯分布”模式下，将按高斯曲线分布的方式来添加杂点，此模式下加入的杂点较为强烈；选择“单色”复选框，加入的杂点只能影响原有图像像素的亮度，像素的颜色维持不变。

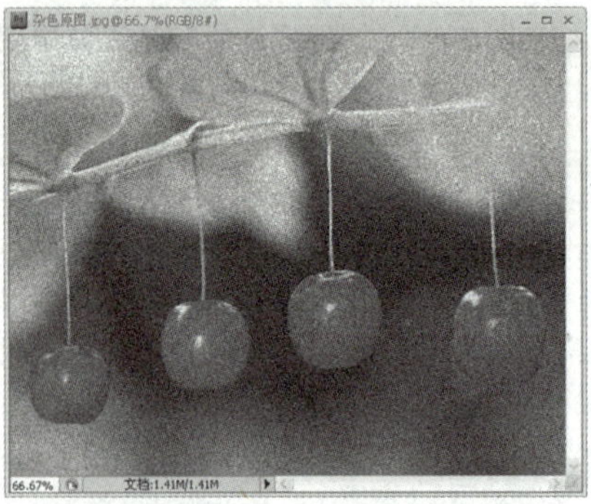

图 7-94 原图（六）

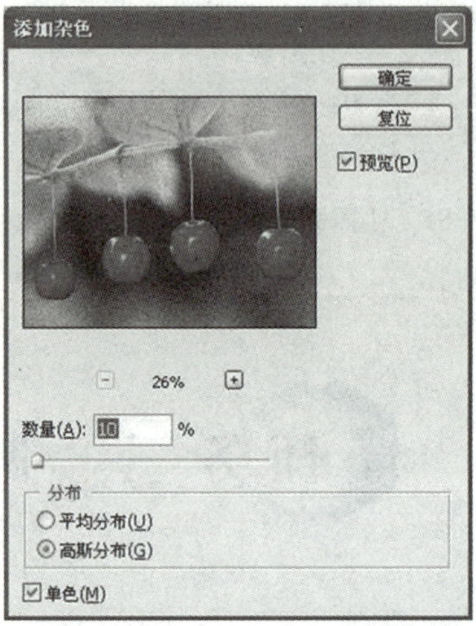

图 7-95 “添加杂色”对话框（一）

二、“动感模糊”滤镜

“动感模糊”滤镜的作用是可以将原图（图 7-96）沿着指定的方向（-360 度~+360 度），以指定的强度（1~999）进行模糊。该滤镜需要设置两个参数（如图 7-97 所示）：一是“角度”，设置模糊的角度；二是“距离”，设置动感模糊的强度。

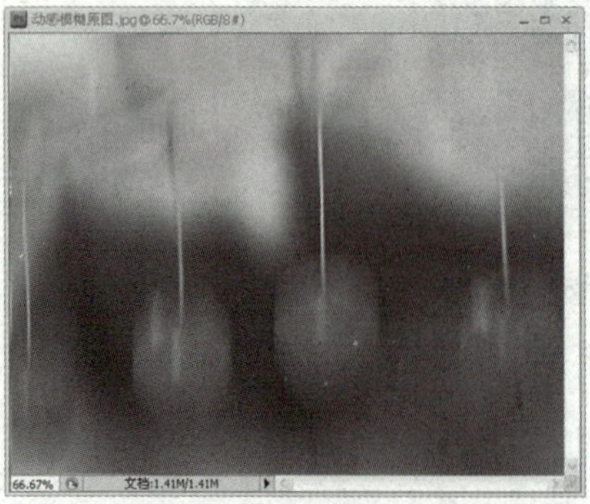

图 7-96 原图（七）

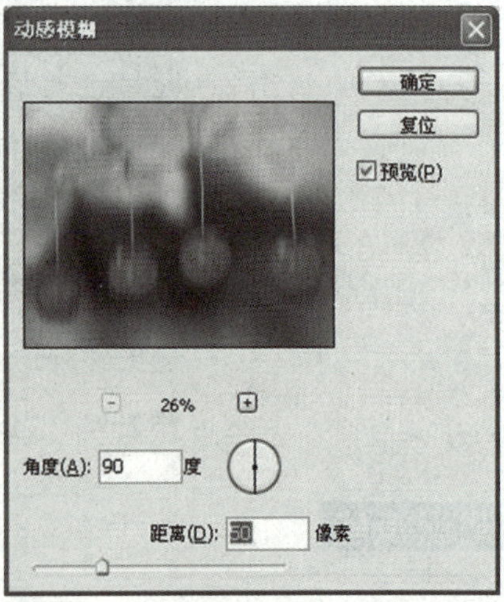

图 7-97 “动感模糊”的对话框（一）

三、“高斯模糊”滤镜

“高斯模糊”滤镜的作用是按照指定的值快速模糊选中的图像部分（图 7-98），产生一种朦胧的效果。该滤镜需要设置的参数是“半径”，调节模糊半径的范围是 0.1～250.0 像素，如图 7-99 所示。

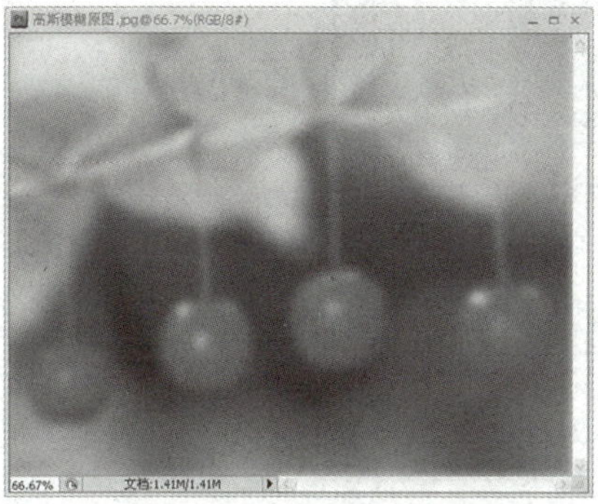

图 7-98　原图（八）

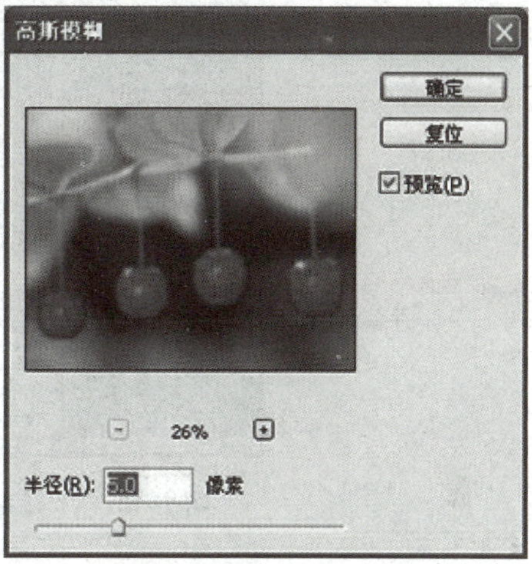

图 7-99　“高斯模糊”对话框（二）

任务实施

一、新建文件

执行“文件”→“新建”命令（或者按“Ctrl+N”组合键），弹出“新建”对话框，参数设置如图 7-100 所示。

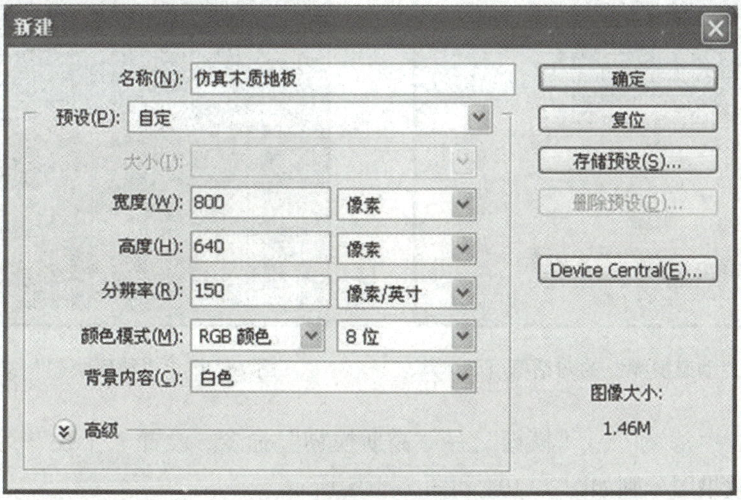

图 7-100　“仿真木质地板”的“新建”对话框

二、应用滤镜制作木纹效果

(1) 执行"滤镜"→"杂色"→"添加杂色"命令，设置"数量"为"400%"、"分布"为"高斯分布"，参数设置和效果图如图 7-101 所示。

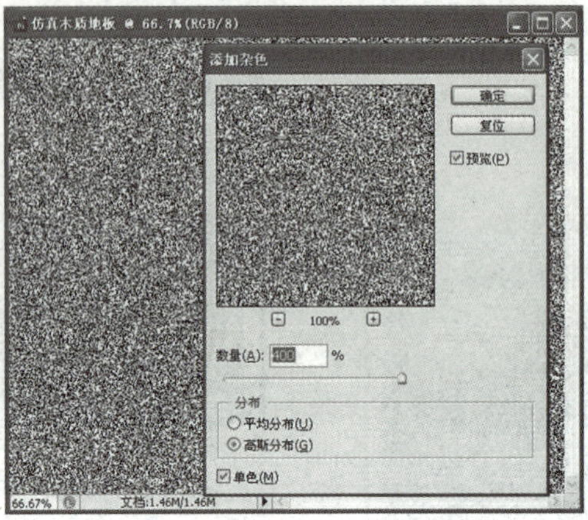

图 7-101 "添加杂色"对话框（二）

(2) 执行"滤镜"→"模糊"→"动感模糊"命令，设置"角度"为"90 度"、"距离"为"999 像素"，参数设置和效果图分别如图 7-102 和图 7-103 所示。

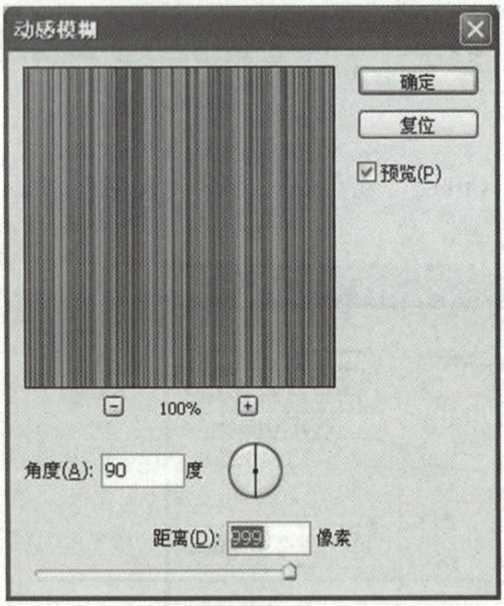

图 7-102 "动感模糊"的对话框（二）

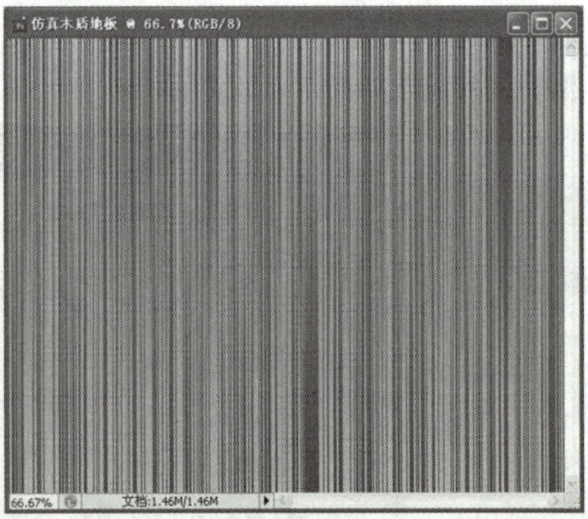

图 7-103 "动感模糊"滤镜效果图

(3) 执行"滤镜"→"模糊"→"高斯模糊"命令，设置"半径"为"5 像素"，参数设置和效果图分别如图 7-104 和图 7-105 所示。

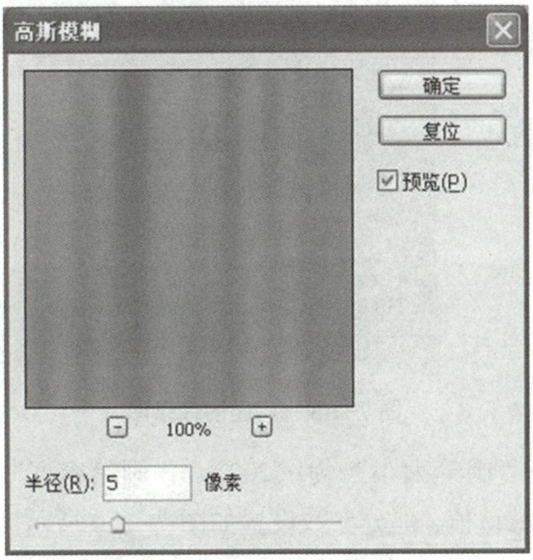

图 7-104 “高斯模糊”对话框（三）

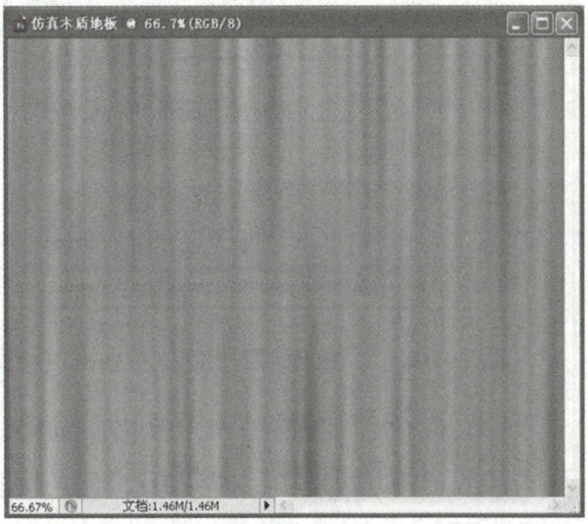

图 7-105 “高斯模糊”滤镜效果图

（4）执行“滤镜”→“素描”→“铬黄”命令，设置“铬黄渐变”的“细节”为“4”、“平滑度”为“7”，如图 7-106 所示，效果图如图 7-107 所示。

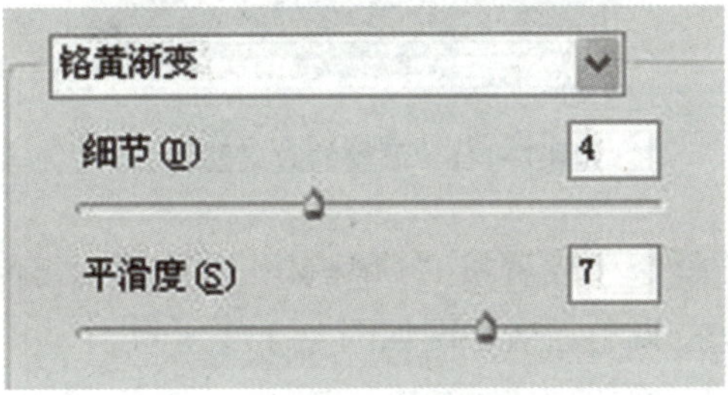

图 7-106 “铬黄”对话框参数设置（二）

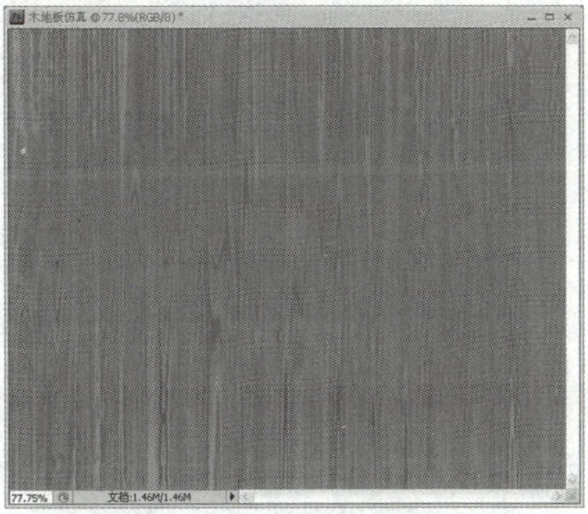

图 7-107 “铬黄”滤镜效果图（二）

三、调整颜色及纹理

（1）执行“图像”→“调整”→“色相/饱和度”命令（或者按“Ctrl+U”组合键），打开“色相/饱和度”对话框，勾选“着色”复选框，具体参数设置如图 7-108 所示，调整后效果图如图 7-109 所示。

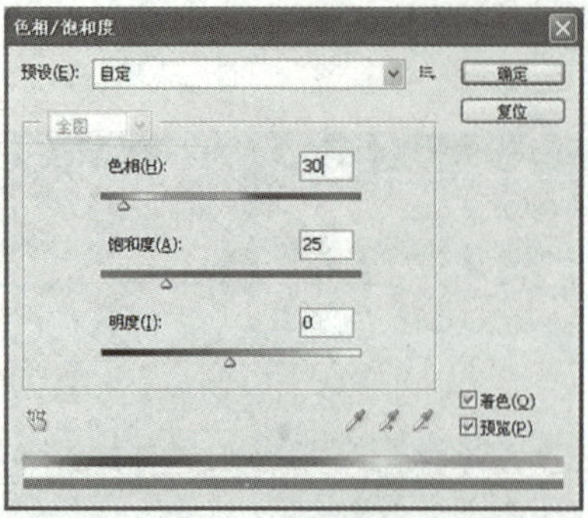

图 7-108 “色相/饱和度”对话框（十四）

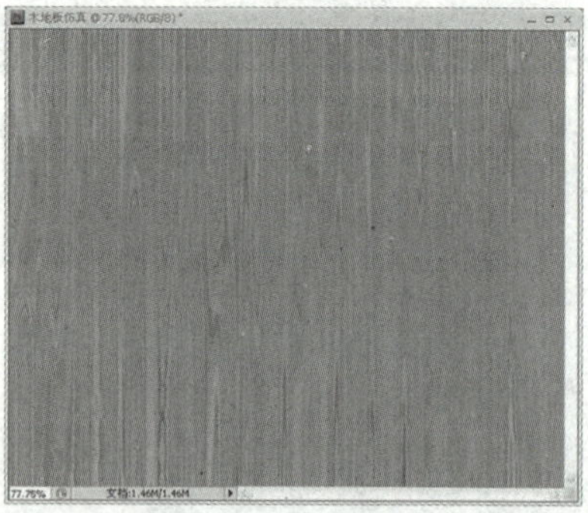

图 7-109 调整的效果图（一）

（2）执行“滤镜”→“液化”命令，设置“画笔大小”为“200”、“画笔密度”为“50”、“画笔压力”为“100”，其他参数为默认值，部分参数设置如图 7-110 所示。在预览图中适当拖动鼠标，使图像纹理呈不规则变化，调整好后单击“确定”按钮，效果图如图 7-111 所示。

图 7-110 “液化”对话框部分参数设置

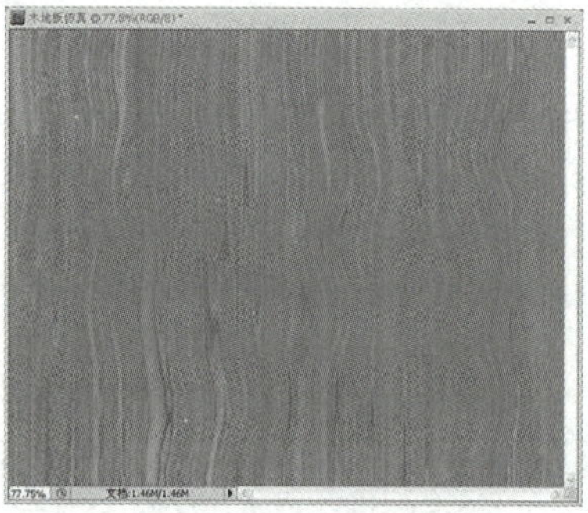

图 7-111 调整的效果图（二）

（3）执行“图像”→“调整”→“曲线”命令（或者按“Ctrl+M”组合键），打开“曲线”对话框，进行如图 7-112 所示的调整，调整后效果图如图 7-113 所示。

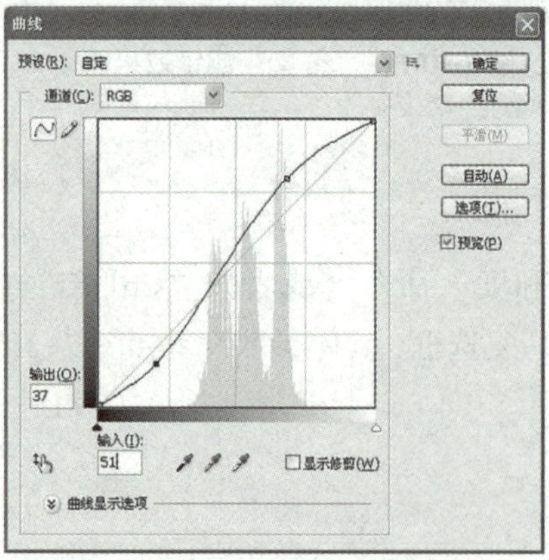

图 7-112 “曲线”对话框（四）

图 7-113 调整的效果图（三）

（4）再次执行“图像”→“调整”→“曲线”命令（或者按“Ctrl+M”组合键），打开“曲线”对话框，进行如图 7-114 所示的调整，调整后效果图如图 7-115 所示。

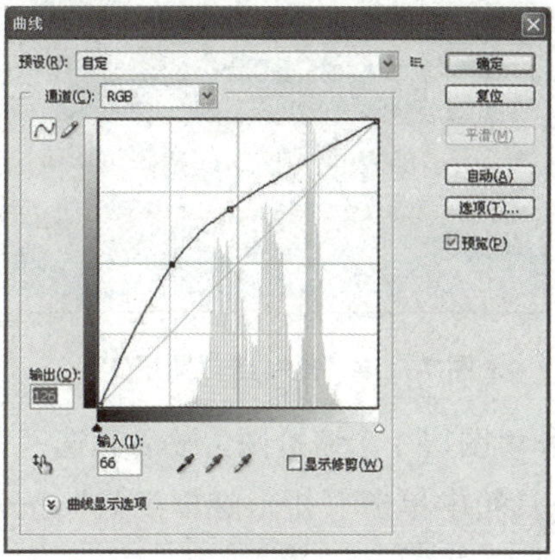

图 7-114　“曲线”对话框（五）

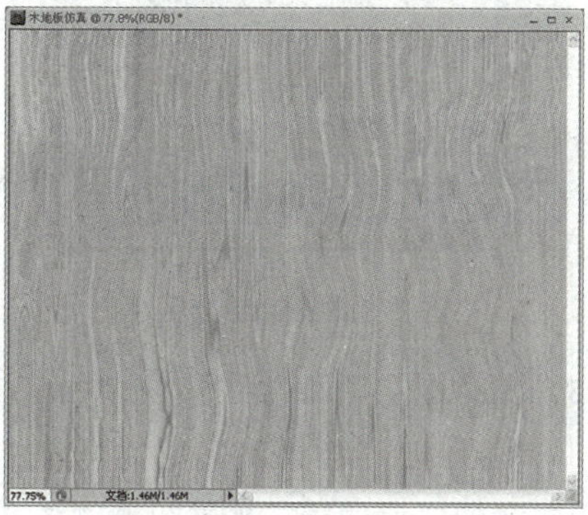

图 7-115　调整的效果图（四）

（5）执行“图像”→“调整”→“色相/饱和度”命令（或者按“Ctrl+U”组合键），打开“色相/饱和度”对话框，具体参数设置如图 7-116 所示，调整后效果图如图 7-117所示。

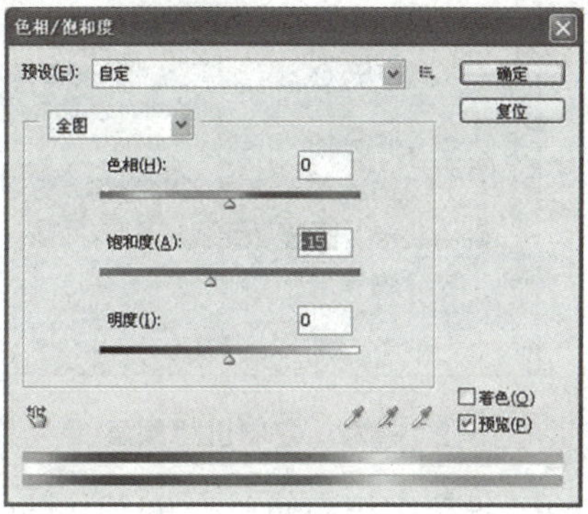

图 7-116　“色相/饱和度”对话框（十五）

图 7-117　调整的效果图（五）

四、制作“木质地板”

（1）在工具箱中单击“矩形选框工具”按钮（或者按快捷键“M”），拖动鼠标绘制一个矩形选区，为了便于下一步拼接，矩形选区长度应略大于图像高度，如图 7-118 所示。

（2）执行“编辑”→“拷贝”命令（或者按“Ctrl+C”组合键），再执行“编辑”→“粘贴”命令（或者按“Ctrl+V”组合键），此时复制出“图层 1”，如图 7-119 所示。

图 7-118　绘制选区

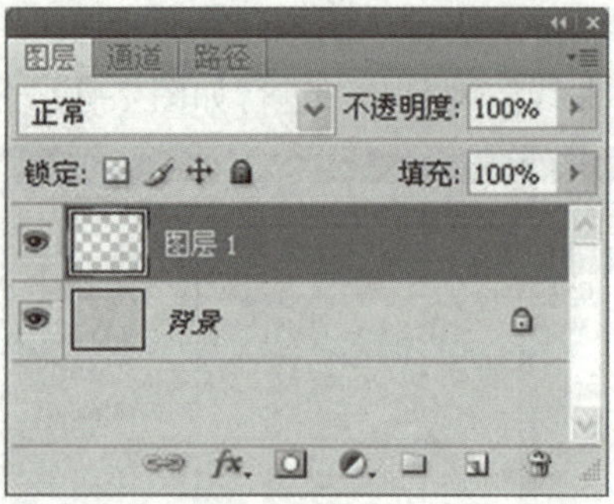

图 7-119　复制出“图层 1”

（3）在“图层”面板中按住“Ctrl”键单击“图层 1”缩览图，激活其选区，单击“背景”图层，使“背景”图层为当前层，在工具箱中单击“矩形选框工具”按钮，移动矩形选区到任意位置，效果图如图 7-120 所示。

（4）确定“背景”层为当前层，执行“编辑”→“拷贝”命令（或者按“Ctrl+C”组合键），再执行“编辑”→“粘贴”命令（或者按“Ctrl+V”组合键），复制出“图层 2”，如图 7-121 所示。

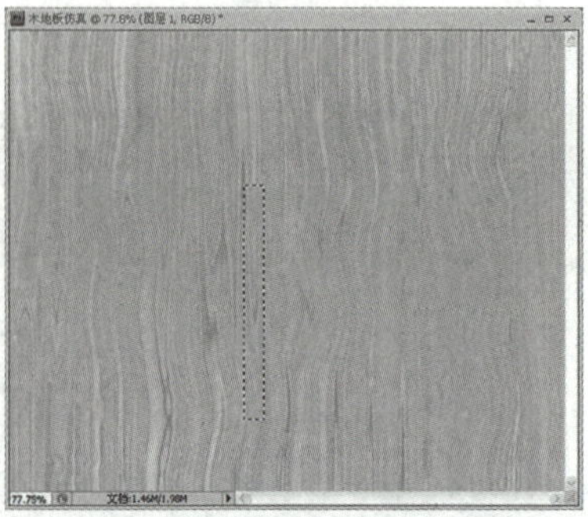

图 7-120　移动矩形选区到任意位置

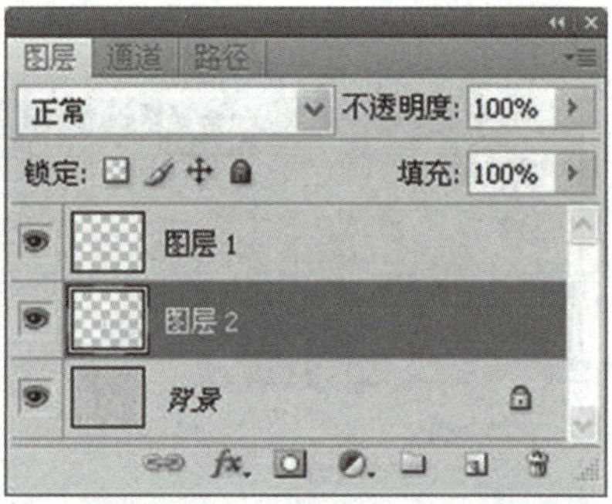

图 7-121　复制出“图层 2”

（5）在“图层”面板中单击“背景”图层的“指示图层可见性”开关按钮，关闭“背景”图层（如图 7-122 所示），图像显示效果图如图 7-123 所示。

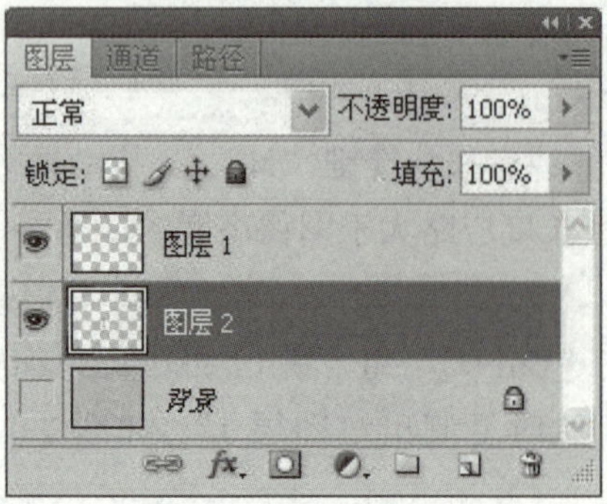

图 7-122　关闭“背景”图层

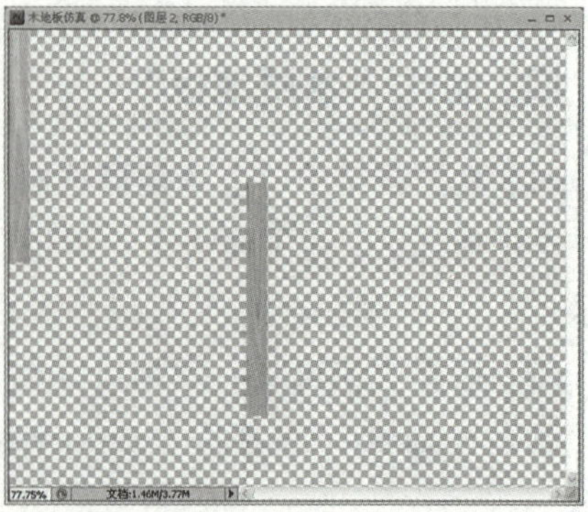

图 7-123　关闭“背景”图层效果图

(6) 使用“移动工具”将“图层 2”与“图层 1”拼接起来。

五、添加图层样式

(1) 在“图层”面板中双击“图层 1”名称右侧的空白处，在弹出的“图层样式”对话框中为“图层 1”添加“斜面和浮雕”“内阴影”效果，参数设置分别如图 7-124 和图 7-125 所示。

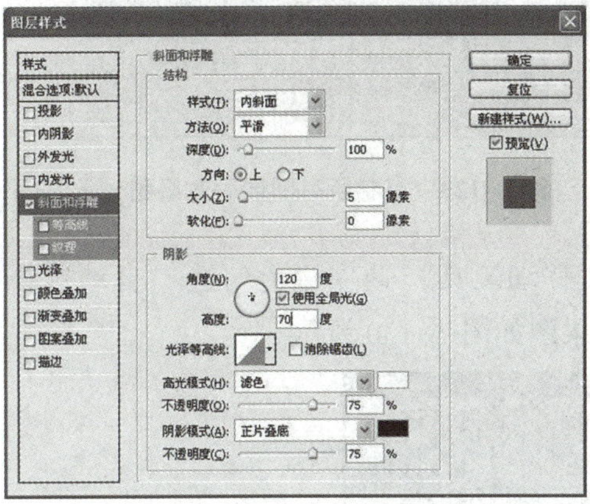

图 7-124　设置“斜面和浮雕”参数

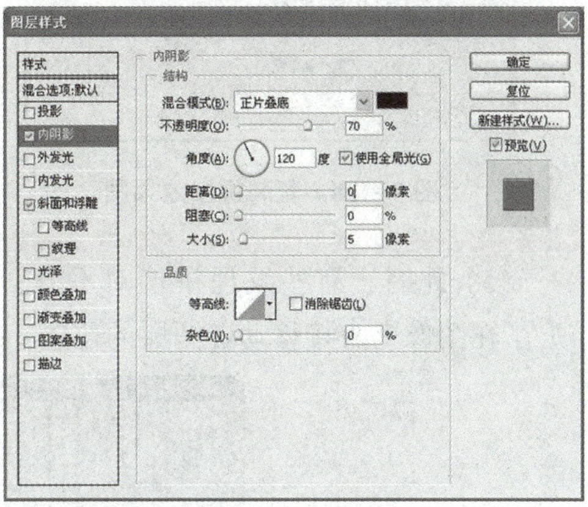

图 7-125　设置“内阴影”参数

(2) 调整后的图像效果图如图 7-126 所示。在“图层”面板中右击“图层 1”名称右侧的空白处，在弹出的快捷菜单中选择“拷贝图层样式”；右击“图层 2”名称右侧的空白处，在弹出的快捷菜单中选择“粘贴图层样式”。这样就把“图层 1”的样式复制给了“图层 2”，如图 7-127 所示。

图 7-126　添加图层样式后效果图

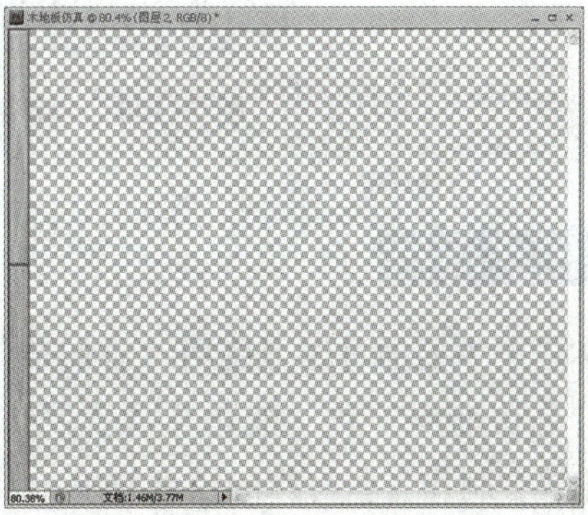

图 7-127　选择“粘贴图层样式”后效果图

(3) 重复执行上述操作，复制拼接效果图如图 7-128 所示。

(4) 在“图层”面板中右击“图层 1”名称右侧的空白处，在弹出的快捷菜单中选择“拷贝图层样式”，配合使用“Shift”键选择前面复制产生的全部图层，右击右侧空白处，在弹出的快捷菜单中选择“粘贴图层样式”。这样就把“图层 1”的样式复制给所有复制图层，如图 7-129 所示。

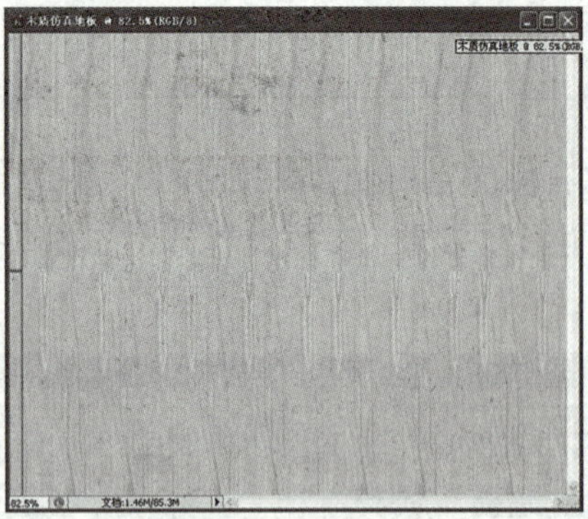

图 7-128 复制拼接效果图

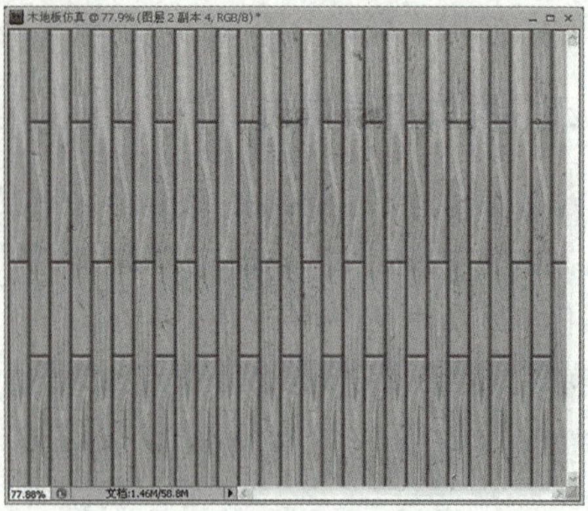

图 7-129 复制所有图层后效果图

(5) 此时，有些纹理拼接对不齐，可在“移动工具”选项栏上勾选“自动选择项”，在图像上直接移动各图层的位置，最终效果图如图 7-130 所示。

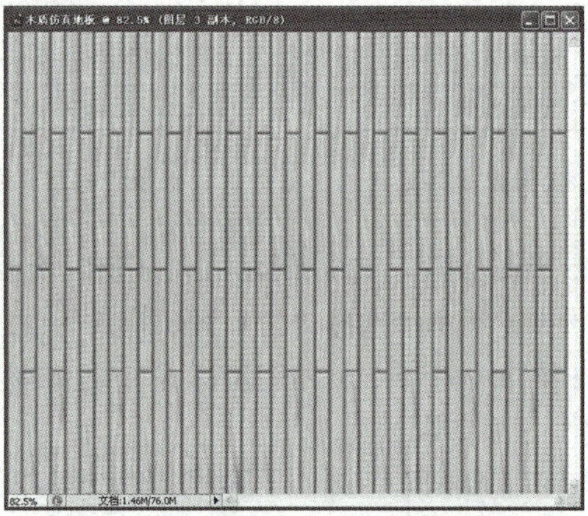

图 7-130 “仿真木质地板”最终效果图

任务小结

本任务主要通过练习使用“添加杂色”“动感模糊”“高斯模糊”等滤镜，再配合使用“铬黄渐变”和“液化”滤镜制作出“仿真木质地板”。掌握各种滤镜的使用技巧，并学会制作一些特殊的纹理效果。

任务练习

应用滤镜图像处理技术制作“雪花飘落”效果，如图 7-131 所示。

图 7-131　“雪花飘落”效果图

一、制作“雪花”

(1) 打开素材图片“冬景”(图 7-132)。创建一个新图层，把“图层 1”填充为白色。执行“滤镜”→“像素化”→“点状化”命令，在弹出的对话框中设置“单元格大小”为“10”，制作出“点状”效果，如图 7-133 所示。

图 7-132　素材图片“冬景”

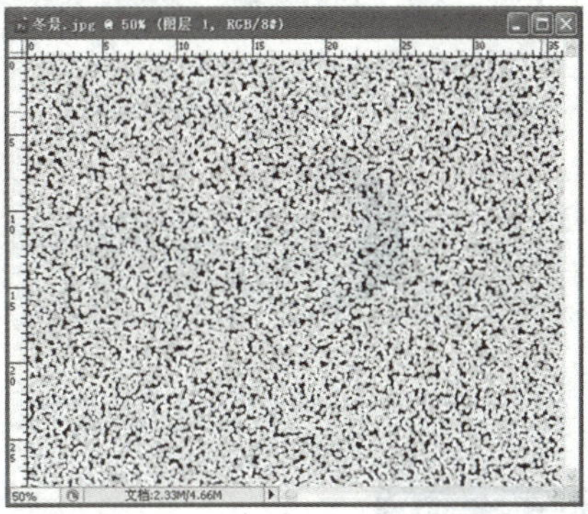

图 7-133　“点状”效果图

(2) 执行“图像”→“调整”→“阈值”命令，在弹出的对话框中设置“阈值色阶”为“255”，如图 7-134 所示。

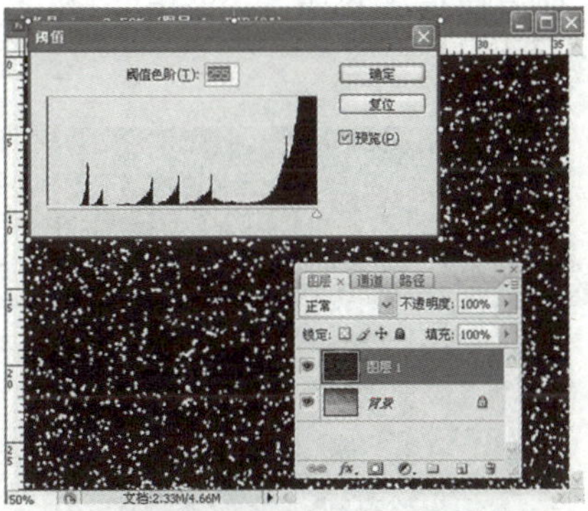

图 7-134　调整“阈值”及其效果图

二、添加“雪花飘落”的效果

执行“动感模糊”命令，得到的效果图如图 7-135 所示，将当前图层的图层混合模式设置为“滤色”、“不透明度”设置为“60%”，参数设置及最终效果图如图 7-136 所示。

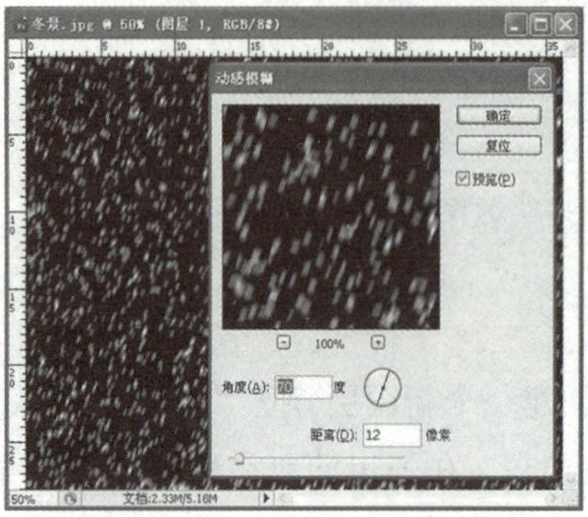

图 7-135　设置“动感模糊”参数及其效果图

图 7-136　参数设置及最终效果图

任务四　制作“动感咖啡”

任务要求

首先使用“云彩”滤镜完成“咖啡”的基本色效果，用“镜头光晕”滤镜完成高光效果，用“波浪”滤镜及“旋转扭曲”滤镜产生波纹；然后使用“塑料包装”滤镜产生类似液体光泽的效果；最后使用“色阶”“色相/饱和度”命令进行着色。“动感咖啡”完成效果图如图 7-137 所示。

图 7-137　“动感咖啡”效果图

知识技能

一、“镜头光晕”滤镜

“镜头光晕”滤镜的作用是模拟亮光照射到相机镜头所产生的光晕效果，通过单击图像缩览图来改变光晕中心的位置，此滤镜不能应用于灰度、CMYK 和 Lab 模式的图像。图 7-138 和图 7-139 分别为原图和“镜头光晕”滤镜效果图。

图 7-138　素材图片“羊羔”

图 7-139　“羊羔”的“镜头光晕”滤镜效果图

二、“旋转扭曲”滤镜

“旋转扭曲”滤镜的作用是使图像产生旋转扭曲的效果，旋转的范围是-999 度~999 度。图 7-140 和图 7-141 分别为原图和“旋转扭曲”滤镜效果图。

图 7-140　素材图片“荷花”

图 7-141　“荷花”的“旋转扭曲”滤镜效果图

三、“塑料包装”滤镜

“塑料包装”滤镜的作用是使图像产生质感较强并且具有立体感的塑料效果。使用“塑料包装”滤镜可以制作出任何物体的反射光效果，如晶莹的汗珠或涂料溢出等效果。

图 7-142 和图 7-143 分别为原图和“塑料包装”滤镜效果图。

图 7-142　素材图片“油漆”

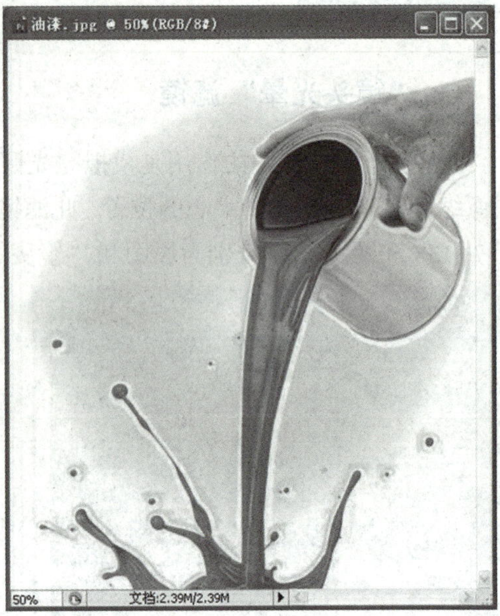

图 7-143　“油漆”的“塑料包装”滤镜效果图

任务实施

一、新建文件

执行“文件”→“新建”命令（或者按“Ctrl+N”组合键），弹出“新建”对话框，参数设置如图 7-144 所示。

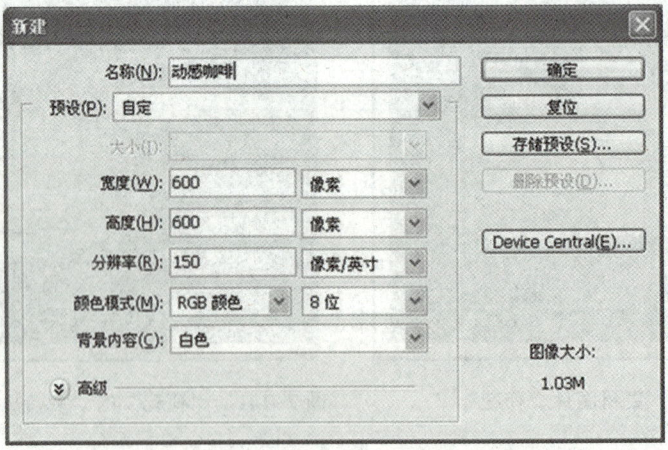

图 7-144　“动感咖啡”的“新建”对话框

二、创建基本颜色

（1）在工具箱中单击“设置背景色”按钮，打开“拾色器（前景色）”对话框（如图 7-145 所示），把前景色设置为茶色（#a25a0c），单击“确定”按钮。

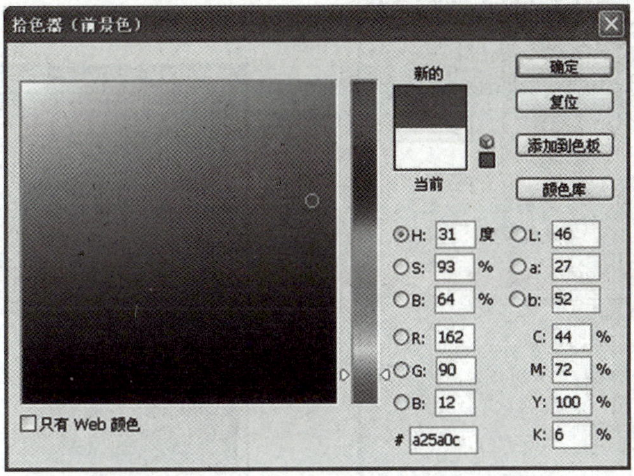

图 7-145 “拾色器（前景色）”对话框（四）

（2）执行“滤镜”→“渲染”→“云彩”命令，在选区内产生随机的云彩效果并将其作为“咖啡”的基色，执行后效果图如图 7-146 所示。

（3）执行“滤镜”→“渲染”→“镜头光晕”命令，在弹出的“镜头光晕”对话框中设置“亮度”为“130%”、“镜头类型”为“50-300 毫米变焦”，在预览图中单击鼠标确定光晕中心，如图 7-147 所示。

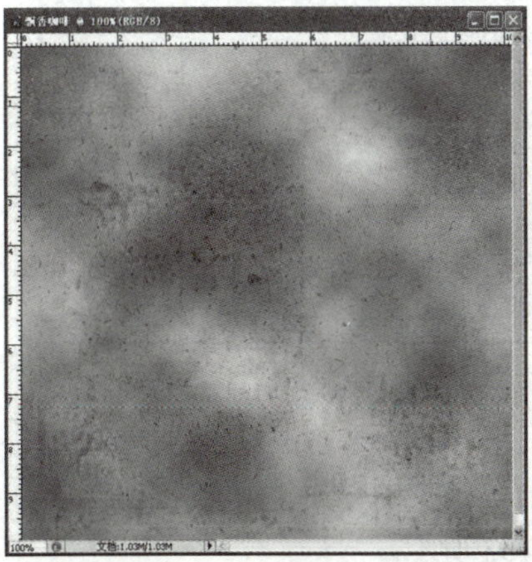

图 7-146 “咖啡”的基色

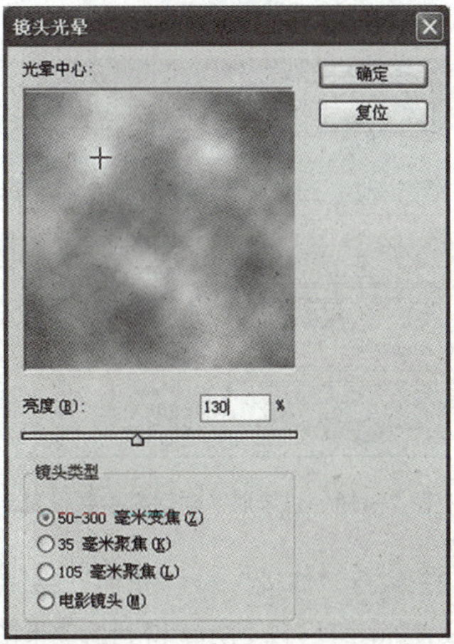

图 7-147 “镜头光晕”对话框（二）

（4）再次执行“镜头光晕”命令，参数设置如图 7-148 所示，两次设置后效果图如图7-149所示。

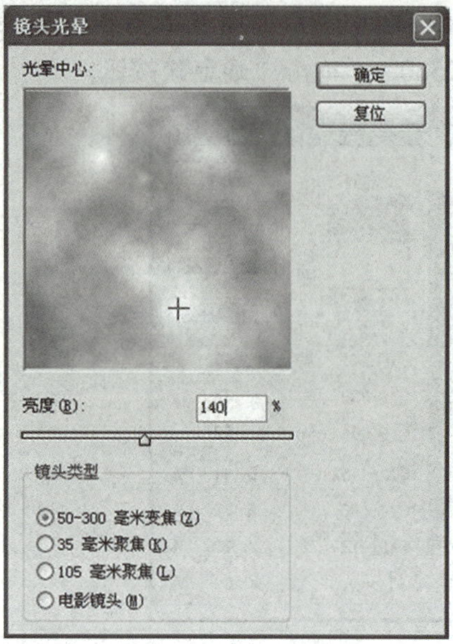

图 7-148 “镜头光晕”对话框（三）

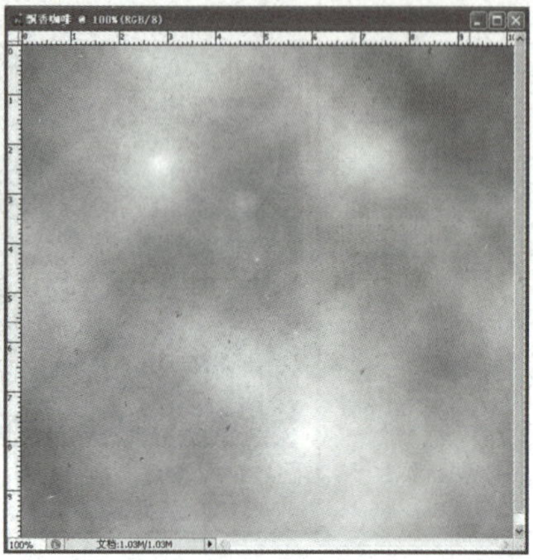

图 7-149 得到效果图（一）

三、添加动感效果

（1）执行“滤镜”→“扭曲”→“波浪”命令，弹出“波浪”对话框，参数设置如图 7-150 所示，得到的效果图如图 7-151 所示。

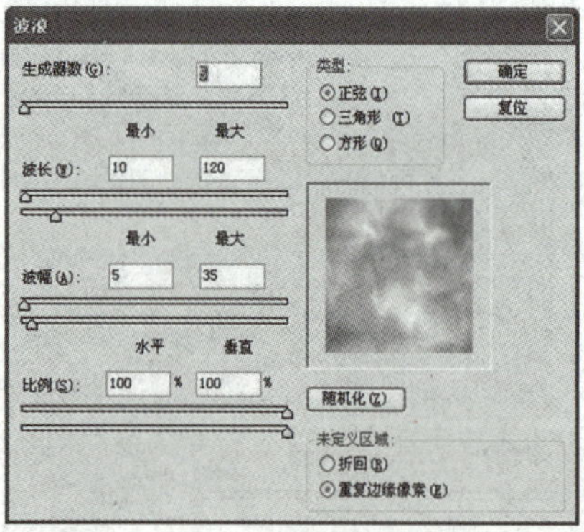

图 7-150 “波浪”对话框参数设置

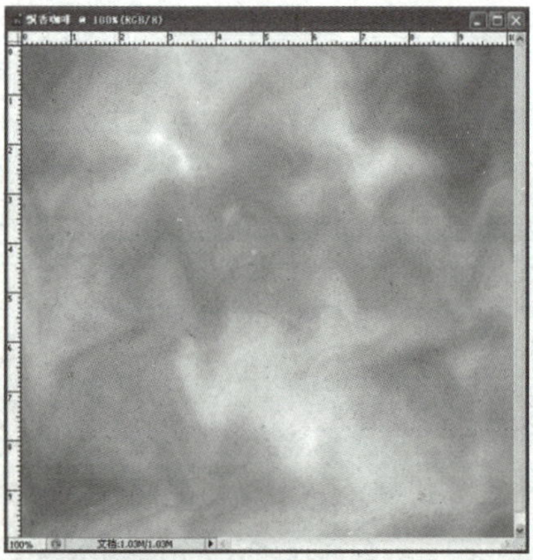

图 7-151 得到效果图（二）

（2）执行“滤镜”→“扭曲”→“旋转扭曲”命令，弹出“旋转扭曲”对话框，参数设置如图 7-152 所示，得到的效果图如图 7-153 所示。

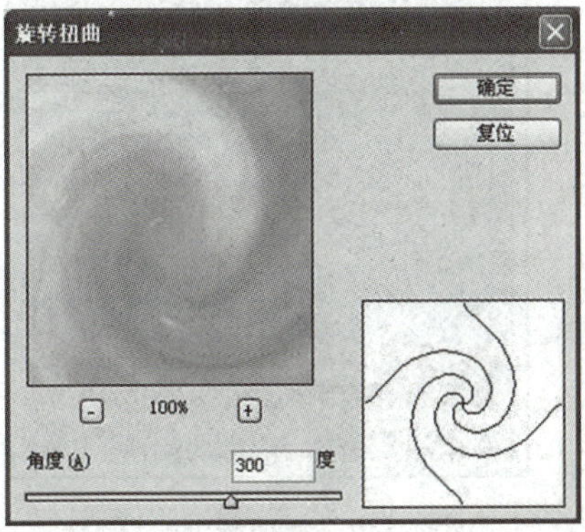

图 7-152 “旋转扭曲”对话框（一）

图 7-153 得到效果图（三）

四、制作“咖啡”质感

（1）执行“滤镜”→“艺术效果”→“塑料包装”命令，弹出“塑料包装”对话框，参数设置如图 7-154 所示，得到的效果图如图 7-155 所示。

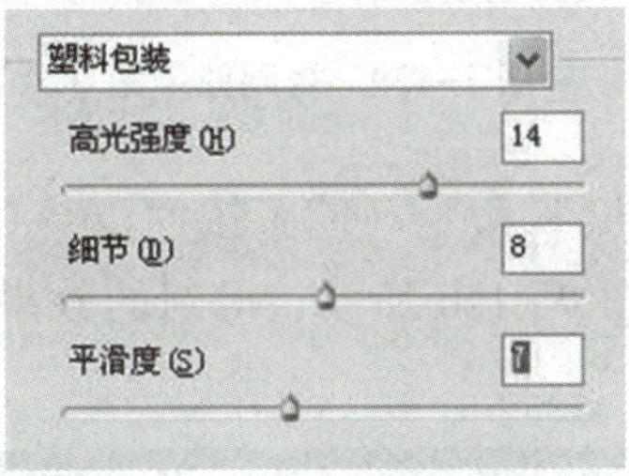

图 7-154 “塑料包装”对话框参数设置（一）

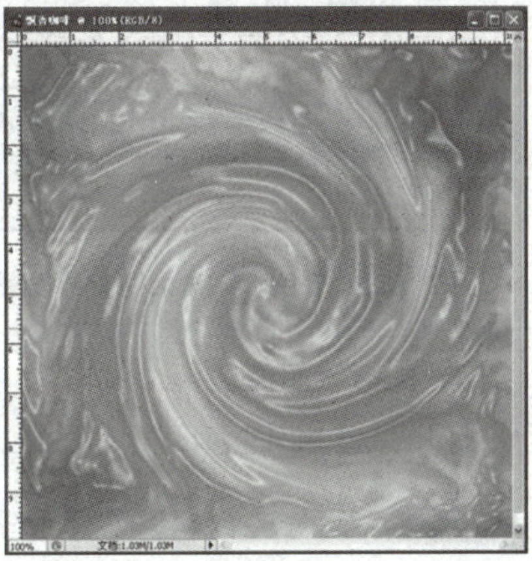

图 7-155 得到效果图（四）

（2）再次执行“滤镜”→“艺术效果”→“塑料包装”命令，弹出“塑料包装”对话框，选择“霓虹灯光”效果，“发光颜色”设置为“茶色（#b07801）”，参数设置如图7-156所示，得到的效果图如图 7-157 所示。

（3）执行“图像”→“调整”→“色阶”命令（或者按“Ctrl+L”组合键），打开“色阶”对话框，参数设置如图 7-158 所示，单击“确定”按钮，得到的效果图如图 7-159所示。

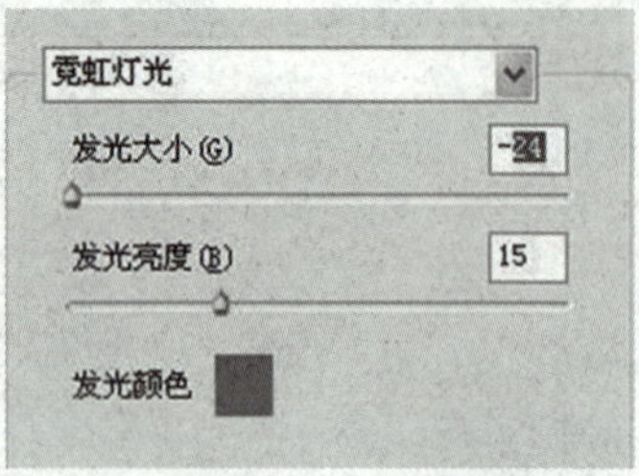

图 7-156 “塑料包装”对话框参数设置（二）

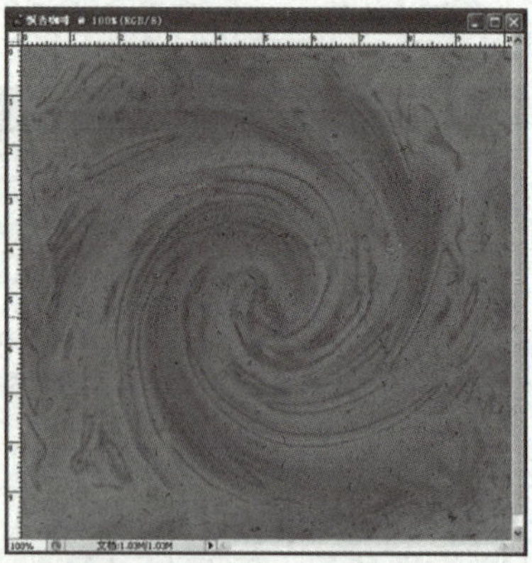

图 7-157 得到效果图（五）

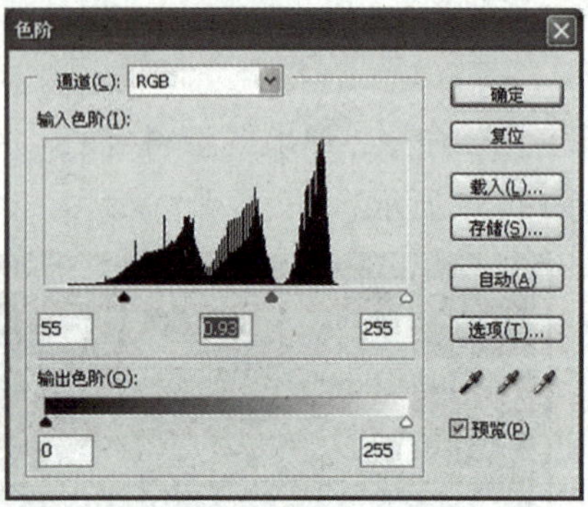

图 7-158 “色阶”对话框参数设置

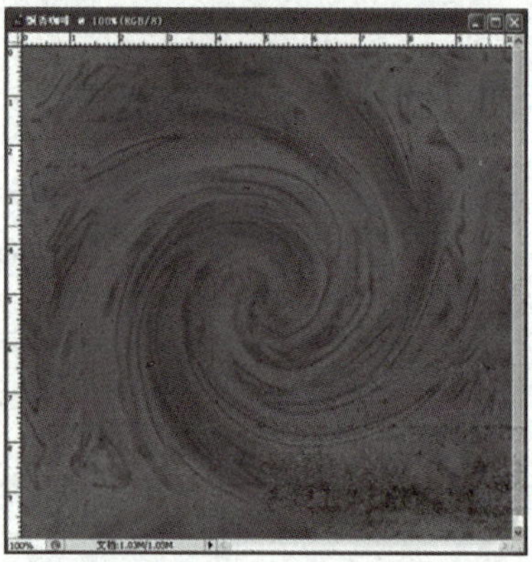

图 7-159 得到效果图（六）

（4）执行“图像”→“调整”→“色相/饱和度”命令（或者按“Ctrl+U”组合键），打开“色相/饱和度”对话框，参数设置如图 7-160 所示，得到的效果图如图 7-161所示。

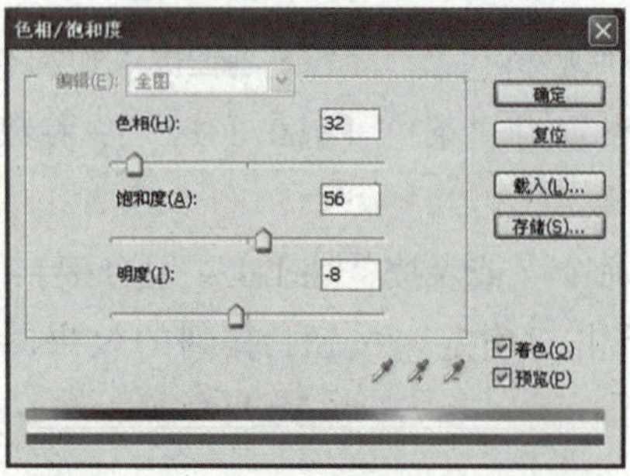

图 7-160 “色相/饱和度”对话框参数设置

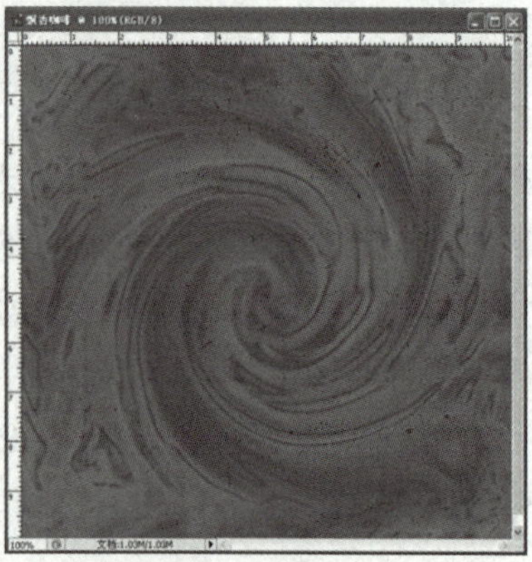

图 7-161 得到效果图（七）

任务小结

通过学习应用扭曲滤镜，包括“波浪”“旋转扭曲”“塑料包装”等滤镜制作动感图像效果，再配合使用“色阶”“色相/饱和度”命令对图像进行处理。

任务练习

应用滤镜技术制作“旋流特效”，效果图如图 7-162 所示。

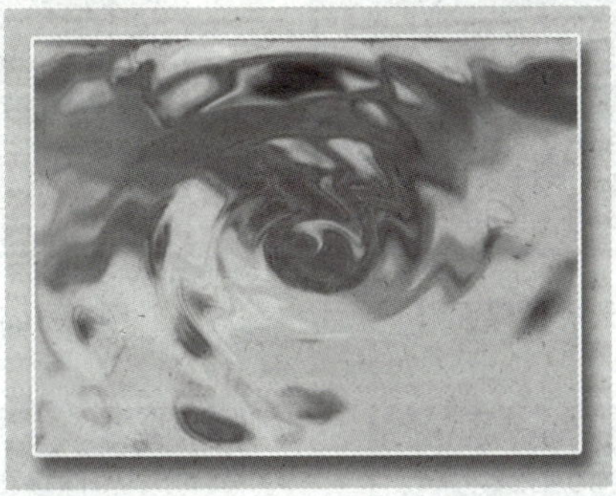

图 7-162　“旋流特效”效果图

一、新建文件

按“Ctrl+N”组合键，弹出“新建”对话框，参数设置如图 7-163 所示。在工具箱中单击“默认前景色和背景色”按钮（或者按快捷键“D”），把前景色和背景色设置为默认颜色。

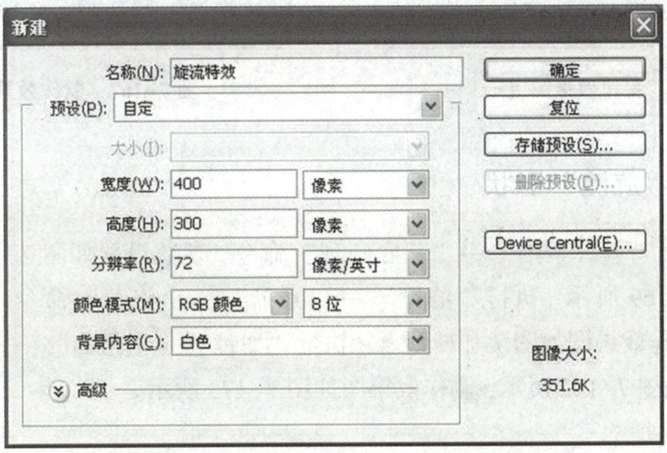

图 7-163　“旋流特效”的“新建”对话框

二、添加滤镜效果

执行“云彩”命令，产生随机的云彩效果，执行后效果图如图 7-164 所示。执行

“径向模糊”命令，参数设置如图 7-165 所示，制作效果图如图 7-166 所示。执行“高斯模糊”命令，设置“模糊半径”为“5.5 像素”，制作效果图如图 7-167 所示。

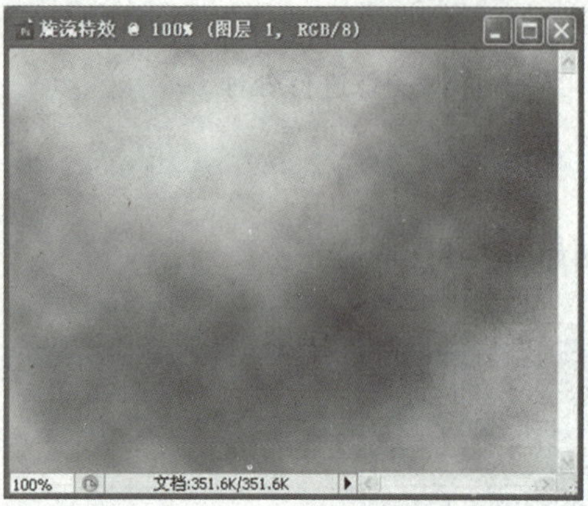

图 7-164　随机的云彩效果图

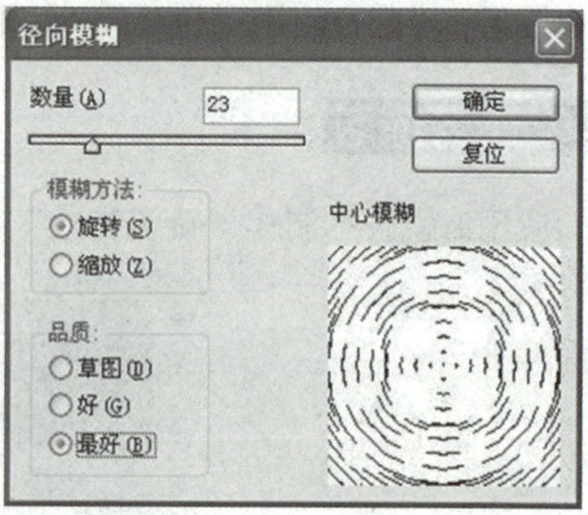

图 7-165　“径向模糊”对话框

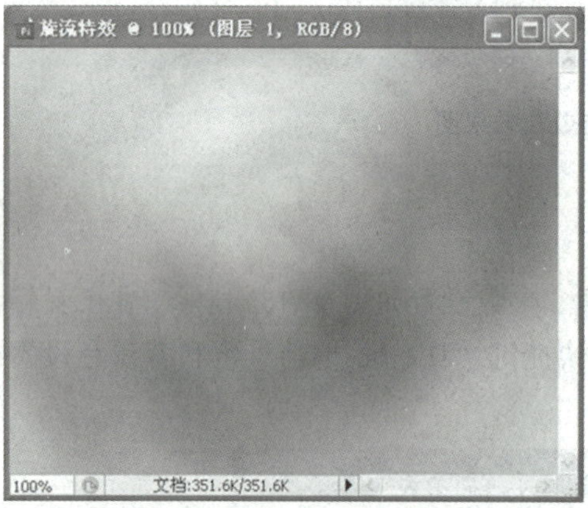

图 7-166　制作效果图（一）

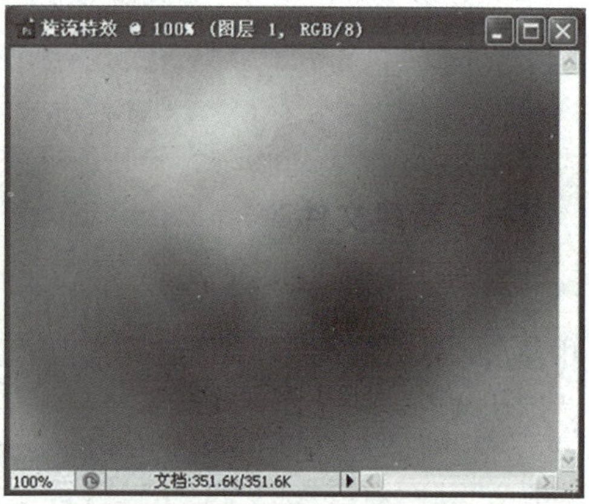

图 7-167　制作效果图（二）

三、制作“旋流”形状

执行“滤镜”→“素描”→“基底凸现”命令，参数设置如图 7-168 所示，制作效果图如图 7-169 所示。执行“滤镜”→“素描”→“铬黄”命令，参数设置如图 7-170所示，制作效果图如图 7-171 所示。执行“滤镜”→“扭曲”→“旋转扭曲”命令，参数设置如图 7-172 所示，制作效果图如图 7-173 所示。

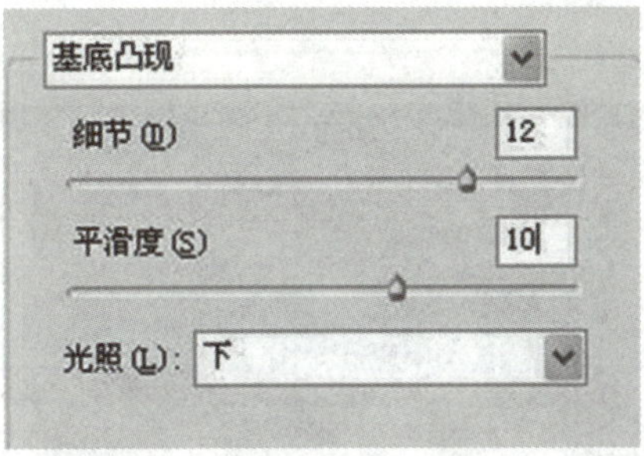

图 7-168 “基底凸现”对话框参数设置

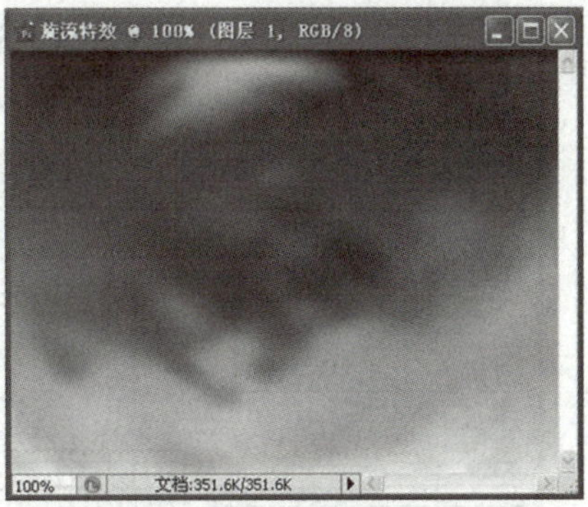

图 7-169 制作效果图（三）

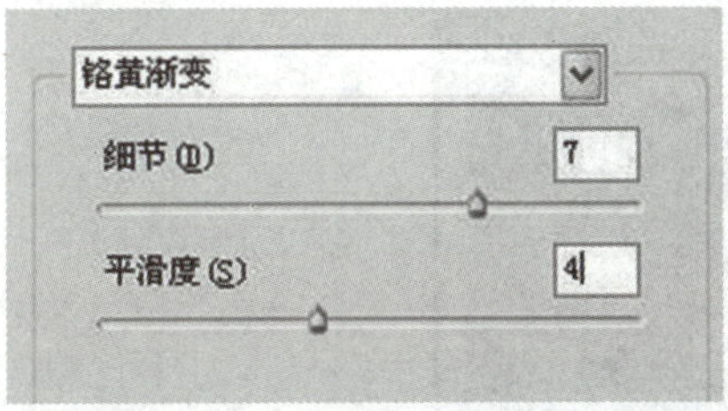

图 7-170 “铬黄”对话框参数设置（三）

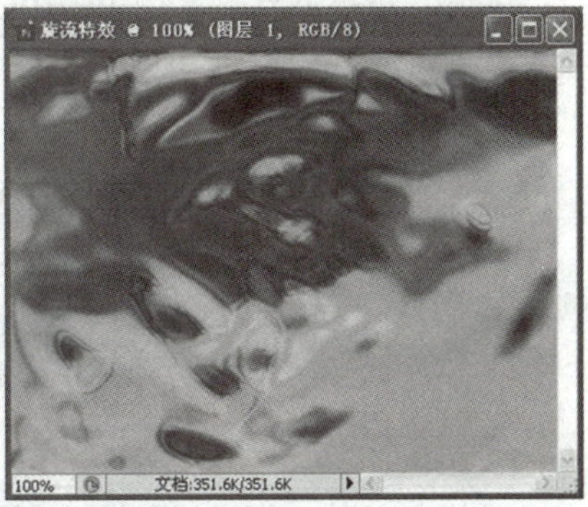

图 7-171 制作效果图（四）

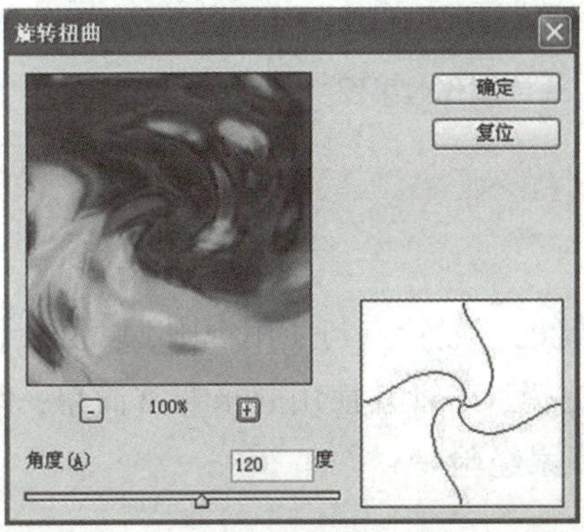

图 7-172 “旋转扭曲”对话框参数设置

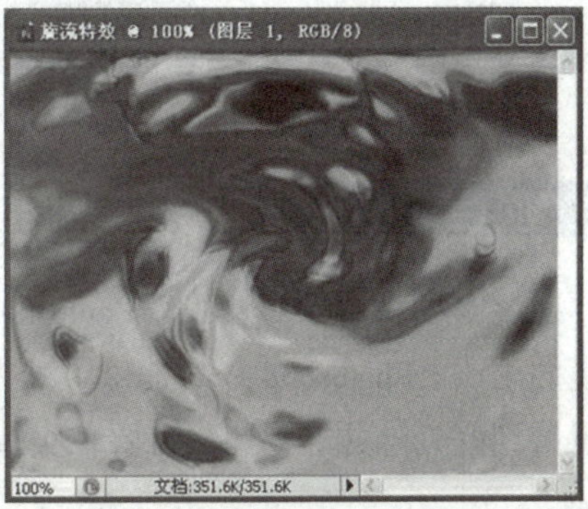

图 7-173 制作效果图（五）

四、制作“旋流”质感

执行“滤镜”→“扭曲”→“水波”命令，参数设置如图7-174所示，制作效果图如图 7-175 所示。按“Ctrl+U”组合键，打开“调整”对话框，勾选“着色”复选框，设置“色相”为“205”、“饱和度”为“55”，其他参数默认不变，调整后最终制作效果图如图 7-176 所示。

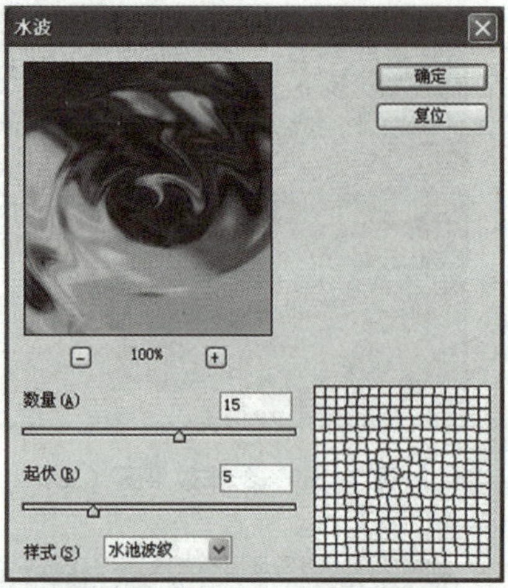

图 7-174　“水波”对话框参数设置

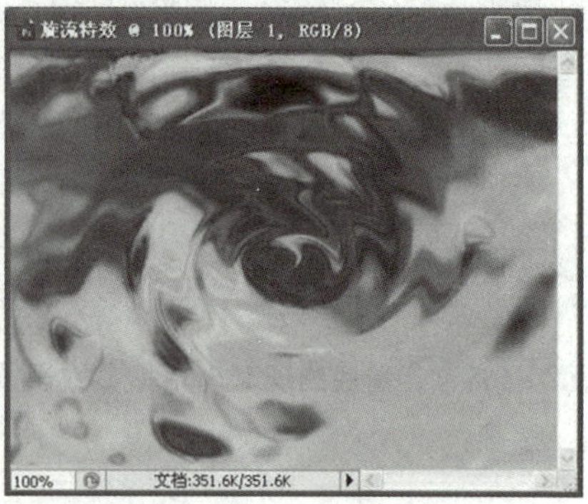

图 7-175　制作效果图（六）

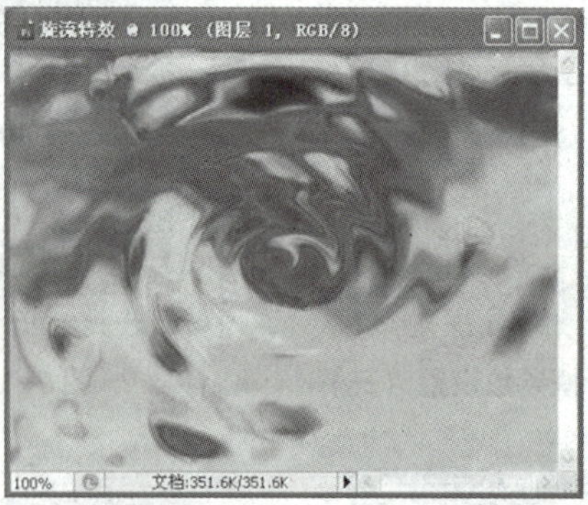

图 7-176　“旋流特效”最终制作效果图

项目总结

通过本项目的学习，了解 Photoshop CS6 滤镜的一般特点与使用规则，以及一些典型滤镜的用法。Photoshop CS6 提供了种类繁多的滤镜，尽管其使用起来非常简单，但要运用得恰到好处却并非易事，需要在实践中不断积累经验。

项目实训

实训一　制作公益广告

通过制作如图 7-177 所示的公益广告，学习“海报边缘”“添加杂色”“动感模糊”“强化的边缘”等滤镜的用法。

图 7-177　公益广告效果图

一、制作思路

利用“海报边缘”“添加杂色”“动感模糊”“强化的边缘”滤镜制作特殊图像效果，并结合“色阶”命令、“图层”面板、图层蒙版修饰图像，最后输入文字并为其添加投影样式。

二、制作步骤

（1）执行“文件”→“新建”命令（或者按“Ctrl+N”组合键），弹出“新建”对话框，参数设置如图 7-178 所示。

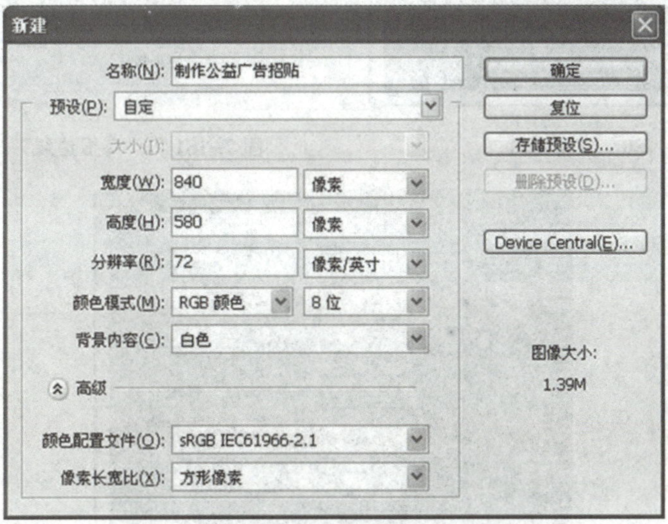

图 7-178　“制作公益广告招贴”的“新建”对话框

（2）设置前景色为浅绿色（#aed0db），设置背景色为深灰色（#4e5b60），使用“线性渐变工具”填充背景，效果图如图 7-179 所示。

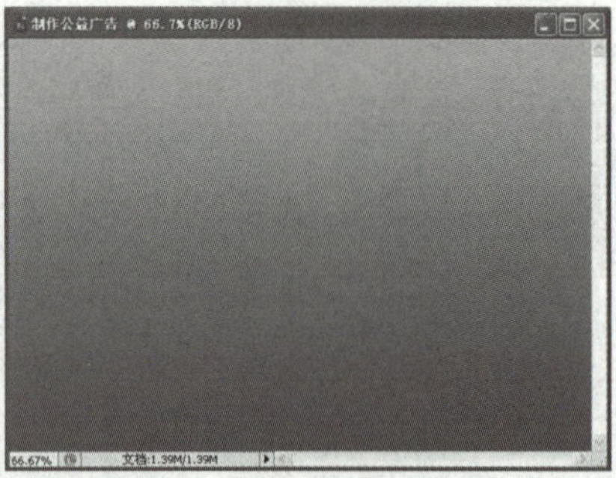

图 7-179　使用“线性渐变工具”填充背景

(3) 打开素材图片（图 7-180），使用“移动工具”拖动素材图像到当前正在编辑的文件中，自动生成“图层 1”。对“图层 1”执行“滤镜”→“艺术效果”→“海报边缘”命令，在“海报边缘”对话框中参数设置如图 7-181 所示，设置完成后效果图如图 7-182 所示。

图 7-180　素材图片

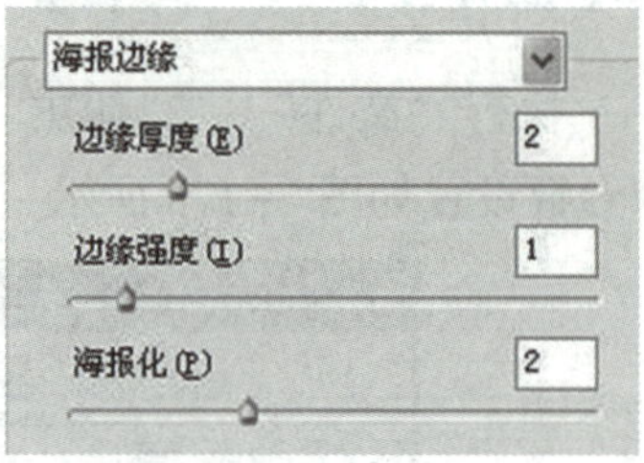

图 7-181　“海报边缘”对话框参数设置

图 7-182　“海报边缘”滤镜效果图

(4) 在“图层”面板中，将“图层 1”的图层混合模式设置为“正片叠底”，此时图像的效果图如图 7-183 所示。

图 7-183　将“图层 1”设置“正片叠底”后图像效果图

（5）在“图层”面板中单击“创建新图层”按钮，创建一个新图层，默认名称为“图层 2”，如图 7-184 所示。

图 7-184　创建新图层——“图层 2”

（6）使用“套索工具”绘制图形，如图 7-185 所示，并将其填充为黄色（#d0a64a），填充后效果图如图 7-186 所示。

图 7-185　使用“套索工具”绘制图形

图 7-186　填充黄色后效果图

（7）执行“选择”→“取消选择”命令（或者按“Ctrl+D”组合键）。

（8）执行“滤镜”→“杂色”→“添加杂色”命令，参数设置如图 7-187 所示，单击“确定”按钮，调整后效果图如图 7-188 所示。

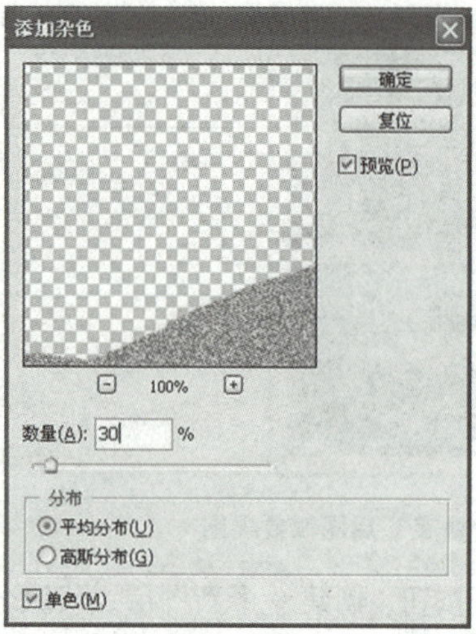

图 7-187 “添加杂色”对话框（三）

图 7-188 滤镜效果图（一）

（9）执行“滤镜”→“模糊”→“动感模糊”命令，参数设置如图 7-189 所示，调整后效果图如图 7-190 所示。

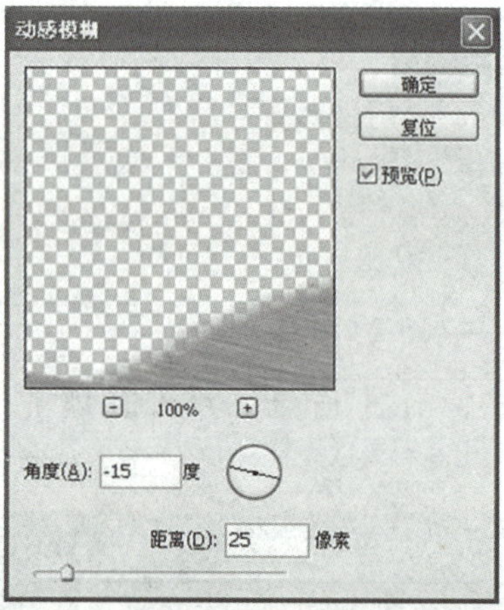

图 7-189 “动感模糊”的对话框（三）

图 7-190 滤镜效果图（二）

（10）分别选择工具箱中的“加深工具”和“减淡工具”，在它们的工具属性栏中设置合适的笔刷属性，依次修饰沙丘图像，使沙丘呈现层次感，修饰后效果图如图 7-191 所示。

图 7-191 修饰沙丘图像后效果图

（11）为“图层2”添加“外发光”样式，参数设置及效果图分别如图7-192和图7-193所示。

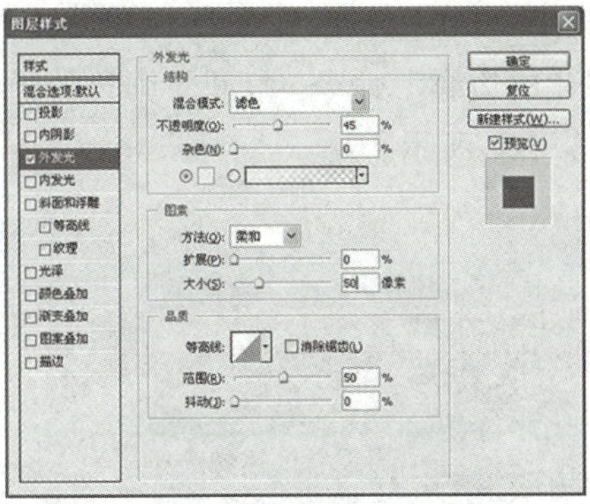

图7-192　为“图层2”添加“外发光”并设置参数

图7-193　为“图层2”添加“外发光”效果图

（12）打开素材图片（图7-194），使用“移动工具”拖动该图像到当前正在编辑的文件中，自动生成“图层3”。设置“图层3”的图层混合模式为“变亮”，参数设置及效果图如图7-195所示。

图7-194　素材图片

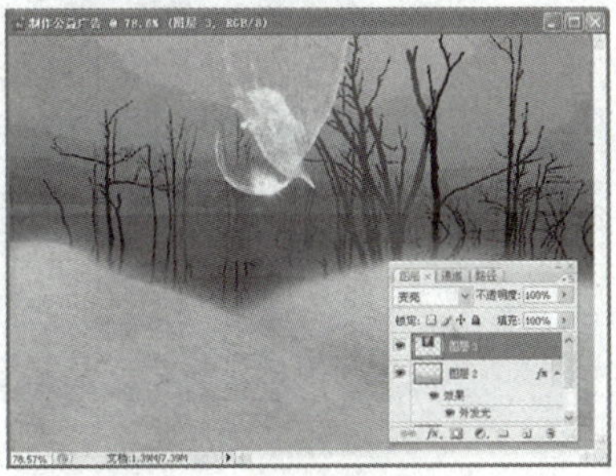

图7-195　设置图层混合模式

（13）执行“图像”→“调整”→“色阶”命令（或者按“Ctrl+L”组合键），打开“色阶”对话框，设置“输入色阶”参数为“（19，1，212）”，单击“确定”按钮完成调整，如图7-196所示，调整后效果图如图7-197所示。

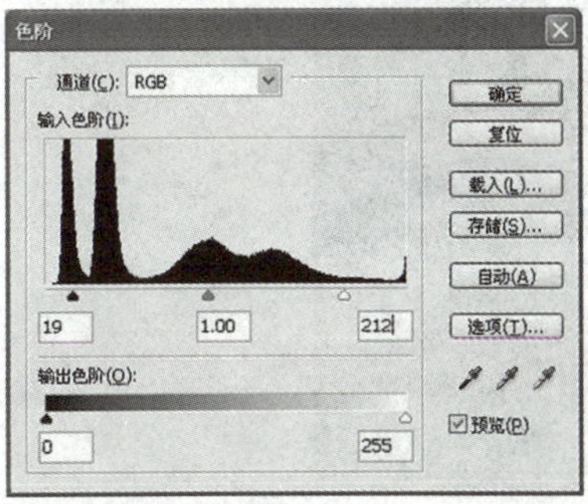

图7-196　“色阶”对话框（十）

图7-197　整体效果图

（14）打开素材图片（图 7-198），使用“魔棒工具”点选白色背景，执行“选择”→“反向”命令（或者按“Ctrl+Shift+I”组合键），使用“移动工具”拖动选区中的图像到当前正在编辑的窗口中，自动生成“图层 4”。

（15）执行“滤镜”→“画笔描边”→“强化的边缘”命令，打开“强化的边缘”对话框，参数设置如图 7-199 所示，效果图如图 7-200 所示。

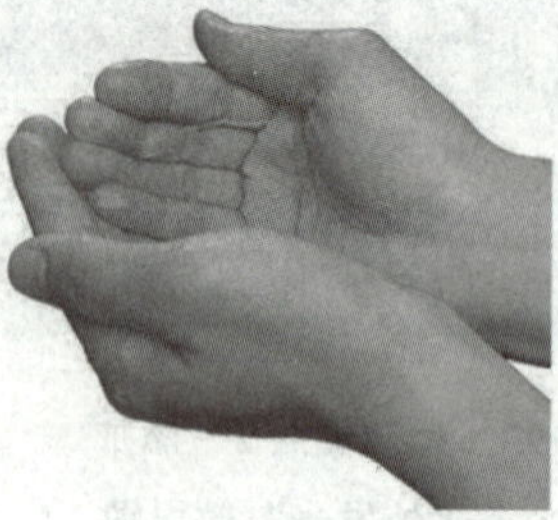

图 7-198　素材图片

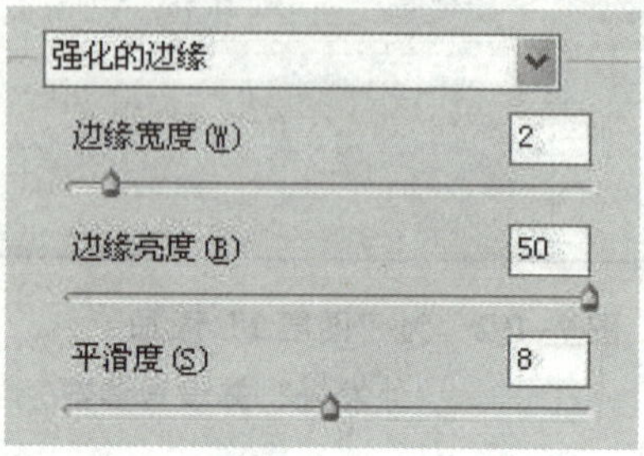

图 7-199　“强化的边缘”对话框参数设置

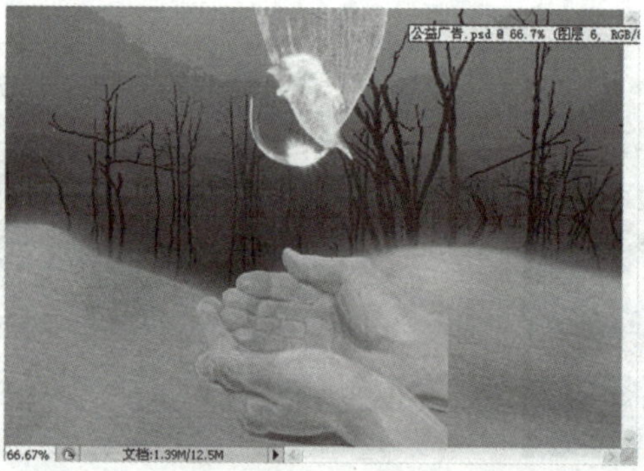

图 7-200　滤镜效果图（三）

（16）为“图层 4”添加图层蒙版并编辑，隐藏部分“手”图像，效果图如图 7-201 所示。

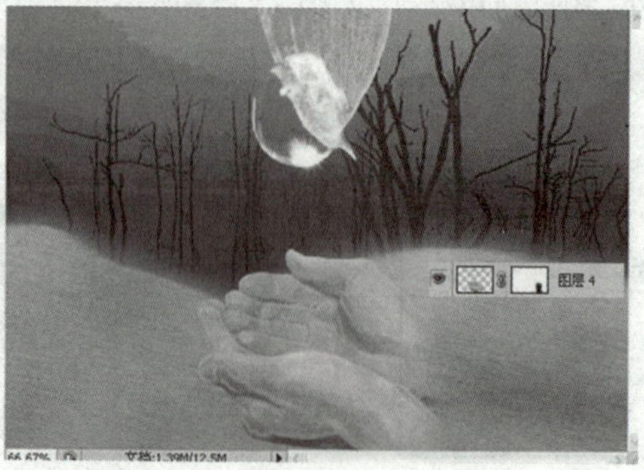

图 7-201　隐藏部分“手”图像

(17) 打开素材图片（图 7-202），使用“移动工具”拖动图像到当前正在编辑的文件中，自动生成“图层 5”，适当调整图像的位置，然后擦除多余的部分，再为其添加“外发光”图层样式，参数设置如图 7-203 所示，效果图如图 7-204 所示。

(18) 输入文字，然后为文字添加“投影”样式，参数设置如图 7-205 所示，最终效果图如图 7-206 所示。

图 7-202　素材图片

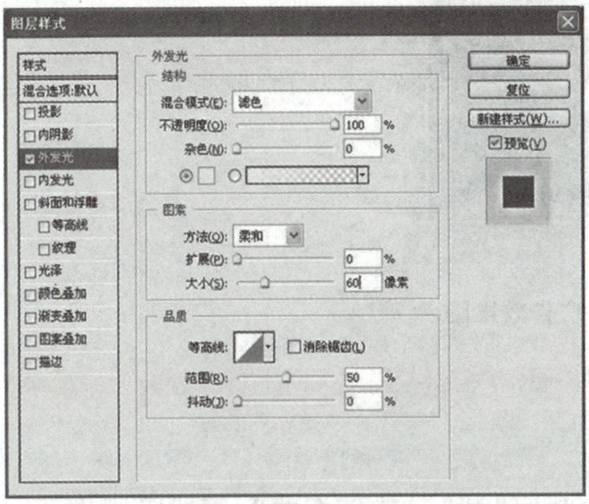

图 7-203　为“图层 5”添加“外发光”并设置参数

图 7-204　为“图层 5”添加“外发光”效果图

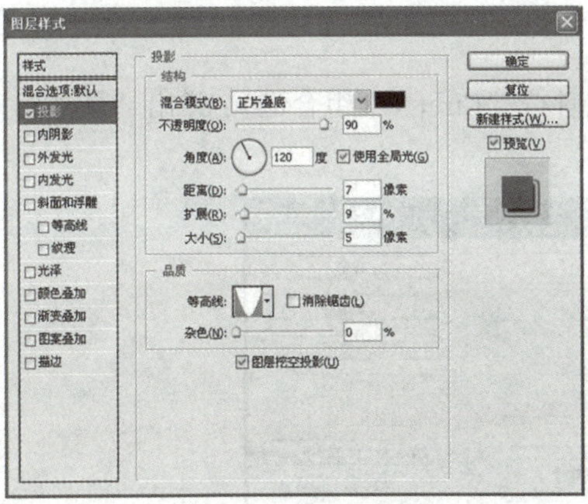

图 7-205　为文字添加“投影”并设置参数

图 7-206　公益广告最终效果图

实训二　制作巧克力广告

练习制作如图 7-207 所示的巧克力广告，学习利用“镜头光晕”“喷色描边”“波浪”“铬黄”“旋转扭曲”等滤镜制作特殊图像效果的方法。

图 7-207　巧克力广告效果图

一、制作思路

首先利用“镜头光晕”“喷色描边”“波浪”“铬黄”“旋转扭曲”等滤镜制作巧克力液效果，然后拖入已提供的素材图片中，完成广告的制作。

二、制作步骤

（1）执行“文件”→“新建”命令（或者按“Ctrl+N”组合键），弹出“新建”对话框，参数设置如图 7-208 所示。

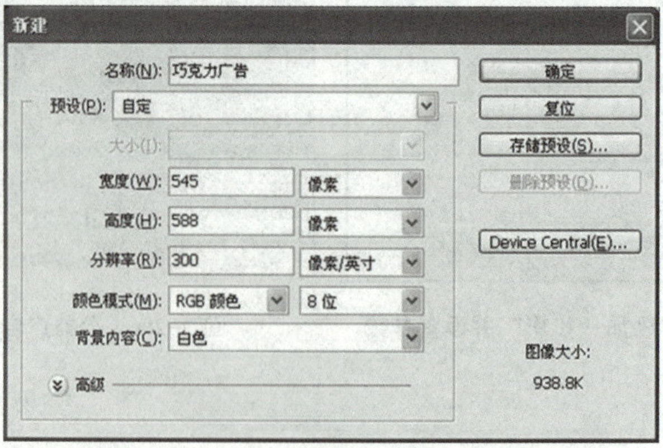

图 7-208　“巧克力广告”的“新建”对话框

（2）在工具箱中单击“设置前景色”按钮，打开“拾色器（前景色）”对话框，如图 7-209 所示，把前景色设置为黑色，单击“确定”按钮。

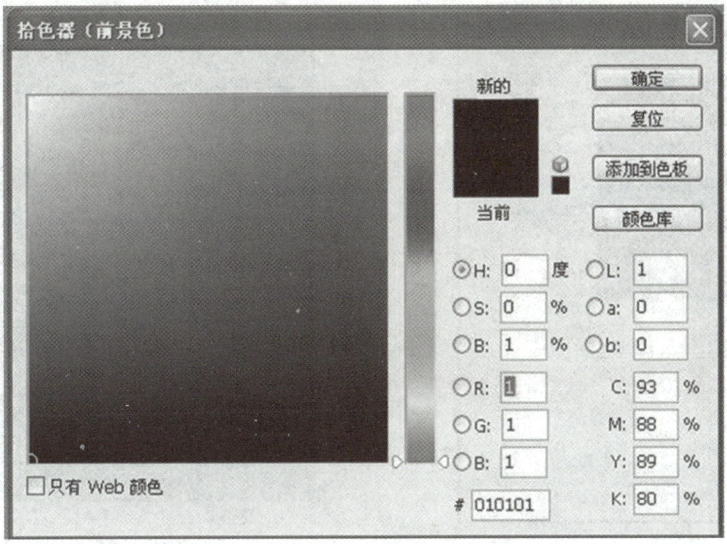

图 7-209　“拾色器（前景色）”对话框（五）

（3）执行“编辑”→“填充”命令（也可以按“Alt+Backspace”或者“Alt+Delete”组合键直接完成前景色填充），打开“填充”对话框，如图 7-210 所示，选择使用“前景色”进行填充，填充后效果图如图 7-211 所示。

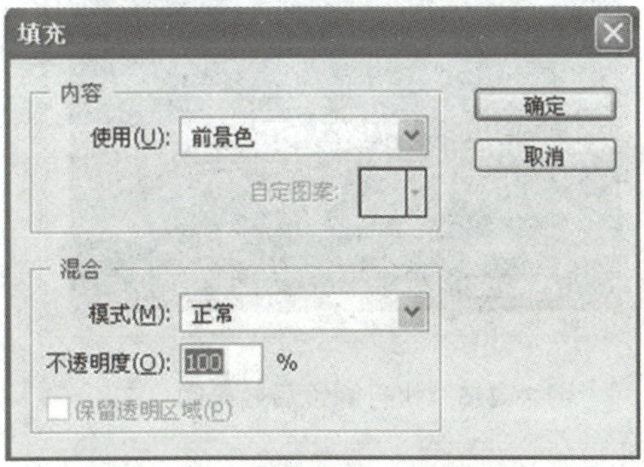

图 7-210　“填充”对话框（四）

图 7-211　使用“前景色”填充后效果图

（4）执行“滤镜”→“渲染”→“镜头光晕”命令，打开“镜头光晕”对话框，设置“亮度”为“100”，选择“50-300 毫米聚焦”单选扭，然后将光标移至预览窗口中，单击鼠标左键并拖动，将光源移至图像左上方，单击“确定”按钮，参数设置及效果图如图 7-212 和图 7-213 所示。

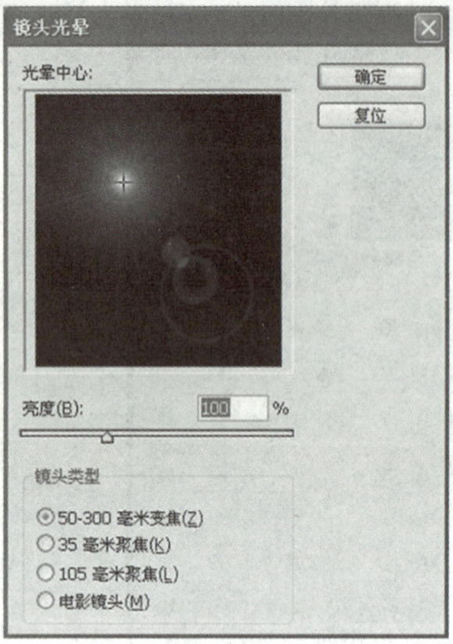

图 7-212 “镜头光晕”对话框（四）

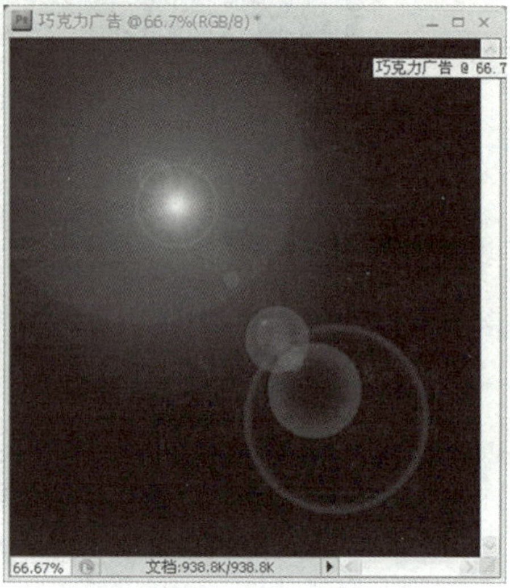

图 7-213 执行滤镜后效果图（一）

（5）执行“滤镜”→“画笔描边”→“喷色描边”命令，打开“喷色描边”对话框，参数设置如图 7-214 所示，执行后效果图如图 7-215 所示。

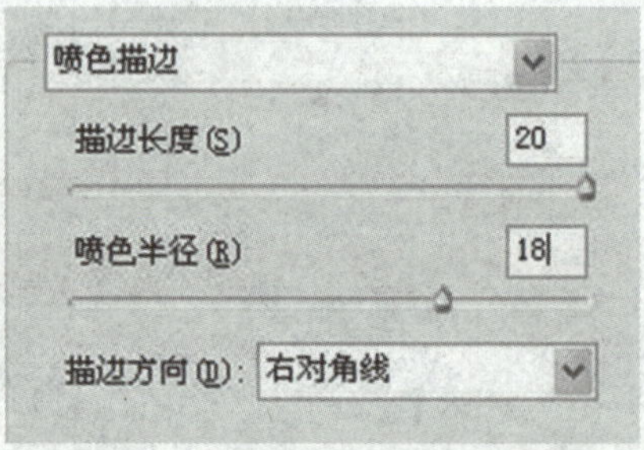

图 7-214 “喷色描边”对话框参数设置

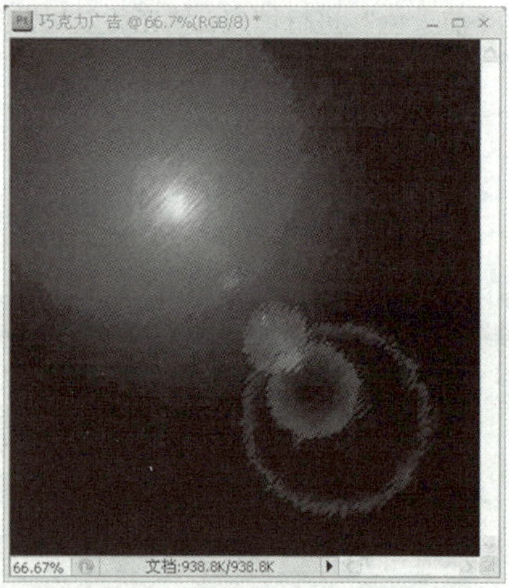

图 7-215 执行滤镜后效果图（二）

（6）执行“滤镜”→“扭曲”→“波浪”命令，打开“波浪”对话框，参数设置如图7-216所示，执行后效果图如图 7-217 所示。

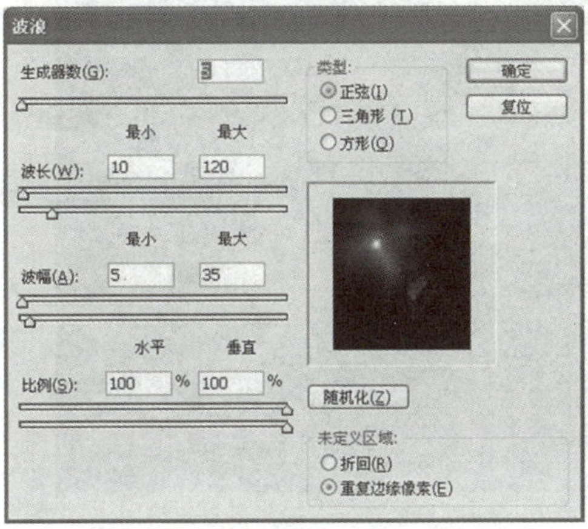

图 7-216　“波浪”对话框（三）

图 7-217　执行滤镜后效果图（三）

(7) 执行“滤镜”→“素描”→“铬黄”命令，打开“铬黄渐变”对话框，参数设置如图7-218所示，执行后效果图如图 7-219 所示。

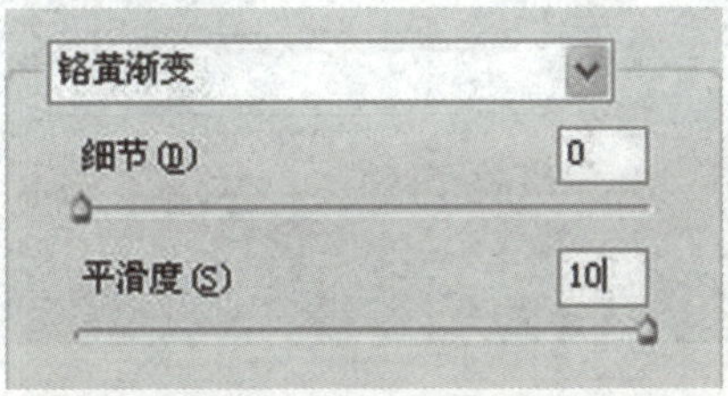

图 7-218　“铬黄”对话框参数设置（四）

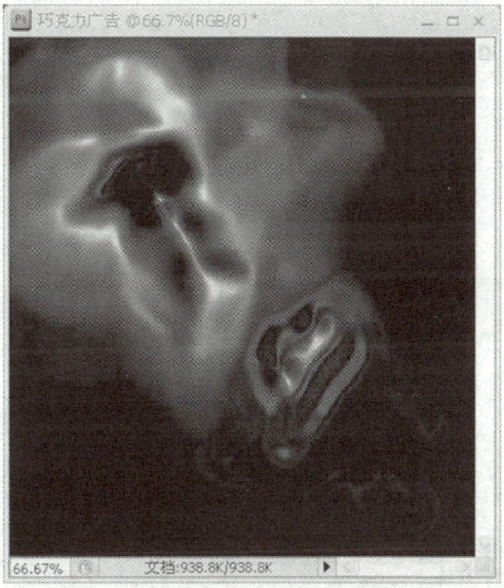

图 7-219　执行滤镜后效果图（四）

(8) 执行“图像”→“调整”→“色彩平衡”命令（或者按“Ctrl+B”组合键），参数设置如图 7-220 所示，执行后效果图如图 7-221 所示。

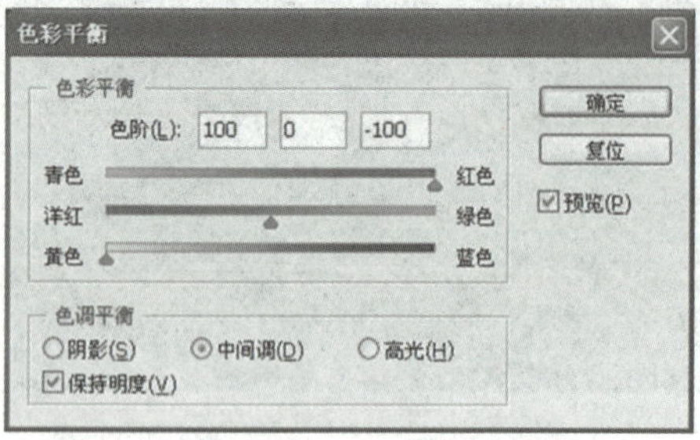

图 7-220　“色彩平衡”对话框（七）

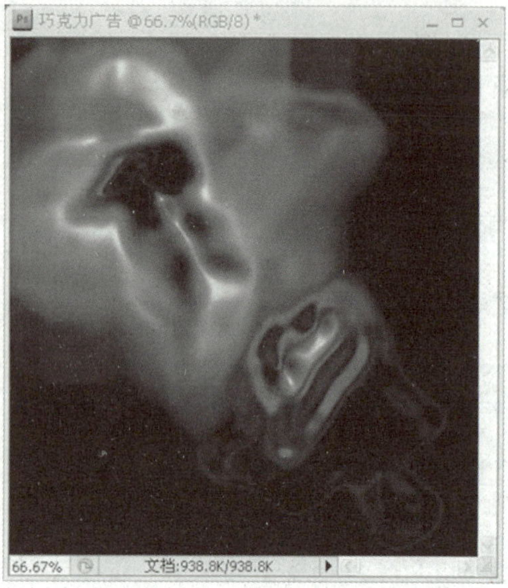

图 7-221　执行命令后效果图

（9）执行“滤镜”→“扭曲”→“旋转扭曲”命令，打开“旋转扭曲”对话框，参数设置如图 7-222 所示，执行后效果图如图 7-223 所示。

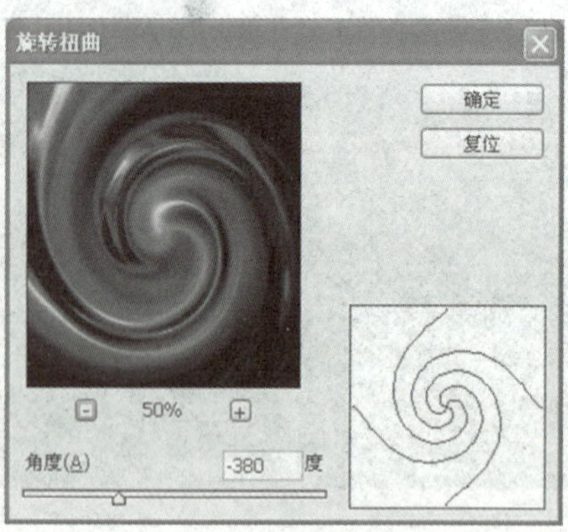

图 7-222　“旋转扭曲”对话框（二）

图 7-223　执行滤镜后效果图（五）

（10）打开其他素材图片（图 7-224），使用“移动工具”拖动这些素材图像到当前正在编辑的文件中，调整适当位置，广告的最终制作效果图如图 7-225 所示。

图 7-224　其他素材图片

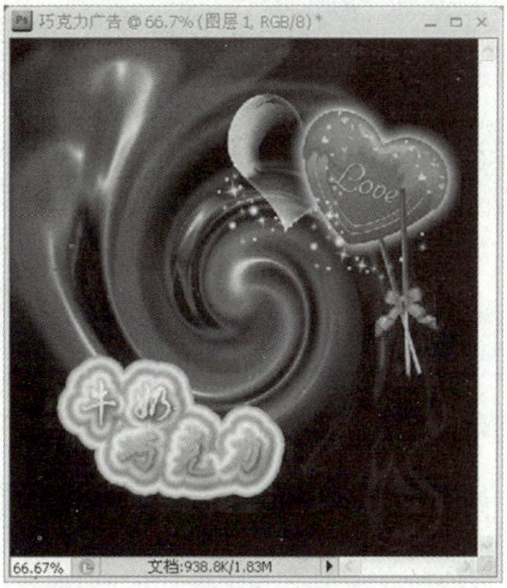

图 7-225　巧克力广告最终效果图

图书在版编目（CIP）数据

Photoshop CS6 平面设计实训教程 / 鲍春艳，郑成杰主编. — 沈阳 ：东北大学出版社，2021. 12

ISBN 978-7-5517-2854-6

Ⅰ. ①P… Ⅱ. ①鲍… ②郑… Ⅲ. ①平面设计—图像处理软件—教材 Ⅳ. ①TP391. 413

中国版本图书馆 CIP 数据核字（2021）第 263452 号

出 版 者：东北大学出版社
地址：沈阳市和平区文化路三号巷 11 号
邮编：110819
电话：024-83687331(市场部) 83680267(社务部)
传真：024-83680180(市场部) 83680265(社务部)
网址：http://www. neupress. com
E-mail：neuph@ neupress. com
印 刷 者：辽宁新华印务有限公司
发 行 者：东北大学出版社
幅面尺寸：185 mm×260 mm
印 张：19. 75
字 数：433 千字
出版时间：2021 年 12 月第 1 版
印刷时间：2021 年 12 月第 1 次印刷
策划编辑：牛连功
责任编辑：鲍 宇
责任校对：周 朦
封面设计：潘正一
责任出版：唐敏志

ISBN 978-7-5517-2854-6 定 价：60. 00 元

Photoshop CS6
PINGMIAN SHEJI SHIXUN JIAOCHENG

中职中专特色课程规划教材

Photoshop CS6 平面设计实训教程

主　编　鲍春艳　郑成杰

副主编　孙慧霞　卢　巍

编　委　李　萍　战佳楠　赵国志　方东旭

东北大学出版社

·沈　阳·